AF361095

LES CHAMPS ET LES JARDINS

LES CHAMPS

ET

LES JARDINS

LIVRE DE LECTURE COURANTE

ENTIÈREMENT CONFORME AU PROGRAMME DE M. LE MINISTRE
DE L'INSTRUCTION PUBLIQUE, POUR L'ENSEIGNEMENT DE L'AGRICULTURE
ET DE L'HORTICULTURE DANS LES ÉCOLES PRIMAIRES RURALES
ET DANS LES ÉCOLES NORMALES PRIMAIRES

PAR

Victor HENRION

Inspecteur de l'Enseignement primaire ; Officier d'Académie ;
Membre et lauréat de diverses sociétés de France et de l'Etranger ;
auteur de « La Science des Enfants et du Monde
des Adolescents. »

Heureux qui peut, au sein du vallon solitaire,
Naître, vivre et mourir sous le toit paternel.
(Victor Hugo.)

TROISIÈME ÉDITION

PARIS

LIBRAIRIE CLASSIQUE D'EUGÈNE BELIN

RUE DE VAUGIRARD, N° 52.

1876

Tout exemplaire de cet ouvrage non revêtu de ma griffe sera réputé contrefait.

*
* *

Un des grands écrivains de notre époque a dit quelque part : « Un livre sans préface est comme un homme qui a oublié son chapeau... » Eh bien, j'aime mieux encore un homme sans coiffure, qu'un homme mal coiffé.

Victor HENRION.

PROGRAMME

DE L'ENSEIGNEMENT AGRICOLE

pour les Écoles primaires rurales et les Écoles normales.

---

1. Végétation, Terres, Climats.

1. Aperçu général sur la végétation; durée des végétaux, modes divers de reproduction, par graines, boutures, etc. — 2. Des terres, leur nature et leurs propriétés physiques. — 3. Régions agricoles, — influence du climat.

2. Opérations principales de l'Agriculture.

4. Substances fertilisantes, amendements, engrais, écobuage. — 5. Culture du sol; instruments de culture. — 6. Enlèvement des eaux nuisibles à la culture, drainage. — 7. Irrigation et arrosage. — 8. Semailles et transplantations. — 9. Récoltes, conservation des divers produits. — 10. Influence de la chaleur et de la lumière sur les végétaux cultivés. Exposition. Abris. — 11. Défrichements. — 12. Clôtures, chemins vicinaux, voitures. — 13. Constructions rurales.

3. Végétaux qui intéressent la Culture française.

14. Céréales. — 15. Légumes secs ou verts. — 16. Plantes oléagineuses, textiles, tinctoriales, à produits divers. — 17. Plantes fourragères; prairies naturelles et artificielles, fenaison. — 18. Racines alimentaires ou industrielles; sucre et alcools. — 19. Plantes parasites et animaux nuisibles aux récoltes; moyens préservatifs; animaux destructeurs des animaux nuisibles. — 20. Végétaux ligneux; notions générales. — 21. Multiplication, pépinières, greffe, éducation, plantation et entretien des arbres. — 22. Arbres fruitiers, conduite et taille; variétés principales cultivées en France. — 23. Arbres à produits industriels; vignes et vins, pommiers et cidre, mûriers, etc. — 24. Plantations, conduite, exploitation des arbres destinés à fournir des bois d'œuvre ou de chauffage.

4. Animaux domestiques utiles à l'Agriculture.

25. Économie du bétail ; principes généraux. — 26. Espèce bovine, chevaline, ovine, porcine, etc.— 27. Oiseaux de basse-cour. — 28. Vers-à-soie, abeilles.

5. Économie agricole.

29. Capitaux agricoles, fermier, métayer, propriétaire ; achat et location d'un domaine. — 30. Assolement ou succession des cultures ; jachère, repos, organisation des travaux agricoles.— 31. Influence de diverses circonstances sur les systèmes agricoles ; début de l'entreprise ; comptabilité agricole.

6. Culture des Jardins

32. Division de l'horticulture en trois parties. — 33. Jardin fruitier. — 34. Jardin potager. — 35. Jardin d'agrément. — 36. Végétaux parasites des plantes de jardin ; animaux nuisibles à l'horticulture et moyens de les détruire.

Fait à Paris, le 30 Décembre 1867.

V. DURUY.

LES CHAMPS ET LES JARDINS.

PREMIÈRE PARTIE.

Les Champs.

CHAPITRE PREMIER.

1. Aperçu général sur la végétation. — Durée des végétaux. — Modes divers de reproduction, par graines, boutures, etc. — 2. Des terres, leur nature et leurs propriétés physiques. — 3. Régions agricoles; influence du climat. — 10. Influence de la chaleur et de la lumière sur les végétaux cultivés. — Exposition — Abris. — Le savon du pauvre. — Les mondes habités. — L. bonheur des champs.

LE MAITRE. — J'ai lu, il y a bien longtemps déjà, dans l'histoire des peintres, que l'une des célébrités de notre belle Lorraine, Claude Gelée, dit le Lorrain (que ses camarades appelaient Claude la bête), qui, plus tard, refusa à un pape, à Clément IX, une petite toile représentant un bois de la villa Madama, sous prétexte que cette toile, copiée d'après nature, lui servait de modèle... j'ai lu, dis-je, que Claude le Lorrain, au comble de la fortune et de la gloire, possédant un hôtel à Rome, une villa à Bologne et un palais à Venise, était revenu en France revoir la maison de son père, l'école où il avait passé ses premières années, et embrasser le vieux maître qui lui avait enseigné à lire et à écrire. Touchant exemple de la puissance des souvenirs de l'enfance, et que l'on aime à retrouver chez un grand homme !

1.

Ce sont ces souvenirs, mes enfants, que je voudrais graver dans votre cœur en caractères ineffaçables. Je voudrais pouvoir, dans ces causeries que nous allons commencer, vous montrer combien la nature a été libérale pour nous ; comme elle a doté notre pays de richesses, de charmes, d'attraits que l'on chercherait vainement ailleurs. Je voudrais enfin vous attacher à ce sol fertile que nous foulons, que nos pères ont parfois arrosé de leurs sueurs, c'est vrai ; mais qui leur a donné, en revanche, des trésors sans prix : l'aisance, la santé, le bonheur présent, et l'espérance bien fondée du bonheur éternel que le souverain Maître a promis aux hommes laborieux, probes, honnêtes, aux hommes de bonne volonté.

— Cela dit, j'aborde nos causeries, vous priant bien, mes enfants, de ne pas oublier que vos observations me feront toujours plaisir ; car elles me seront une preuve, et de votre attention et de la confiance que vous avez en moi. Telle question, du reste, futile en apparence, en entraîne souvent une foule d'autres d'une importance très-grande et auxquelles on n'avait pas songé peut-être.—Pour l'homme sensé, pour l'homme qui réfléchit, rien n'est inutile : le sage sait tirer parti de tout ; l'insensé rejette tout sans examen.

L'agriculture, vous le savez, est l'art qui a pour but de tirer de la terre le plus de produits possible, sans pourtant l'épuiser. On divise cet art en plusieurs branches qui prennent un nom différent, selon qu'il s'agit de la culture des champs, des vignes, des bois. Nous n'avons pas en ce moment à nous entretenir de ces subdivisions ; nous les laisserons donc pour ne parler que de l'agriculture proprement dite ou *culture des champs*.

En agriculture, il y a trois choses principales à examiner : la *terre*, qui produit ; les *plantes*, qui sont produites ; les *animaux*, qui aident l'homme dans les travaux de la culture et dans la récolte des plantes.

Le *sol* est la couche de terre que retourne la charrue et dans laquelle les plantes prennent leur développement. Cette définition, qui est de MM. Bentz et Chrétien, est, je crois, la plus exacte et surtout la plus simple. Nous l'adopterons donc pour bonne ; seulement nous ajouterons que c'est aussi dans le sol que les plantes puisent une partie de leur nourriture.

JOSEPH. — Vous dites *une partie de leur nourriture*, Monsieur ; pourquoi ce mot *une partie*, s'il vous plaît ?

LE MAITRE. — Parce que les plantes aspirent aussi de la nourriture dans l'air ; nous le verrons plus tard.

Le *sous-sol* est la partie de la terre qui vient immédiatement au-dessous du sol, et que l'on ne retourne que dans certaines circonstances.

On divise généralement les sols en trois grandes classes, qui reçoivent chacune de nombreuses subdivisions dont nous ne nous occuperons pas, car nous ne voulons pas faire un traité d'agriculture.

Ces trois sortes de terrains sont :

1° Les sols *argileux*, où l'argile est la partie dominante ;

2° Les sols *siliceux* ou sablonneux, composés en grande partie de sable ;

3° Les sols *calcaires*, qui contiennent de la chaux.

Voyons rapidement chacun de ces terrains.

L'argile pure ou terre glaise est cette terre rougeâtre, que l'on appelle vulgairement *conroy*, et que l'on emploie à une foule d'usages : pour faire des tuiles, des briques, de la poterie grossière, et que les dégraisseurs connaissent sous le nom de *savon du pauvre*.

ÉMILE. — Et qui lui a valu ce nom, Monsieur ?

LE MAITRE. — La propriété bizarre qu'elle possède de nettoyer rapidement, complétement et proprement les tissus de laine, de fil et de coton.

ÉMILE. — Alors on peut s'en servir comme de savon ?

Le Maitre. — Très-certainement ; et il est bien fâcheux et bien regrettable que cette propriété ne soit connue que des savants et des dégraisseurs. Les taches d'huile, de graisse, de vin, disparaissent comme par enchantement sous un simple savonnage à la terre glaise, et les étoffes reprennent l'éclat, le lustre de leurs beaux jours de fêtes. L'opération ne demande ni une intelligence ni un talent bien rares. On fait fondre ou détremper de la terre glaise dans un peu d'eau, de manière à former une sorte de pâte épaisse, que l'on place sur les étoffes à purifier. Au fur et à mesure que ces étoffes s'imprègnent d'eau, on y en ajoute peu à peu. Enfin, lorsqu'elles en sont bien pénétrées, on les pétrit comme pour un savonnage. Après cinq ou dix minutes, on les lave à grande eau, et les taches ont disparu.

Joseph. — Je suis bien heureux de connaître ce secret, Monsieur, et je me réjouis par avance de le dire à ma grand'mère, qui ne me croira pas, j'en suis sûr.

Le Maitre. — Alors, mon ami, vous lui direz ce que Notre-Seigneur a dit au disciple incrédule : « Essayez. »

Les terres argileuses sont aussi appelées « terres fortes, » parce que ce sont les plus productives. Mais elles sont très-difficiles à cultiver, parce que dans les moments de sécheresse elles sont tenaces, et que dans les moments d'humidité, la terre s'attache aux instruments. Les plantes qui s'y plaisent le mieux sont le blé, l'avoine, et en général toutes les céréales. Les pommes de terre y viennent également, mais elles sont mauvaises, parce qu'elles sont trop grasses. De plus, elles sont toujours sales ; et s'il pleut en automne, on ne peut les récolter qu'avec de grandes difficultés.

Le caractère distinctif des sols sablonneux, c'est qu'ils ne forment pas pâte avec l'eau. Lorsque la silice est en petite quantité dans un terrain, c'est un avantage, parce qu'elle le rend facile à cultiver ; mais lorsque c'est elle qui domine, elle rend le terrain pauvre, et pour, ainsi dire stérile. Il est assez difficile de corriger les défauts de ces terrains ; les engrais mêmes n'y peuvent rien, attendu que les sucs sont entraînés par les eaux ou passent dans le sous-sol. Les moyens les plus efficaces pour donner à ces terres la ténacité qui leur manque, sont d'y faire passer le rouleau aussitôt après les semailles, ou d'y faire parquer les moutons.

On a surtout recours au parcage pour les propriétés éloignées des habitations ou placées sur des hauteurs d'un accès difficile. Un mouton peut parquer un mètre carré par nuit. Il faut, toutes les fois que cela peut se faire, donner au parc la forme d'un carré parfait, afin d'employer moins de *claies* ou barrières.

Les terrains calcaires renferment du carbonate de chaux, c'est-à-dire cette pierre qui, soumise à la calcination, donne la chaux. Lorsque cette pierre domine, la terre est presque improductive, parce que les plantes y brûlent ; mais en quantité convenable, le carbonate de chaux rend la terre plus fertile. Je ne m'étends pas sur ces articles, parce que ce sont là des éléments que vous connaissez tous aussi bien que moi.

Passons aux plantes.

Les plantes sont des êtres qui se nourrissent et se reproduisent, mais qui ne peuvent se mouvoir volontairement. La science qui s'en occupe s'appelle la *botanique*.

Émile. — Ainsi, les plantes n'ont réellement que deux fonctions à remplir.

Le Maître. — Précisément : la nutrition et la reproduction. Or, chacune de ces fonctions a des organes spéciaux ou des parties spécialement destinées à la servir. — Les organes de la nutrition sont : la *racine*, la *tige*, les *feuilles*. — Les organes de la reproduction sont aussi au nombre de trois : les fleurs, les fruits, les graines.

Un mot sur chacune de ces parties...

La racine s'enfonce dans la terre ; elle soutient la plante et puise dans le sol les sucs nourriciers qui lui sont nécessaires.

ÉMILE. — N'est-ce pas par une sorte de petite bouche appelée *spongiole* et située à ses extrémités qu'elle aspire ces sucs nourriciers ?

LE MAITRE. — C'est là une grave erreur qu'ont répétée une foule d'agronomes, et même de naturalistes. D'abord il n'existe pas d'ouverture à l'extrémité des racines, et ce n'est même pas par cette extrémité qu'elles absorbent le gaz et les liquides nécessaires à la vie de la plante à laquelle elles appartiennent. C'est au-dessus de l'extrémité que l'absorption s'opère. Je continue.

La tige est la portion du végétal qui croît hors de terre, et qui, par ses pores ainsi que par ses feuilles, aspire dans l'air les principes nutritifs qui s'y trouvent à l'état de gaz ou, si vous aimez mieux, à l'état de vapeurs.

Par ces quelques mots, vous comprenez parfaitement que deux plantes de même espèce, placées dans des terrains de même composition, peuvent cependant ne pas donner les mêmes produits ; car, pour les végétaux, outre l'influence du sol, il y a à considérer ce que les agronomes appellent l'influence atmosphérique ou, pour parler plus simplement, *le climat.*

Le climat est la réunion, l'ensemble des conditions de froid et de chaleur, de pluie et de sécheresse qui régissent un pays.

ÉMILE. — Alors il y a plusieurs sortes de climats.

LE MAITRE. — On en compte trois principaux : le climat *chaud*, le *froid*, et le *tempéré.* Mais ces divisions demanderaient elles-mêmes de nombreuses subdivisions, dont nous ne pouvons nous occuper, puisque nous ne faisons pas ici un cours de botanique. Cependant je vous ferai remarquer encore, que deux plantes de même espèce, placées dans les mêmes terrains, dans les mêmes conditions atmosphériques, peuvent néanmoins ne pas fournir, non plus, des récoltes de même valeur; parce qu'en dehors du sol et du climat, il y a encore à considérer l'exposition du terrain, l'abri, c'est-à-dire la plus ou moins grande quantité de chaleur et de lumière qui sera fournie. Ainsi, telle parcelle de terre, quoique appartenant à tel climat, produira moins qu'une autre, parce qu'elle sera exposée au nord, et par conséquent recevra moins de chaleur. Telle autre parcelle enfin, classée dans la même contrée, dans le même climat, dans la même exposition qu'une autre, produira plus ou moins que celle-ci, suivant que l'une ou l'autre sera plus ou moins abritée par une forêt, une côte, ou simplement un mur.

Toutes ces conditions de sol, de climat, d'exposition et d'abri, ont créé ce que l'on nomme, en agriculture, *les régions agricoles*. On appelle ainsi certaines étendues de terrain soumises (d'une manière générale, cela se comprend) à ces conditions essentielles dont je viens de parler.

Émile. — Il y a aussi plusieurs sortes de régions?

Le Maître. — Les agronomes divisent la France en quatre régions :

1° La région de l'olivier (Provence).

2° La région de la vigne (Champagne, Bourgogne, etc.).

3° La région du pommier (Normandie, Picardie, Bretagne).

4° La région pastorale (Vosges, Alpes, Pyrénées, Cévennes).

Passons à la reproduction.

Les plantes se reproduisent de deux manières : au moyen de graines, comme le blé, l'avoine, etc., ce qui se nomme *reproduction par germination;* ou par une partie quelconque autre que la graine, comme une branche, une racine, un œil, ce que l'on appelle *reproduction par propagation.*

Je n'ai rien à vous apprendre de la reproduction par

graine, que vous connaissez très-bien. Je ne vous parlerai donc que de la marcotte, la bouture et la greffe, qui appartiennent à la reproduction par propagation.

La *marcotte* a pour objet de faire pousser des racines à une branche d'une plante, sans détacher cette branche de la plante-mère : c'est ce qui se pratique pour la vigne et ce qu'on appelle « provins. »

La *bouture* diffère de la marcotte en ce que la branche qui donne des racines est séparée de la plante-mère. Cette opération se pratique sur les rosiers, sur les saules, les peupliers.

La *greffe* tient de ces deux opérations : elle consiste à faire pousser un œil, et quelquefois une branche, d'une plante sur une autre plante dont on veut améliorer les produits.

Voilà, mes enfants, en quelques mots, les différents modes de reproduction des plantes ; nous y reviendrons lorsque nous nous occuperons en particulier des jardins.

CHARLES. — Les plantes ont-elles une durée déterminée, fixe ?...

LE MAITRE. — Quelques-unes seulement. Ainsi, on appelle plantes *annuelles*, celles qui vivent une année seulement, comme le blé ; *bisannuelles*, celles qui vivent deux années, comme la carotte ; et enfin *vivaces*, celles dont la durée n'a point de terme fixe, comme les arbres, dont les uns ne comptent que dix ou quinze ans d'existence, tandis que d'autres accumulent sur leurs têtes des milliers d'années. Nous reviendrons également sur ces questions, quand nous parlerons des forêts...

ÉMILE. — L'histoire de la nature doit bien être la plus intéressante et la plus vaste de toutes les études, n'est-ce pas, Monsieur?

LE MAÎTRE. — Oui, mon ami ; elle est la plus intéressante, parce que toutes les œuvres de la nature sont parfaites. Elle est la plus vaste, parce que ces œuvres varient à l'infini.

Notre terre, dont la surface nous paraît sans bornes lorsque nous en parcourons quelques coins, n'est réellement qu'un grain de sable, qu'un atome jeté dans l'infini... L'astronome William Herschell, armé du plus puissant télescope qu'ait pu créer le génie humain, recula épouvanté au nombre prodigieux des astres qu'il ne fit qu'entrevoir dans l'espace, et il n'estima pas à moins de dix millions le nombre des étoiles qu'il put distinguer dans la voie lactée seulement.

ÉMILE.— Qu'est-ce que la *voie lactée*?

LE MAITRE. — C'est cette bande blanchâtre que l'on voit au ciel et que les gens de la campagne appellent vulgairement le « chemin de Saint-Jacques. » Et ces dix millions de globes, plusieurs millions de fois gros comme notre pauvre terre, sont autant de mondes qui, de même que le nôtre, ont leurs saisons, leurs jours et leurs nuits, le froid et le chaud, le beau et le mauvais temps et leurs habitants.

ÉMILE. — Et qui pourrait prouver que ces mondes sont habités ?

LE MAITRE. — Le bon sens d'abord ; car il n'est pas un homme sage, raisonnant froidement, qui, en présence de la splendeur admirable des cieux et de la multitude innombrable d'astres qui, avec une régularité mathématique, accomplissent dans l'immensité leurs révolutions périodiques ; il n'est pas un homme sensé, dis-je, qui ait pu concevoir sérieusement la pensée, que ces astres lumineux, étincelants, ne sont que de vastes masses inanimées, stériles, qui promènent stupidement dans l'espace leurs incommensurables déserts. Il est bien plus logique, au contraire, bien plus religieux, bien plus conforme surtout à la grandeur et à la majesté de l'homme, de croire que ces mondes, comme le nôtre, sont peuplés d'êtres d'une nature différente de la nôtre sans doute, mais comme nous intelligents, capables de comprendre, de servir et d'aimer leur Créateur. Du reste, cette croyance, mes enfants, a été celle de tous les sages de l'antiquité, et aujourd'hui elle est celle de tous les hommes profondément religieux.

La science ensuite, l'astronomie, qui a étudié et nous a fait connaître la nature des corps célestes, les curieux phénomènes qui s'accomplissent à leur surface, et leurs conditions essentielles d'habitabilité...

ÉMILE. — Mais quelques-uns de ces mondes, bien plus que nous, rapprochés du soleil, doivent avoir alors un été perpétuel ; tandis que d'autres plus éloignés, doivent, au contraire, avoir un hiver éternel ?

LE MAITRE. — L'Être parfait et tout-puissant qui a créé les mondes, a su partout établir des alternatives de bon et de mauvais, afin que sa créature privilégiée, l'homme, pût à chaque saison, à chaque journée, à chaque heure du jour, éprouver des jouissances toujours renaissantes, toujours nouvelles.

Des esprits superficiels, frivoles, s'imaginent parfois que la terre redeviendrait le véritable Éden de nos premiers parents, si partout il régnait, comme le dit Émile, un printemps éternel... Mais la plus simple réflexion nous conduit à admirer la sage prévoyance du Créateur, dans l'alternance des saisons... L'hiver lui-même avec son triste manteau de glace et de frimas a des harmonies indescriptibles... Allez à la campagne un de ces jours de froid glacial, où la neige couvre les vallées, les coteaux, les forêts... Écoutez, dans ces courts intervalles de la bise qui souffle..., n'entendez-vous pas une voix criarde, qui seule trouble le silence de la plaine : c'est le corbeau qui vous dit que la nature n'est pas morte, qu'elle ne fait que sommeiller, et que bientôt elle se réveillera plus belle, plus resplendissante que jamais, avec sa plantureuse végétation, avec ses oiseaux aux brillantes chansonnettes, ses papillons aux ailes argentées, au vol capricieux, avec ses fleurs aux riches et luxuriantes couleurs...

Et au fond de tout cela, n'y a-t-il pas une pensée morale, mes enfants ! L'hiver, avec son apparente tristesse, n'est-il pas l'image de ce vieillard, votre voisin, votre oncle, votre grand-père, peut-être, que l'âge, la fatigue, les chagrins de la vie ont brisé ; mais que les infirmités trouvent résigné, sans amertume, sans fiel, parce qu'il sait qu'en quittant cette terre il entrera dans ce monde meilleur que le Seigneur a promis au juste.

Pour terminer notre causerie, je vais vous donner un exemple du bonheur que l'on peut éprouver à la campagne, avec des goûts simples, sans ambition.

Au mois de septembre dernier, pour me reposer un peu des fatigues de l'année, et pour faire comme vous, mes enfants, pour profiter des vacances, j'ai un peu voyagé. L'un des épisodes les plus curieux de mon voyage, celui que je me rappelle le mieux et avec le plus de bonheur, est une visite que j'ai faite à un de mes vieux amis d'enfance, Robert, qui est garde-pêche, et qui habite l'île *La Folie*, située au milieu de l'étang de Lindre, près de Dieuze.

L'étang de Lindre, je crois déjà vous l'avoir dit, est l'un des plus grands de France. Il donne naissance à la Seille, dont les eaux vont remplir les fossés des fortifications de Metz, et en passant ceux des fortifications de Marsal, petite ville forte à dix kilomètres de Dieuze. Aussi cet étang n'est-il en terrage qu'une année sur trois, et encore, dans certaines circonstances, en cas de guerre, par exemple, le gouvernement français a le droit de défendre au propriétaire de lâcher les bondes, pendant un temps indéterminé.

Émile. — Et cette île est grande ?

Le Maitre. — Elle contient entre cinq et six hectares de terres cultivables...

Pour vous montrer combien on peut être heureux, quand on sait borner ses désirs, je vais vous rapporter quelques fragments de la conversation que j'ai eue avec mon vieil ami Robert.

Moi. — Eh bien, Robert, quoi de nouveau dans ton île ?

ROBERT. — Rien, rien, sinon ton arrivée qui me cause un plaisir bien vif.

Moi. — Et les moissons ont-elles été bonnes? la basse-cour ?

ROBERT. — Nous avons eu des moissons plus qu'abondantes. Quant à la basse-cour, tu dois le savoir, elle ne se compose chez nous que de canards, d'oies et de quelques poules, et La Folie est pour ce petit peuple un véritable paradis terrestre.

Moi. — C'est vrai ; aussi elle ne doit pas te coûter bien cher, et tu dois faire des affaires d'or.

ROBERT. — Nous vivons heureux ; mais les enfants coûtent à leur tour ; il faut les envoyer à l'école, puis... puis...

Moi. — Allons, tu crains les voleurs, je le vois. Mais, franchement, ne t'ennuies-tu jamais seul ici ?

ROBERT. — Et d'abord, je ne suis pas seul ; j'ai ma femme ; la vois-tu qui récolte des fèves de marais ? j'ai aussi trois enfants, trois garçons. En été, nous cultivons nos terres ; en hiver, ma femme et moi nous faisons des filets. Le matin je conduis les enfants en barque, à l'école, à Tarquimpol, et à quatre heures je vais les chercher. Le seul moment où l'île est un peu triste, c'est lors des premières gelées ou au dégel, c'est-à-dire lorsque la glace n'est pas assez épaisse pour *porter* et trop épaisse pourtant pour être brisée par la barque. Alors nous sommes emprisonnés.

Moi. — Comme le capitaine Cook dans les mers de glace.

ROBERT. — Oui, mon ami. Alors, ma femme et moi nous devenons instituteurs ; nous faisons répéter les leçons.

Moi. — Et quand l'étang est en terre, vous devez être heureux alors, et les enfants plus encore?

Robert *en riant.* — Oh! non, non. Je suis né dans l'île, tu le sais, puisque mon père y était garde; mes enfants y sont nés aussi; nous sommes habitués à notre étang, et l'année de terrage, au contraire, est une année bien triste pour nous.

Moi. — Tu as raison, mon cher Robert, tu es un sage. Rien n'est beau comme la chaumière de nos pères, et l'on n'est vraiment heureux qu'aux lieux où l'on est né.

Robert. — C'est ce que mon vieux père me disait toujours.

Moi. — Et redis-le à tes enfants, Robert; habitue-les aux travaux de la campagne, endurcis-les à la fatigue. Fais-en de bons ouvriers et de dignes citoyens, et tu auras bien mérité de Dieu, dont les récompenses sont éternelles, et de la patrie, qui n'oublie non plus aucun de ses enfants, fût-il habitant d'une cité populeuse ou d'une petite île perdue au milieu d'un immense étang. Mais où sont-ils donc, je n'en ai encore vu aucun?

Robert. — Ils sont à Dieuze, aux provisions.... et....

Robert s'arrêta tout à coup, et parut écouter. J'écoutai aussi...... Alors des sons étranges frappèrent mon oreille; c'étaient des voix d'enfants qui chantaient en chœur le refrain si connu, et avec lequel nous ont bercés nos mères :

> « Hanneton, vole, vole, vole,
> » Hanneton, vole donc;
> » Hanneton, vole, vole, vole,
> » Hanneton, vole donc. »

— Ce sont les enfants, me dit Robert avec bonheur; tu vas les voir.

Les voix continuèrent :

> « Quand tu reviens sous le feuillage,
> » Tout est vivant, tout est joyeux.
> » Nous dansons gaîment sous l'ombrage
> » Et tu te mêles à nos jeux.....
>   » Oh, hanneton, vole..... »

J'étais comme transporté dans un autre monde... Ces chants, ces voix me reportaient aux jours de mon enfance, me rappelaient ma vieille mère, mes sœurs, mes frères, mes jeunes amis... Les voix reprirent :

> « Par nos mains, le fil ni la soie
> » N'enchaîneront ta liberté ;
> » Quand tout nous invite à la joie,
> » Si tu souffrais, plus de gaieté !
>   » Oh, hanneton, vole.....

— Bravo, Charles, bravo, Henri, cria Robert heureux du bonheur de ses enfants.

Les voix finirent :

> « La riante saison finie,
> » Tu meurs jusqu'au printemps nouveau ;
> » Ainsi nous quitterons la vie,
> » Mais pour jouir d'un ciel plus beau.
>   » Oh, hanneton, vole.... »

Le refrain s'éteignit avec les derniers coups de rame, la barque toucha au rivage, et les enfants se précipitèrent dans les bras de leur père.

CHAPITRE II.

4. Substances fertilisantes. — Amendements. — Stimulants. — Engrais. — Écobuage. — Le plâtre. — Le guano. — L'empailleur, le grand maréchal Berthier et l'empereur Napoléon Ier.

Le Maitre. — Maintenant que nous connaissons, d'une manière générale du moins, les qualités et les défauts des différentes espèces de terrains, nous allons nous occuper des moyens que l'homme a créés pour développer ces qualités, pour corriger ces défauts.

A tout seigneur, tout honneur. Commençons donc par les sols les plus importants, les sols argileux.

Des cultivateurs intelligents, observateurs, ayant reconnu que les sols argileux sont froids et humides, ont imaginé d'y mêler des substances qui ont la propriété d'attirer l'eau à elles, de dessécher le sol, et par là même de le rendre plus meuble, plus facile à cultiver : ces substances ont été appelées *amendements*.

L'amendement le plus fréquemment employé en agriculture est la chaux. La chaux, vous le savez tous, résulte de la calcination des pierres soumises à une grande chaleur. Elle ne remplace pas les engrais, puisqu'elle ne sert qu'à ameublir la terre.

Le *chaulage* se pratique presque toujours en automne, et quelquefois, mais plus rarement, au printemps. Cette opération est très-facile à pratiquer : on place les pierres à chaux, au sortir du four, en petits tas distants les uns des autres de 7 à 10 mètres. Ces petits tas doivent ensuite être recouverts d'une mince couche de terre, et rester ainsi jusqu'à ce que la pluie ou la rosée, ou seulement l'humidité de la terre les ait réduits en poussière. Cette poussière est ensuite répandue à la pelle, après quoi on opère le mélange avec la terre par un bon labour. Je le répète, il ne faut pas perdre de vue que la chaux ne dispense pas le cultivateur de fumer ses terres ;

au contraire, la terre étant mieux préparée, les plantes prennent plus de nourriture.

CHARLES. — Est-ce là le seul amendement employé ?

LE MAITRE. — On emploie aussi, mais plus rarement, la marne.

ÉMILE. — Et qu'est-ce que la marne ?

LE MAITRE. — La *marne* est une substance formée en partie de carbonate de chaux, c'est-à-dire de pierre à chaux, d'argile ou de terre glaise, et d'autres substances répandues dans le sol. La qualité de la marne se mesure par la plus ou moins grande quantité de principes calcaires qu'elle contient. Le marnage se pratique à peu près de la même manière que le chaulage. La marne est répandue sur le terrain, puis enterrée par un labour et mêlée à la terre par un hersage. Enfin l'on emploie comme amendement la boue des rues, les débris de mur, etc. C'est tout simplement de l'intelligence qu'il faut pour toutes ces opérations.

Ainsi donc, pour me résumer, je dirai que les amendements sont des substances que l'on mêle à la terre pour en rendre la culture plus facile. Ils n'agissent que sur la terre ; il n'en est pas de même des *stimulants* qui n'agissent, eux, que sur les plantes, et les excitent, les forcent à prendre plus de nourriture, par conséquent plus d'accroissement.

ÉMILE. — Comme le plâtre ?

LE MAITRE. — Précisément. Je vois avec plaisir que vous vous rappelez les quelques leçons d'agriculture que je vous ai données. Et puisqu'il en est ainsi, dites-nous, Émile, ce que vous savez du plâtre.

ÉMILE. — Le plâtre, que l'on appelle aussi... j'ai oublié le nom.

LE MAITRE. — *Gypse*, et que les Romains appelaient *pierre spéculaire*, de *speculum*, qui signifie *miroir*, à cause de sa propriété de refléter, et quelquefois de décomposer la lumière en couleurs brillantes.

Le philosophe Sénèque en fait mention en différents endroits. A l'époque où il vivait, on s'en servait en feuilles minces, pour garnir les fenêtres des litières des nobles dames romaines ; on s'en servait également comme de verres à vitre pour étudier et admirer le travail des abeilles ; et enfin on en formait des tuiles, avec lesquelles on construisait ce que l'on nommait les *toits de paon*, parce que ces toits, par leurs reflets *diamantés* imitaient les riches couleurs de la queue du paon. Continuez, Émile.

Émile. — Le plâtre ou gypse donc, est employé comme stimulant sur le trèfle, le sainfoin et la luzerne principalement, et il produit des effets vraiment extraordinaires. Mais il a fallu bien longtemps avant de décider les cultivateurs à s'en servir. C'est le célèbre Franklin qui a rendu ce service à l'agriculture. Voyant que ni conseils, ni raisonnements ne pouvaient vaincre le préjugé, il s'avisa de tracer avec du plâtre en poudre, sur les bords d'une route fréquentée, à Washington (Amérique), dans un champ de trèfle, les mots suivants : *ceci a été plâtré*. Quelques-mois après, l'effet s'était produit d'une manière tellement efficace, que ces mots pouvaient facilement être lus par les voyageurs qui passaient sur la route : le procès du plâtre était gagné.

Il faut bien remarquer que le plâtre n'agit pas sur le sol, mais bien sur la plante. On doit donc le semer à la volée, seulement lorsque le trèfle couvre la terre, le semer après une petite pluie afin de le coller aux feuilles, mais bien se garder de le semer par le vent, qui détruirait tout, en l'emportant au loin ou en le jetant à terre.

Le Maitre. — C'est bien, Émile. Vous connaissez de plus son usage dans la maçonnerie, et puisque nous parlons de cette substance, je dois vous dire que le stuc et l'albâtre aussi sont du plâtre.

Émile. — Comment, ces beaux objets en albâtre ne sont que du plâtre ?

Le Maitre. — Absolument que du plâtre, mon ami. Le plus beau vase, le plus beau socle de pendule, la plus riche statuette, jetée au four, donnera exactement la même matière que le plâtre le plus grossier. Quant au stuc, qui fut inventé ou plutôt créé au xviie siècle, par Mathieu Dammy, fils d'un marbrier de Gênes, on l'obtient en délayant du plâtre fin dans une solution de colle de Flandre ; et quand on veut imiter le marbre veiné, on mêle à la pâte ainsi obtenue diverses matières colorantes...

Enfin, il est des substances qui agissent en même temps sur le sol et sur les plantes, et pour cette raison, on les nomme *amendements-stimulants*. Nous ne parlerons que des cendres qui sont le principal de ces amendements, ou plutôt le seul amendement-stimulant de notre pays. On distingue généralement trois sortes de cendres : 1° les cendres de bois, lessivées ou non lessivées ; 2° les cendres de tourbe, 3° les cendres de houille ou de coke.

Les cendres de bois sont celles dont l'usage est le plus fréquent. Elles produisent sur le sol à peu près le même effet que la chaux ; aussi les emploie-t-on sur les terrains humides, sur les prairies couvertes de mousse, de joncs.

Avant de parler des cendres de terre, disons un mot de la tourbe elle-même. La tourbe est une matière assez légère, noirâtre, grasse, et par conséquent inflammable.

Émile. — Où la trouve-t-on, Monsieur ?

Le Maitre. — On la trouve dans les terrains humides, fangeux, et à une assez petite profondeur.

Charles. — Et d'où provient-elle, Monsieur ? Est-ce une pierre comme le plâtre ?

Le Maitre. — Non, la tourbe est une matière noirâtre, je l'ai dit, composée de débris de plantes, de racines, de feuilles, d'herbes pourries, d'ossements d'animaux liés entre eux par le temps, et formant une masse compacte, quelquefois d'une épaisseur de 8 à 10 mètres, et d'une longueur de plusieurs kilomètres. Les tourbières les plus importantes sont celles de Hollande, dont la tourbe est de qualité supérieure, parce qu'elle est en général formée de plantes marines. Quelques tourbières épuisées ont été envahies par les eaux, et forment de véritables lacs.

Chez nous, on ne trouve de tourbe que dans les mauvais prés, où croissent spontanément les joncs, les roseaux, etc.

Les cendres de tourbe ne peuvent être employées au blanchissage, car elles déposent sur le linge une couleur jaunâtre comme la rouille, et qu'il est impossible de faire disparaître ; mais, en revanche, elles forment un excellent amendement-stimulant. On s'en sert sur les prairies marécageuses, pour les dessécher, et détruire les mauvaises herbes, la mousse, les laîches... La Picardie ne doit en partie sa prospérité agricole que depuis l'époque — il y a 150 ans environ — où l'on a commencé à employer les cendres de tourbe comme amendement-stimulant ; il faut savoir que cette province et ses voisines renferment un grand nombre de tourbières.

Émile. — Mais j'ai lu que la houille est formée aussi de débris de plantes et d'animaux enfouis dans l'intérieur de la terre... Sa composition est donc la même que celle de la tourbe ?

Le Maitre. — Exactement la même, avec cette différence toutefois, que la formation de la houille dans le sein de notre globe remonte à une époque beaucoup plus éloignée que celle de la tourbe. Les naturalistes ont reconnu et démontré que les amas de houille que l'on rencontre dans la terre, sont quelquefois, souvent même des forêts entières, et remontent aux premiers temps du monde. Dans ces amas, on trouve des débris de plantes gigantesques, dont ne peut nous donner une idée la végétation actuelle.

ÉMILE. — Y a-t-il longtemps, Monsieur, que l'on emploie la houille comme combustible?

LE MAITRE. — Oh! bien longtemps, certes; car dans un ouvrage intitulé : *Histoire des Pierres*, par Théophraste, il est parlé de la grande consommation que faisaient de la houille les forgerons grecs; il y est même dit que la Grèce s'approvisionnait de ce combustible, en Élide, une province de la Morée, et en Ligurie, une province de l'Italie.

Or, Théophraste vivait 300 ans avant J.-C.

ÉMILE. — Qu'était-ce donc que Théophraste, Monsieur? Était-ce un naturaliste?

LE MAITRE. — Non, c'était un philosophe, d'abord disciple de Platon, qui lui-même avait été disciple du sage Socrate. Plus tard, Théophraste passa à l'école d'Aristote, le grand naturaliste, le précepteur et l'ami d'Alexandre le Grand. Il se nommait Tyrtame; mais Aristote, charmé de la douceur de ses manières et de la finesse de son esprit, le nomma d'abord *Euphraste*, qui veut dire « celui qui parle bien », et enfin Théophraste, qui signifie « homme dont le langage est divin. » La maxime favorite de Théophraste était celle-ci : « *La plus forte dépense que l'on puisse faire est celle du temps.* »

Revenons à la houille, que l'on nomme vulgairement « charbon de terre. » Ses cendres produisent le même effet que celles de la tourbe ; nous n'avons donc pas à nous en occuper davantage.

Enfin, mes enfants, pour terminer ce long article, je vous dirai quelques mots seulement d'une opération que l'on pratique quelquefois et qui donne les mêmes résultats que les amendements. Cette opération, appelée *écobuage*, consiste à enlever d'abord la croûte du sol à une profondeur de 3 à 5 et 6 centimètres, et par tranches de 25 à 30, et même 40 centimètres de longueur et de largeur ; à réunir ces tranches de manière à en former des sortes de fours ou voûtes, et à les brûler ensuite, à l'aide de branchages, de bruyères ou de feuilles que l'on a eu soin de placer dans l'intérieur de ces voûtes. Le tout étant bien réduit en cendres, on répand ces cendres sur la terre, et l'on opère comme nous l'avons dit précédemment. L'écobuage convient aux vieux prés, tourbeux, fangeux, couverts de mousse et de lichens, et doit s'exécuter au printemps ou l'été, par un temps sec, afin que le gazon puisse se sécher plus facilement.

Passons à une autre question ; aux engrais, que Joseph, notre futur cultivateur, voudra bien traiter.

Joseph, *en riant*. — Et avec grand plaisir, Monsieur.

Mon grand-père, qui était aussi un cultivateur, nous raconte toujours que, de son temps, on jugeait de la richesse du cultivateur par le volume de son tas de fumier.

Le Maitre. — Les hommes sensés jugent encore de même aujourd'hui ; continuez.

Joseph. — Plus le tas était gros, plus le cultivateur avait de bestiaux, de terres à cultiver, et par conséquent plus il était riche.

Le Maitre. — Cela prouve l'importance que l'on attachait aux engrais.

Joseph. — Le fumier est le principal engrais. Il demande beaucoup de soins. Il doit être placé autant que possible sur un terrain battu, afin que le purin ne se perde pas, et à une certaine distance de l'habitation, pour éloigner les mauvaises odeurs. A côté du fumier, il doit être creusé une fosse, appelée fosse d'écoulement et destinée à recevoir le purin.

Pendant l'été, dans les temps secs, il faut, avec ce purin, arroser le fumier, afin de l'empêcher de moisir ; car du fumier moisi n'a plus aucune valeur. S'il reste du purin, on peut le conduire sur les prés au moyen d'un tonneau.

Le Maitre. — Faut-il, comme je l'ai vu faire chez

quelques cultivateurs, employer le fumier aussitôt qu'il est sorti des écuries ?

JOSEPH. — Oh, non, Monsieur, il faut bien s'en garder. On ne doit employer le fumier que lorsqu'il est pourri entièrement, et cela pour deux raisons : 1° le fumier étant formé de la paille et des herbes qui s'y trouvent mêlées, en l'employant avant qu'il soit pourri, il résulte que l'on sème, pour ainsi dire, dans son champ, les graines de toutes ces mauvaises herbes, qui nécessairement pousseront l'année suivante; 2° le fumier non pourri ne produit pas plus d'effet que de la paille.

LE MAITRE. — Et lorsque le fumier est dans les champs, faut-il le laisser en petits tas ou le répandre immédiatement ?

JOSEPH. — Lorsque le fumier est dans les champs, il faut le répandre immédiatement et labourer la terre aussitôt que possible. En le laissant en petits tas, comme le font les cultivateurs ignorants, il arrive, ou que la pluie lui fait perdre toute sa *graisse* en l'entraînant à la place où se trouve le tas, ou que le soleil et le vent le dessèchent et le réduisent à l'état de mauvaise paille. En se contentant de le répandre sans labourer, on perd moins, il est vrai, mais on perd encore, parce que, desséché, il ne produit plus le même effet et se mêle ensuite moins facilement à la terre.

LE MAITRE. — N'emploie-t-on pas d'autres substances comme engrais ?

JOSEPH. — Les autres substances employées comme engrais sont : le sang, la boue des rues, le marais des routes... Ces engrais demandent les mêmes soins que le fumier.

LE MAÎTRE. — Que doit-on penser des gens qui ne fument pas leurs terres ?

JOSEPH. — Ce sont des ignorants qui se ruinent par une économie mal placée. Les plantes épuisant la terre, ceux qui économisent le fumier sont des gens qui ne savent pas calculer leurs intérêts ; car si leurs plantes n'ont pas de nourriture, elles ne donneront certainement que de faibles résultats.

LE MAITRE. — C'est très-bien, Joseph. Vous donnerez un cultivateur, vous.

ÉMILE. — J'ai souvent entendu déjà parler d'un engrais nouvellement connu et appelé *guano;* voudriez-vous nous expliquer quelle est son origine, Monsieur ; car personne de nous, je crois, ne la connaît.

LE MAITRE. — Je le ferai d'autant plus volontiers, que c'est là une question qui se rattache aux oiseaux d'Amérique, et que, vous le savez, lorsqu'il s'agit d'oiseaux, c'est plus que du plaisir, c'est du bonheur que j'éprouve à causer avec vous.

Mais avant d'entrer en matière, je vous prierai de prendre vos cartes de l'Amérique méridionale, afin de pouvoir me suivre dans le voyage de long cours que nous allons entreprendre.

Entre le 2e et le 22e degré de latitude méridionale, c'est-à-dire entre le golfe de Guayaquil et le désert d'Atacama, que vous avez sur votre carte, sur une étendue d'environ 500 lieues, le grand Océan qui baigne tout le littoral du Pérou, est tellement abondant en poisson, qu'il n'y a pas d'expression qui puisse donner une idée de la quantité incalculable d'anchois seulement qu'on y rencontre. Il arrive souvent que, par le temps le plus calme, sans que la mer éprouve la moindre agitation, la plage en est couverte ; poursuivis par un ennemi auquel ils voulaient échapper, ils sont venus sans doute échouer tout vivants sur le sable de la grève.

Mais ce poisson qui, comme les descendants de Noé au pied du mont Ararat, finirait par devenir trop nombreux pour l'espace du monde qui lui est assigné, a un ennemi redoutable, que la Providence a placé dans ces parages pour maintenir les lois de l'équilibre universel. Cet ennemi est un oiseau de la famille du cormoran, et que les Péruviens désignent sous le nom général de *Guanaes*.

LES ENFANTS. — Qui a donné son nom au guano, sans doute?

LE MAITRE. — Précisément. Or, si le nombre des poissons qui peuplent cette partie de l'Océan étonne l'imagination, le nombre des guanaes qui couvrent les îles, les rochers, les promontoires, les falaises, n'est pas moins prodigieux ; car, d'après les calculs du savant M. Francisco de Rivero, il y aurait un de ces oiseaux par 4 mètres carrés de terrain. Enfin, pour vous donner une idée de cette multitude d'oiseaux, je vous dirai seulement que quelquefois, pour passer d'une île à une autre, ils forment comme une colonne vivante, un nuage qui intercepte les rayons du soleil, et qui pendant plusieurs heures ne semble pas diminuer de volume. Ils pêchent une grande partie de la journée, et quand ils sont bien repus, se reposent sur les ondes et semblent dormir en s'abandonnant au gré des flots. Quelques heures avant le crépuscule, ils se réunissent et reprennent leur vol vers les îles ou les îlots où ils ont élu domicile. Eh bien, ce sont les déjections et les dépouilles de ces oiseaux de mer qui ont formé les *guaneras* ou *huaneras*, c'est-à-dire les dépôts ou gisements de guano, qui se trouvent, je l'ai dit, entre le 2ᵉ et le 22ᵉ degré de latitude méridionale.

ÉMILE. — Alors le guano n'est autre chose que du fumier d'oiseau, comme celui de nos colombiers, de nos poulaillers ?

LE MAITRE. — Avec cette différence toutefois, qu'aux excréments des guanaes il faut ajouter les débris de plantes marines, d'animaux marins, de coquillages que la mer jette souvent sur ses rives.

De même qu'il y a plusieurs sortes de fumiers, il y a deux sortes de guanos, et vous allez en comprendre facilement la cause.

Le littoral du Pérou, et en remontant vers l'équateur, celui de la Colombie, offrent deux climats complétement différents.

Depuis la baie de Choco et dans les forêts impénétrables et marécageuses qu'elle baigne, jusqu'à Tumbes, il pleut presque toujours, sans aucune interruption, et cette abondance et fréquence des pluies hâtent nécessairement d'une manière étonnante la décomposition des substances organiques, et forment le guano de qualité inférieure.

Depuis Tumbes, au contraire, jusqu'au désert d'Atacama, la pluie est pour ainsi dire inconnue. Ainsi, à Chocopé, vers le 7ᵉ degré de latitude, il n'a pas plu depuis 1726, époque à laquelle il est tombé une pluie diluvienne pendant 40 nuits ; durant le jour, il faisait un soleil superbe. Et c'est précisément dans cette zone ainsi favorisée, entre la baie de Payta et l'embouchure du Rio Loa, que se trouvent ces inépuisables gisements de guano supérieur dont l'importance, c'est-à-dire la richesse, dépasse aujourd'hui celle des mines d'or les plus productives du Nouveau-Monde.

Voilà, mes enfants, et en quelques mots, l'historique du guano, le plus puissant engrais connu aujourd'hui, et dont l'importation, en France seulement, met en circulation plusieurs millions par année.

Émile. — Alors, les qualités de ces différents guanos ne doivent pas non plus être les mêmes.

Le Maitre. — Oh ! certainement non. Le guano du Pérou se vend ordinairement 30 francs les 100 kilogrammes au lieu du débarquement, et 250 à 300 kilogrammes suffisent pour un hectare de terre ensemencée en blé. Le guano de Patagonie, au contraire, ne se vend que 15 à 20 francs les 100 kilogrammes ; mais il en faut de 600 à 700 kilogrammes par hectare.

Nous nous arrêterons là pour aujourd'hui, et à notre

prochaine réunion, nous nous occuperons du drainage, des irrigations et des défrichements.

ÉMILE. — Avant de finir, racontez-nous donc une de ces vieilles légendes, de ces vieilles histoires que vous nous disiez, lorsque nous étudiions les oiseaux et les insectes. Nous en sommes déjà à notre troisième causerie, et vous ne nous avez encore fait que de la science.

LE MAITRE. — Je souscris avec bonheur à votre désir, mes enfants; mais n'oubliez pas non plus que c'est un engagement pris par vous de m'écouter avec toute votre attention.

Avant de partir pour la campagne de Russie, Napoléon voulut considérer une fois encore du haut des tours Notre-Dame, sa belle ville de Paris, qu'il avait enrichie de tant de monuments célèbres; car il l'affectionnait si vivement, qu'il voulut que ses cendres y fussent déposées après sa mort. Il fit venir Berthier : « Maréchal, lui dit-il, nous allons à Notre-Dame, je suis curieux de voir le réveil de Paris, du haut des tours. » — Il était très-matin, et tout le monde aux Tuileries reposait encore ; ils s'acheminèrent donc par les rues et les quais encore déserts, et arrivèrent en face de la vieille métropole ; ils frappèrent inutilement à la grande porte ; personne ne vint ouvrir : les sacristains dormaient aussi. L'Empereur, qui n'était pas toujours très-patient, se lassa bientôt d'attendre, et se mit à arpenter dans tous les sens les rues sales, obscures, tortueuses de la cité. Puis il s'arrêta tout à coup dans la rue des Lavandières, en face d'une maison noire, d'un aspect monastique, d'une figure austère : « Berthier, dit-il, voyez donc cette maison : elle porte plusieurs siècles en caractères hiéroglyphiques pour nous, écrits sur sa face par le temps... ne voudriez-vous pas savoir ce qui se passe dans l'intérieur de cette ruine du vieux Paris, qui, à coup sûr, a vu les guerres de nos aïeux, et qui est certes l'aînée du Louvre et des Tuileries. A tout hasard, entrons. »

Et sans attendre la réponse du grand maréchal, il entra en effet et se mit à grimper un escalier raide comme une échelle, et dont les rampes toutes vermoulues, tremblotantes, portaient, elles, en caractères indélébiles et fort significatifs, qu'elles avaient passé l'âge de la première jeunesse. Berthier suivait sans dire un mot. Ils montèrent ainsi jusqu'au septième étage ; là ils s'arrêtèrent, parce que l'escalier s'arrêtait, ou plutôt n'était continué que par une échelle à corde qui conduisait aux mansardes. Il était temps du reste, car ils étaient essoufflés tous les deux. Sur une porte étroite et basse on lisait ces mots tracés à la main : M. Guérin, empailleur.

— Frappez, dit l'Empereur, nous nous reposerons chez M. Guérin, et nous n'aurons rien perdu ; c'est aussi haut que les tours Notre-Dame.

Le grand maréchal frappa, et une voix cassée répondit : « C'est toi, Annette, entre, ma chérie, je suis levé. »

L'Empereur sourit, et ils entrèrent. Les deux illustres visiteurs poussèrent alors un seul cri de surprise : ils étaient dans une chambre basse, mais vaste, spacieuse, d'une propreté fabuleuse, meublée des êtres de la nature, les plus curieux, les plus rares, et tous dans des positions bizarres, fantastiques, qui leur donnaient l'aspect le plus étrange, le plus excentrique : c'étaient tous les petits quadrupèdes du Nouveau-Monde, à la robe fourrée d'hermine, dardant dans l'ombre leurs yeux brillants, injectés de sang... Mais ce qui était remarquable surtout, c'étaient les étagères où étaient gracieusement perchés les oiseaux des parties méridionales de l'Afrique et de l'Amérique, aux couleurs bigarrées, aux teintes splendides, aux reflets chatoyants, aux longues ailes, agiles, légères, diaprées, et parmi lesquels figuraient aussi, comme pour en rehausser l'éclat, des oiseaux à la robe modeste, notre linot d'Europe, le pouillot, le verdier, le traquet.

Enfin, au milieu de toute cette ménagerie muette, immobile, un petit vieillard travaillait, assis à une table chargée aussi d'échantillons scientifiques : c'était M. Guérin.

A la vue des deux étrangers, l'empailleur se leva effaré, timide : « Pardon, Messieurs, dit-il, je croyais que c'était Annette... Annette, viens donc, mon enfant, voilà des acheteurs... C'est que moi, je ne connais pas le prix, c'est ma petite-fille qui est orpheline et qui demeure avec moi, qui s'occupe de la vente. »

— Ne vous dérangez aucunement, Monsieur Guérin, dit l'Empereur ; nous attendrons Annette... Comment va le commerce, Monsieur Guérin ?

— Le commerce ! Mon père qui travaillait pour monsieur de Buffon, m'a dit bien souvent, à son tour, ces mots que lui répétait souvent le grand naturaliste : Guérin, *ne pensez jamais au prix d'une pièce*, mais à l'honneur qu'elle peut vous procurer, *au service qu'elle peut rendre à la science*, par la manière vive et naturelle dont vous la monterez.

— Je comprends, je comprends, Monsieur Guérin, et Buffon avait raison ; il ne suffit pas de bourrer de paille ou de son, ou de toute autre matière la peau d'un animal, pour être empailleur ; il faut encore, et surtout, que, par sa pose, cet animal rappelle (autant que la mort peut ressembler à la vie) les caractères distinctifs, spéciaux de l'être vivant... ce sont là les principes de l'art... Je vous demandais si la guerre ne nuisait pas à votre commerce.

— La guerre... Est-ce que nous aurions la guerre, Monsieur ?...

— Comment, Monsieur Guérin, vous n'avez pas entendu le canon des Invalides, le bourdon de Notre-Dame, annoncer les victoires de l'Empereur, et ne savez-vous pas qu'il va partir pour châtier la Russie ?...

— L'Empereur, Monsieur, est-ce que notre bon roi Louis XVI serait mort ?

A ces mots du vieillard, Napoléon sourit, mais d'un sourire triste ; et, d'une voix émue et avec un accent prophétique, il dit à Berthier :

« Maréchal, nous avons abattu la Révolution, nous avons porté la gloire du nom français dans toutes les contrées de l'Europe... et pourtant, il y a un Français, un habitant de Paris, de la Cité, qui ignore ces choses : voilà ce que c'est que la gloire... Demain, Berthier, vous viendrez prendre cet homme, vous le logerez dans un des immenses magasins de la rue de Rivoli, car c'est un savant ignoré, et surtout, appuya l'Empereur, vous l'abonnerez au *Journal de l'Empire*.

Le lendemain il y avait grande soirée au palais des Tuileries. Napoléon, avisant le grand-maréchal au milieu d'une foule de généraux :

— Eh bien, Berthier, Monsieur Guérin est-il installé rue de Rivoli !

— Non, Votre Majesté, il est encore à son septième étage de la rue des Lavandières.

— Comment donc avez-vous pu oublier ce que je vous avais si fermement recommandé ?

— Sire, dès le matin même j'ai été voir Monsieur Guérin : c'est sa petite-fille, Mademoiselle Annette, qui m'a reçu.

— Et le résultat de votre ambassade ?

— Mademoiselle Annette m'a conté tout au long l'histoire de son grand-père, et a fini par me supplier de le laisser mourir dans son grenier.

— Vous deviez insister, car c'est un homme de talent que ce Guérin.

— J'ai insisté, Sire, et plus peut-être que je ne le devais...

— Qu'a-t-elle répondu alors ?

— Elle m'a dit qu'elle viendrait se jeter aux pieds de Votre Majesté, et qu'elle obtiendrait de votre cœur ce que je lui refusais.

L'Empereur sourit.

— Enfin, dit-il... laissons donc M. Guérin. Nous avons, du reste, assez d'autres solliciteurs... Mais encore, quelle femme est-ce que cette demoiselle Annette, qui sait si bien obtenir de moi ce que vous refusez ?

— Un cœur d'or, Sire ; et avec cela une éducation que bien des princesses ne possèdent pas...

— Ne parlez pas si haut, Berthier, vous seriez perdu, ajouta l'Empereur avec un air railleur.

Huit jours après, l'Empereur partait pour la Russie.

CHAPITRE III.

6. Enlèvement des eaux nuisibles à la culture. — Drainage. — 7. Irrigations et arrosages. — 11. Défrichements. — Le drainage chez les Romains. — Le Gulfstream (fleuve marin). — Albion (l'Angleterre).

LE MAITRE. — A notre dernière causerie, je vous ai dit que nous nous occuperions aujourd'hui du *drainage*, des *irrigations* et du *défrichement*, c'est-à-dire des moyens que le cultivateur emploie encore pour rendre ses terres plus fertiles. Et, afin que nous ne voyagions pas comme dans un pays inconnu, je vous dirai d'abord que le mot « drainage, » comme beaucoup d'autres que nous avons francisés, a été emprunté à la langue peu harmonieuse, mais souvent fort expressive, de nos voisins d'outre-Manche, à la langue anglaise. Il vient du verbe anglais *to drain*, qui signifie mot à mot, *assainir, assécher*. Donc drainer un terrain, c'est l'assainir, l'assécher, le rendre plus sec. Par la comparaison la plus simple, je vais vous faire comprendre l'utilité du drainage. Voyons,

Joseph, vous qui vous occupez un peu des fleurs, dites-moi, avez-vous déjà vu des pots à fleurs?

Joseph. — Oh! Monsieur, nous en avons beaucoup.

Le Maitre. — Avez-vous remarqué qu'ils sont tous troués au fond?

Joseph. — Oui, Monsieur; sans cela, quand on arrose les fleurs, l'eau resterait dans le pot, se mêlerait à la terre et formerait alors une sorte de mortier, de marais.

Le Maitre. — Eh bien, le drainage, sur les sols humides, argileux, gras, est appelé à jouer le même rôle que l'ouverture pratiquée au fond du vase à fleurs; il enlève l'eau superflue, qui séjournerait trop longtemps dans le sous-sol et noierait les plantes. Comprenez-vous tous?

Tous les enfants. — Parfaitement, Monsieur.

Émile. — Y a-t-il bien longtemps que l'on connaît ce moyen de fertiliser les terres?

Le Maitre. — Si je ne consultais que mes ouvrages d'agriculture, je vous répondrais qu'il y a une quinzaine d'années seulement que l'on a commencé à drainer sérieusement les terres en France, et vingt ans seulement qu'on les draine en Angleterre. Pour bien des gens, donc, c'est une invention toute moderne; mais c'est là une erreur profonde, et nous ne devons pas nous attribuer un mérite que pourraient nous contester les Romains…, non ceux de nos jours, mais les Romains qui vivaient deux cents ans avant la naissance du Christ.

Voici les preuves.

En 1864, le vénérable Père Sacchi, directeur de l'observatoire du Collége romain, a adressé à l'Académie des sciences de Paris une communication de la plus haute importance au point de vue agricole. Chargé par le Pape de faire des fouilles dans la campagne de Rome, près de la ville d'Altari, il a trouvé tout un système complet de drainage, fait avec des tuyaux de terre cuite, exactement les mêmes que ceux que nous employons aujourd'hui. Dans son rapport, le savant Italien indique même les dimensions des drains. Voici ces dimensions : longueur $1^m,10$; diamètre $0^m,45$; épaisseur $0^m,025$. Au moment de la découverte, il y a cinq ans donc, ces drains se trouvaient dans la terre à une profondeur de $2^m,50$; mais il y a tout lieu de croire qu'anciennement ils étaient plus rapprochés de la surface du sol. Ces drains étaient emboîtés les uns dans les autres à une longueur de $0^m,04$ environ. La jonction était faite sans *collets*, comme chez nous; mais entre chaque *emboîture* il y avait par le haut, ce qui s'explique, une ouverture d'un centimètre, pour les filtrations des eaux...

ÉMILE. Mais qui prouve que ce travail remonte à une époque aussi reculée?

LE MAITRE. — Comme le disciple incrédule, vous voulez des preuves, Émile; vous avez raison, mon enfant; il faut vous habituer, je ne saurais trop vous le répéter, à discuter, à raisonner; c'est par ce moyen que l'on devient des hommes intelligents. Voici ces preuves que vous désirez.

L'architecte Vitruve, qui vivait sous l'empereur Auguste, à qui il dédia même le seul ouvrage d'architecture qui nous soit venu des anciens, signale comme un travail remarquable, un aqueduc établi par les ordres du censeur Bibliénus Varus pour amener les eaux dans Rome. Le savant contemporain d'Auguste parle également d'un *Champ-de-Mars*, établi à la même époque; or, c'est précisément dans ce Champ-de-Mars que l'on a trouvé le système de drainage, et, à côté, le fameux aqueduc. Il n'y a donc aucun doute possible sur l'ancienneté de ces travaux des Romains.

Êtes-vous convaincu, Émile?

ÉMILE. — Ce serait de la folie que de douter, après des données semblables.

LE MAITRE. — Je reprends donc la question, mais sans vous donner trop de détails; car quiconque veut drainer doit avoir recours à des ouvrages spéciaux; et, en passant, je vous désigne comme le plus complet et le plus explicite, celui de M. Royer, vérificateur des poids et mesures, à Château-Salins (Meurthe).

Le drainage a donc pour but d'assainir les terrains trop humides, en facilitant l'écoulement des eaux par des conduits souterrains. On l'emploie en général sur les terrains argileux. C'est là un travail qui demande du soin, de l'intelligence et une certaine expérience; mais le cultivateur ne tarde pas à être largement dédommagé de ses peines et de ses dépenses, et il voit aussitôt se couvrir de riches moissons des terrains autrefois improductifs. Le drainage s'opère au moyen de tuyaux cylindriques, faits d'argile, et placés les uns au bout des autres dans des fossés étroits nommés *drains*. Ces tuyaux sont réunis par une sorte d'anneaux appelés *collets*, qui ne joignent pas exactement, afin que l'eau puisse pénétrer entre le collet et les drains, et descendre dans ces derniers, auxquels, vous le comprenez, on donne une pente suffisante pour qu'ils puissent aller déverser leurs eaux, ou dans une rivière, ou dans un ruisseau, ou dans un fossé quelconque.

Joseph. — Ces travaux de dessèchement coûtent-ils bien cher, Monsieur?

Le Maitre. — En moyenne ils s'élèvent à deux cents francs, quelquefois trois cents francs par hectare...; mais ces dépenses sont bientôt couvertes par les bénéfices qu'on en retire.

Il y a un autre mode de drainage peu connu jusqu'alors, qui coûte moins, et qui a sur l'autre, en poterie, l'avantage immense de n'être jamais intercepté par des feuilles, des débris de plantes ou d'autres substances étrangères : il se fait avec l'épine noire. Voici comment on opère. On creuse des fossés de cinquante à soixante-dix centimètres de profondeur; au fond on place des fagots d'épines bien serrés, et ayant de soixante à quatre-vingts centimètres de tour, et on les dispose de manière que l'extrémité de l'un recouvre toujours le bout de celui qui précède, afin qu'il n'y ait aucune place vide. Sur ces fagots, on place des feuilles ou de la mousse, puis la mauvaise terre, et au-dessus on place de la bonne terre... et l'opération est faite.

ÉMILE. — Mais les épines doivent pourrir facilement, et ce drainage doit durer peu de temps.

LE MAITRE. — D'après les expériences faites par un agronome célèbre, M. Morin de Saint-Cyr (Jura), ce drainage peut avoir une durée de trente ans au moins, sans que les eaux cessent de s'écouler régulièrement. Vous voyez que pendant un intervalle de temps semblable, on a pu largement être dédommagé de ses frais.

En général, en France, le capital employé au drainage rapporte en moyenne, par accroissement de production, vingt-cinq pour cent.

En Angleterre, le taux s'élève à quarante pour cent. Ces chiffres résultent de calculs faits par des cultivateurs, dont l'expérience et la bonne foi sont hautement et universellement reconnues.

JOSEPH. — Comment reconnaît-on qu'un terrain a besoin d'être drainé?

LE MAITRE. — Par un moyen bien simple. On creuse avec une bêche un trou de cinquante à soixante centimètres de profondeur. Si, au fond, on trouve de l'eau et que cette eau croupisse au lieu de pénétrer dans le sol, c'est qu'au-dessous se trouve une couche imperméable; alors il faut drainer. Au reste, il serait assez difficile de donner des principes généraux; tout cultivateur intelligent reconnaît facilement par où son terrain pèche, et toutes les théories du monde ne sont rien auprès de l'expérience raisonnée.

C'est à peu près tout ce que nous avons à dire sur le drainage. Émile, à qui j'ai fait voir, aux vacances dernières, le grand système d'irrigation de M. Serville, voudra bien traiter cette question, n'est-ce pas?

Émile. — Oui, Monsieur le Maître ; seulement je vous prierai de m'aider un peu, parce que, quoique je sache bien la chose, les mots me manquent toujours.

Le Maitre. — C'est ce qui arrive souvent aux gens qui n'ont pas l'habitude de la parole... Allez, je viendrai à votre secours si vous vous égarez.

Émile. — On appelle *irrigation* une opération qui consiste à amener, sur un terrain trop sec, les eaux d'un ruisseau ou d'une rivière, ou d'un cours d'eau quelconque avoisinant. C'est là le but unique des irrigations.

Le Maitre. — Erreur! erreur! mon ami. Il ne suffit pas d'inonder une prairie pour la rendre fertile; il faut étudier auparavant les qualités nutritives de l'eau qu'on veut déverser sur cette prairie; étudier la nature de la terre sur laquelle on veut opérer, la nature des plantes qui y croissent spontanément. C'est pour ne pas avoir expérimenté toutes ces conditions que bien des cultivateurs ont fait fausse route, et, suivant l'expression vulgaire, *ont fait plus de mal que de bien* au sol dont ils voulaient corriger les défauts. Telle eau favorable à un terrain peut être nuisible à un autre. Ainsi l'eau calcaire, par exemple, qui convient à une terre argileuse, nuirait considérablement à une terre calcaire elle-même.

En général, sont nuisibles les eaux qui ont séjourné sur des houillères, des tourbières, les eaux croupissantes provenant des mares, de marais sans écoulement... Et la preuve de ce que j'avance, c'est que les pays rendus, par les irrigations, les plus riches en richesse agricole sont précisément ceux où l'eau surabonde : je vous donnerai, pour exemple, le Regenwald, en Poméranie (*regen*, pluie; *wald*, forêt), sur les bords de la Baltique, et le Siegenwald, en Westphalie... (*Siegen*, vaincre, vainqueur; *wald*, forêt).

Charles. — Alors, comment fait-on pour irriguer ces terrains où l'eau est déjà trop abondante?

Le Maitre. — On creuse des rigoles pour faciliter l'écoulement des eaux stagnantes, corrompues. Ces eaux disparues, on en amène d'autres qui ont la propriété de détruire l'effet nuisible qui a été produit, et de féconder ensuite le sol. Continuez, Émile.

Émile. — Il y a deux manières principales d'irriguer les terrains :

1° L'irrigation par *submersion*.

2° L'irrigation par *ruissellement* ou par rigoles de niveau.

L'irrigation par submersion consiste à couvrir d'eau en même temps toute la surface du sol. Ce mode n'est praticable que dans le cas où le terrain à inonder forme un plan à peu près horizontal, ce qui se présente rarement. Aussi n'est-il en usage que dans les provinces du Midi, et seulement pour la culture du riz. Pour peu que le terrain ait de pente, il faudrait une masse d'eau énorme pour le couvrir.

Quant à l'autre mode, il est employé presque partout, et c'est celui que nous avons vu chez M. Serville. Il peut se pratiquer sur tous les terrains, quelle que soit l'inclinaison.

Pour cela, on creuse une rigole profonde, dite rigole ou *canal de dérivation*, et suivant la pente du terrain. Cette rigole aboutit au cours d'eau et est destinée à alimenter d'autres rigoles de niveau, plus petites que la principale, et creusées dans le but de distribuer à l'eau toutes les parties du terrain. Cette eau, n'ayant fait que passer, est ensuite reçue dans d'autres rigoles inférieures, et enfin conduite dans un canal *collecteur* ou dans des fossés d'écoulement. Voilà tout ce que je sais, Monsieur.

Le Maitre. — C'est très-bien, Émile. Vous parlez comme un professeur.

Émile, *en riant*. — C'est que je vous ai entendu, Monsieur, et que j'ai même retenu vos expressions.

Le Maitre. — Vous comprenez, j'en suis sûr, mes

enfants, tout ce qu'a dit Émile. J'ajouterai seulement, ainsi que je vous l'ai dit déjà pour le drainage, qu'il n'est pas possible de donner de règles fixes à l'égard des irrigations ; l'intelligence et surtout l'expérience du cultivateur sont toujours les guides les plus sûrs.

Dans certains pays, en Angleterre notamment, on a su déjà utiliser pour les irrigations, les eaux des égouts des villes, si riches en matières fertilisantes. Et comme exemple, je vous citerai la ville de Rugby, qui compte une population de 8,000 habitants, et qui, il y a quelques années, n'a pas reculé devant une dépense énorme pour établir dans chaque rue un canal souterrain destiné à recevoir d'abord, par des tuyaux en terre cuite, les vidanges et les eaux ménagères de toutes les maisons, et à les conduire ensuite dans une fosse commune creusée à la partie basse de la ville. A peine ce système était-il adopté, qu'un fermier intelligent a acheté par un long bail, moyennant une redevance annuelle de 1,750 francs, tout l'engrais liquide déversé dans le réservoir collecteur. Avec cet engrais puisé dans la fosse commune par une machine à vapeur, et au moyen d'une combinaison de tuyaux que je ne puis vous expliquer ici, le fermier arrose tous les jours une surface de deux cents hectares environ, mais de prairies seulement, parce que les essais tentés sur d'autres cultures n'ont donné aucun résultat satisfaisant. Ce fermier a déjà fait une fortune considérable.

La ville de Rugby y gagne un revenu assez rond, et de plus elle est débarrassée des émanations malfaisantes que dégagent toujours les matières en putréfaction.

Il est vrai de dire que, pour utiliser ainsi les eaux des égouts, il faut disposer de capitaux immenses ; et c'est là souvent une des causes qui arrêtent le cultivateur français.

Charles. — Je vais vous adresser une question que mon père m'a chargé de vous faire : lorsque le terrain que l'on veut drainer, ou le pré que l'on veut irriguer sont trop éloignés d'un cours d'eau, comment peut-on faire, si les voisins ne consentent pas à laisser traverser leurs terres ?

Le Maitre. — J'allais précisément, pour terminer cet article, vous parler des dispositions de la loi relative au drainage et à l'irrigation.

Le drainage : La loi du 10 juin 1854, sur le drainage, dispose :

1° « Que le propriétaire qui veut drainer son fonds peut, moyennant indemnité, conduire les eaux nuisibles souterrainement ou à ciel ouvert, à travers les propriétés qui séparent ce fonds d'un cours d'eau ou de toute autre voie d'écoulement ; 2° que les propriétaires des fonds traversés peuvent, lorsqu'ils veulent eux-mêmes drainer leurs fonds, se servir des travaux faits par un voisin, en supportant une partie proportionnelle de la dépense. »

L'irrigation : La loi de 1845 sur l'irrigation dit :

1° « Le propriétaire riverain qui, pour l'irrigation de ses propriétés riveraines ou non riveraines du fleuve, veut se servir des eaux dont il a le droit de disposer, peut, moyennant une indemnité, les faire passer sur les fonds intermédiaires ; 2° le propriétaire d'un fonds submergé peut aussi, moyennant une indemnité, faire passer les eaux qui lui nuisent à travers les fonds intermédiaires, pour les faire arriver au cours d'eau ou à toute autre voie d'écoulement. »

La loi de 1847 sur le même sujet ajoute :

« Le propriétaire riverain qui veut se servir des eaux dont il a le droit de disposer, peut, moyennant une juste et préalable indemnité, appuyer sur la rive opposée les ouvrages d'art nécessaires à sa prise d'eau.

» Les maisons, cours, jardins, parcs et enclos attenant aux habitations sont affranchis des servitudes d'irrigation et de drainage. »

Tels sont les termes des lois. — La loi de 1854 ajoute même :

« Article 6. — La destruction totale ou partielle des conduits ou fossés évacuateurs est punie des peines portées à l'article 457 du Code.

» — L'article 463 du Code pénal peut être appliqué. »

— Et enfin, la loi du 28 juin 1856 dit :

« Titre I. — Article 1er. — Une somme de cent millions est affectée à des prêts destinés à faciliter les opérations du drainage. »

Vous voyez, mes enfants, que le gouvernement saisit, ou plus justement, cherche toutes les occasions de favoriser l'agriculture, et qu'il ne recule devant aucune dépense pour venir en aide aux cultivateurs.

Êtes-vous satisfait, Charles ?

CHARLES. — Oui, Monsieur, et je rapporterai le texte de la loi même à mon père, qui vous sera bien reconnaissant, j'en suis sûr.

LE MAITRE. — Il ne nous reste plus, sur notre programme d'aujourd'hui, qu'à parler des défrichements. C'est là une question sur laquelle nous passerons rapidement, parce qu'elle exigerait des détails, et surtout des études dans lesquelles nous ne pouvons entrer sans risquer de nous perdre, ou du moins de nous égarer.

Défrichements. — On appelle défrichement une opération par laquelle on convertit en terres cultivables, des terres incultes et envahies généralement par des plantes sauvages, des bruyères, des ajoncs, des laiches, ou couvertes de forêts. Il résulte de cela même que l'on peut établir deux divisions principales des terrains à défricher :

1° Les landes ou terres en friche ; 2° les bois.

Commençons par les landes. Y a-t-il quelqu'un parmi vous, mes enfants, capable de nous dire quelques mots sur ce travail de défrichements ?

JOSEPH. — Moi, Monsieur ; il y a deux ans, nous

avons défriché un terrain autrefois cultivé, mais qui avait été abandonné depuis longtemps et qui était entièrement couvert de mousse et de champignons vénéneux.

Voici comment on opère.

On enlève d'abord la croûte de terrain à une profondeur assez grande pour qu'il ne reste plus en terre aucune racine de plantes nuisibles. On fait sécher cette croûte, puis on la brûle.

CHARLES. — C'est l'écobuage alors?

JOSEPH. — Pas tout à fait, tu vas le voir. On répand ensuite les cendres sur le sol, puis on le défonce à une profondeur de soixante à quatre-vingts centimètres, à la bêche. On laisse le terrain une année en jachère, pour donner à la couche retournée le temps d'acquérir les qualités que lui donne l'air. La seconde année seulement on y plante des pommes de terre ou une récolte peu épuisante, et on a soin d'y mettre beaucoup d'engrais. Et enfin, la troisième année, après une bonne fumure encore, on peut y mettre des céréales, et alors on a une terre qui se trouve à peu près dans les mêmes conditions de fertilité que les voisines.

LE MAITRE. — On ne pratique l'écobuage avant le défrichement proprement dit, que quand la couche supérieure est pénétrée profondément par des racines de bruyères ou des ajoncs. Mais, hors ce cas, il suffit d'avoir recours à deux ou trois labours exécutés par une charrue puissante, capable de ramener à la surface du sol les débris des végétaux qui croissaient spontanément, et qui, exposés à l'air, au soleil, pourriront et deviendront ensuite un engrais d'une certaine valeur.

Le principe que le cultivateur ne doit jamais perdre de vue, en matière de défrichement, c'est qu'il ne faut pas se hâter de demander à la terre des produits qu'elle donnerait peut-être d'abord, mais qui l'épuiseraient rapidement. Ici surtout, il faut se hâter lentement et laisser au sol retourné le temps de puiser dans l'air les propriétés productives dont il était privé, et qu'il ne peut acquérir qu'à la longue.

Émile. — J'ai souvent entendu ces mots : « Les landes de Bretagne, les landes de Gascogne. » Est-ce qu'il y a beaucoup de terres incultes dans ces provinces ?

Le Maitre. — Les landes de Gascogne, de Bretagne et de la Sologne, comptent une superficie évaluée à sept millions d'hectares.

Les enfants étonnés. — Sept millions !

Le Maitre. — Oui, sept millions d'hectares, c'est-à-dire un revenu de plusieurs centaines de millions...

Les bois. Et d'abord, on ne peut défricher sans autorisation préalable, que les bois d'une contenance de moins de quatre hectares, ou les parcs enclos de murs, quelle que soit d'ailleurs leur superficie.

Avant de procéder au défrichement, il faut s'assurer que le terrain soumis à la culture forestière donnera un revenu plus élevé étant converti en champ ou en pré, puis procéder à l'abattage des arbres, et après, à l'arrachage des souches. Ces travaux préparatoires terminés, il faut repasser à la pioche tout le terrain, afin de le débarrasser complétement des racines qui ont pu rester en terre. Ces racines mises en tas sont brûlées, et les cendres répandues sur le sol. Et enfin, il faut un bon chaulage et des labours profonds ; car les feuilles et les débris de bois ont augmenté considérablement la couche végétale. De même que pour les landes, il ne faut pas se hâter de *rentrer dans ses frais*, il faut savoir attendre, savoir préparer, de longue main, sa terre à la grande culture, et toujours commencer par des plantes peu épuisantes. C'est souvent la pomme de terre qui convient le mieux. Mes enfants, notre causerie est terminée.

Émile. — Une question, si vous le voulez bien, Monsieur.

LE MAITRE. — Dix, vingt, mon ami, si c'est nécessaire.

ÉMILE. — Je n'ai pas voulu vous interrompre lorsque vous avez parlé de l'Angleterre, à l'occasion des égouts de Rugby ; mais maintenant que nous en avons le temps, je vous prierai de me dire pourquoi on appelle toujours l'Angleterre, Albion. J'ai cherché plus d'une fois déjà, et je n'ai jamais pu trouver l'explication de ce mot.

LE MAITRE, *en riant*. — C'est là une question qui nous entraînera bien loin ; mais je vais la traiter cependant ; d'abord, parce que je vous dois une réponse ; ensuite parce qu'elle se rattache, et d'une manière directe, à l'un des plus grands et des plus admirables phénomènes qui concourent à l'harmonie du globe terrestre.

Albion vient du latin *albus*, qui signifie *blanc*. Or, les savants ne sont pas d'accord sur ce modificatif appliqué à l'Angleterre. Les uns prétendent qu'elle le doit à la blancheur de ses falaises et de ses rochers qui, vus de la pleine mer, paraissent, quand le temps est clair, parfois des montagnes d'albâtre. Les autres soutiennent que ce nom d'Albion a été donné à l'île, parce qu'elle est constamment entourée d'une ceinture de brouillards, qui lui donnent un aspect d'un blanc éclatant comme l'albâtre encore.

La première raison n'exige aucune explication ; c'est la seconde qui va nous conduire bien loin, je vous l'ai dit.

Quelle est la cause de ces brouillards perpétuels ? la voici. Donnez-moi toute votre attention, je vous prie, parce que c'est de la science proprement dite, de la science de savant que je vais faire. Je vous ai répété maintes fois déjà, que l'Océan a ses montagnes, ses volcans, ses vallées, et vous l'avez compris facilement ; mais ce que je ne vous ai pas dit encore, c'est qu'il a aussi ses rivières, ses fleuves, destinés à établir une sorte d'équilibre entre les diverses températures du globe. Quelques-uns de ces fleuves portent leurs eaux brûlantes des contrées torrides vers les mers polaires ; d'autres, au contraire, venant des régions glaciales vont rafraîchir les mers bouillonnantes des tropiques. Or, le plus connu, le plus vaste, et je puis dire le plus célèbre de ces courants marins est le Golfstrim (en anglais *Gulfstream*, qui veut dire : courant du golfe), qui prend naissance ou qui a sa source, si vous aimez mieux, au golfe du Mexique. Le golfe du Mexique, vous pouvez le voir sur vos cartes, est situé entre le 20e et le 30e degré de latitude nord, c'est-à-dire dans la zone torride. De plus, il est encaissé entre de hautes montagnes qui réfléchissent les rayons du soleil, les concentrent sur ses eaux comme dans un immense foyer, et y entretiennent une chaleur constante de 30°.

C'est de cette sorte de fournaise liquide que s'échappe le Golfstrim, — que l'on appelle souvent aussi le grand courant de Bahama, — pour se diriger vers les côtes des États-Unis, puis vers le banc de Terre-Neuve où, après avoir subi le choc d'un contre-courant sous-marin sorti, lui, des mers polaires, il se divise en plusieurs branches.

ÉMILE. — Est-il bien large et bien profond ? et comment sait-on que ce sont les mêmes eaux sorties du golfe du Mexique, et non les eaux de la mer qu'il entraîne ?

LE MAITRE. — Je vous ai déjà recommandé, mes enfants, de ne jamais m'adresser qu'une question à la fois, et voilà Émile qui m'en fait trois sans me laisser une minute d'arrêt. Je vais répondre à ces trois questions, mais veuillez bien profiter de l'avertissement.

1° Le Golfstrim a une largeur, non approximative, mais exacte, de soixante kilomètres. En voici des preuves. Ses eaux d'un beau bleu indigo tranchent nettement avec celles de leurs rives, de la mer par conséquent, qui sont d'un fond vert. La température du fleuve sur cette largeur de soixante kilomètres, est supérieure à celle de la mer de 12, 15, et quelquefois 17 degrés.

2° La profondeur du courant de Bahama est exactement de trois cents mètres : le thermomètre encore l'a démontré d'une manière irréfutable.

Or, cette largeur de soixante kilomètres et cette profondeur de trois cents mètres constituent une masse d'eau auprès de laquelle celle des deux plus grands fleuves du monde terrestre, le Mississipi et l'Amazone, ne représente qu'un simple ruisseau, dont le volume n'égale pas la millième partie du fleuve marin.

3° Ses eaux ne se mêlent pas à celles de l'Océan, car alors elles se refroidiraient sensiblement. Or, le Golfstrim s'élance vers le nord avec une vitesse de huit kilomètres à l'heure. Tout en pénétrant dans les mers glaciales, sa température ne diminue que d'un degré environ sur 8,000 kilomètres parcourus.

Êtes-vous content, Émile?

ÉMILE. — Oui, Monsieur, et je vous demande pardon de vous avoir interrompu,

LE MAITRE. — Non pas, non pas, mon enfant; ne sommes-nous pas ici pour nous instruire en discutant un peu?

ÉMILE, *en riant.* — Alors, une question encore, s'il vous plaît. Puisqu'on sait qu'il marche avec une vitesse de huit kilomètres à l'heure, sa pente doit être bien forte; la connaît-on, Monsieur?

LE MAITRE, *en riant à son tour.* — Non-seulement le Golfstrim ne descend pas, mais en s'avançant vers le nord, il paraît gravir au milieu de l'Océan une montée assez rapide, c'est-à-dire que son lit s'élève d'environ un mètre par kilomètre.

ÉMILE. — Alors, quelle est donc la force, la cause qui pousse cette masse d'eau?

LE MAITRE. — Cette cause, mon enfant, il ne faut pas la demander aux savants, elle est encore un mystère pour eux; il faut la demander aux lois éternelles des harmonies de la nature, c'est-à-dire au Créateur des mondes, qui ne permet pas toujours à l'homme de pénétrer ses secrets... Il faut la demander à Celui qui a placé sous le Golfstrim un courant sous-marin contraire, et sortant des mers glaciales, afin d'*isoler* pour ainsi dire les eaux brûlantes du courant de Bahama, et de leur permettre d'aller porter leur bienfaisante action vers les régions polaires. — Il faut demander cette cause à Dieu.

Revenons à notre fleuve.— Je vous disais, qu'arrivé au banc de Terre-Neuve, il se formait en plusieurs branches. L'une d'elles se dirige sur les côtes de la Norwége, puis vers l'Islande. Une autre, celle précisément qui nous intéresse, s'élançant vers l'Orient, vient entourer les Iles Britanniques d'une ceinture d'eaux tièdes qui produisent les brouillards blancs, dont je vous ai parlé, et qui ont valu, dit-on, à notre voisine l'Angleterre, le surnom d'Albion.

Cette fois, Émile doit être satisfait.

ÉMILE, *en riant*. — Plus que satisfait, Monsieur ; mais cependant, puisque le fleuve marin est si près de notre France, achevez-en l'histoire, s'il vous plaît, et dites-nous où il va se perdre.

LE MAITRE. — Près de l'Angleterre encore, il se subdivise : l'une de ses branches, la principale, descend l'océan Atlantique, gagne le golfe de Gascogne, puis le Portugal, l'Afrique, et va se mêler à un autre courant de l'équateur qui le ramène à son point de départ, au golfe du Mexique, et vous voyez qu'il ne se perd pas.

Une autre branche, moins importante, pénètre dans la Manche, longe les côtes de nos départements de la Manche et du Finistère, et y apporte une température aussi douce que celle des villes du midi de la France et même de l'Italie. Ainsi, à Cherbourg, par exemple, il gèle très-rarement; mais, par contre, c'est la ville d'Europe où il pleut le plus souvent. Cela tient aux brumes que les eaux tièdes du Golfstrim entretiennent constamment dans l'air.

ÉMILE. — Mais un courant semblable doit être une sorte de gouffre pour les navires qui s'engagent dans ses eaux.

LE MAITRE. — Certainement ; aussi les marins se gardent bien de s'aventurer sur ses rives, et s'en tiennent toujours à de grandes distances. Mais parfois, emportés par l'ouragan, ils ne peuvent résister à sa violence et sont entraînés vers le terrible courant. C'est ainsi qu'en 1854, le paquebot américain, le *San-Francisco*, parti de New-York pour la Californie, fut assailli par une épouvantable tempête qui le jeta brisé, démâté, au beau milieu du fleuve marin. C'en était fini du pauvre steamer et de ses six cents passagers, s'il n'eût été aperçu dans cette position désespérée par deux petits avisos légers, qui vinrent à toutes voiles apporter la nouvelle de la détresse à New-York. Mais quelle route suivre pour porter secours et sauver les victimes !... On eut recours à la science, et la science répondit. On s'adressa directement et immédiatement à M. Maury, directeur de l'Observatoire national...

Et M. Maury, du fond de son cabinet, et à l'aide d'une simple carte marine, en tenant compte de la violence des vents, de la direction du Golfstrim et de la direction de la tempête, indiqua de la manière la plus précise le point même où devait se trouver le navire.

ÉMILE. — Et il ne s'était pas trompé ?

LE MAITRE. — Non, pas même d'un kilomètre ; car le *San-Francisco* sombra à l'endroit même désigné par le savant directeur.

ÉMILE. — Et les passagers ?

LE MAITRE. — Les passagers avaient pu être sauvés par les bateaux envoyés à leur secours.

Vous voyez, mes enfants, que si quelquefois la science

dit : *je ne sais pas*, souvent elle dit : *je sais ;* et quels services elle peut rendre à l'humanité.

CHAPITRE IV.

30. Assolement ou succession des cultures ; jachère, repos, organisation des travaux agricoles. — 31. Influence de diverses circonstances sur les systèmes agricoles ; début de l'entreprise. — L'horloge de la mort.

Le Maitre. — *Il n'y a pas de mauvaises terres, il n'y a que de mauvais cultivateurs.* C'est là un proverbe lorrain, dont nous allons, dans cette quatrième causerie, démontrer toute la vérité.

Jusqu'à présent nous ne nous sommes occupés que des moyens d'améliorer les terres : le drainage, les irrigations, les défrichements ont été les seuls objets de nos études. Nous allons aborder aujourd'hui la grande question de la culture proprement dite,

Les systèmes agricoles, les assolements, les rotations.

1° SYSTÈMES AGRICOLES.

Quelqu'un parmi vous se rappelle-t-il assez nos leçons de l'an passé pour pouvoir traiter cette question d'une manière générale?

Charles. — Moi, Monsieur, je me rappelle tout ce que nous avons déjà dit.

Le Maitre. — Alors, commencez. — Qu'entend-on par système agricole? et en combien de classes principales le divise-t-on?

Charles. — Un système de culture est la réunion ou l'ensemble des moyens que le cultivateur emploie pour tirer le plus de profits possible de ses terres.

On en distingue quatre sortes principales qui sont :

1° Le système *pastoral*,

2° Le système *céréal*,

3° Le système *industriel*,

4° Et le système *alterne*.

LE MAITRE. — C'est bien cela, Charles. — Dites-nous quelques mots sur chacun d'eux.

CHARLES. — Le système pastoral consiste à convertir en prairies toutes les terres d'une exploitation rurale.— Ce mode de culture, qui a dû être créé dès le commencement du monde et après le déluge universel, n'est plus praticable aujourd'hui, à cause des besoins de la société. Aussi il n'est plus guère employé que dans les montagnes de l'Auvergne, du Jura et des Vosges, où les opérations de la culture sont à peu près impossibles, à cause de la pente des terrains et du peu d'épaisseur de la couche arable.

LE MAITRE. — Ne nous arrêtons pas davantage à ce système, Charles ; et passons à son voisin.

CHARLES. — Le système céréal consiste à faire produire à la terre les plantes qui renferment des graines propres à donner de la farine, telles que le blé, l'orge, l'avoine, etc.

LE MAITRE. — Il forme lui-même deux subdivisions, le système *pur* et le système *libre*.

Dans le premier cas, on ne cultive absolument que des céréales, et il faut alors se procurer ailleurs le fourrage nécessaire à la nourriture des bestiaux, ce qui ne peut se présenter que dans des circonstances tout à fait exceptionnelles. Dans le deuxième cas, on s'occupe également, moins en grand cependant, de la culture d'autres plantes.

Le système industriel?

CHARLES. — Il a pour but de faire produire à la terre les plantes destinées au commerce, à l'industrie.

LE MAITRE. — Et, de même que les deux précédents, il n'est pas praticable en grand ; car il ruinerait les terres et, par contre-coup, le cultivateur. Nous ne nous y arrêterons pas; nous en parlerons plus longuement lorsque nous nous occuperons de la culture des plantes industrielles. — Continuez.

CHARLES. — Et le système alterne qui n'est qu'une combinaison des trois autres. — C'est le plus généralement employé. Il a pour but de cultiver sur la même terre des plantes de diverses natures qui se succèdent dans un ordre tel, que l'une rend au sol les principes fertilisants que la précédente lui a enlevés.

LE MAITRE. — Ces définitions sommaires sont suffisantes, mes enfants, pour vous donner une idée de chacun de ces modes de culture.

J'arrive à d'autres considérations.

Le choix d'un système de culture est de la dernière importance pour quiconque débute dans la carrière agricole, ou entreprend une exploitation quelconque. L'adoption de tel ou tel mode dépend :

1° Des circonstances locales où se trouve l'exploitation;

2° Des circonstances sociales;

3° Et des dispositions particulières, ou des aptitudes diverses du cultivateur lui-même.

Les circonstances locales se rapportent directement aux qualités productives de la terre et à la position de l'exploitation, relativement aux débouchés ouverts aux produits. Il serait absurde, par exemple, de vouloir cultiver la betterave ou le houblon dans telle localité, où ces plantes ne pourraient être vendues qu'à condition d'être transportées à des distances telles que le charroi entraînerait des frais supérieurs aux bénéfices qui pourraient être réalisés.

Par circonstances sociales, on entend surtout les habitudes, les chiffres et les besoins des populations qui entourent l'exploitation. Il serait absurde encore de vouloir cultiver telle plante, qui exige des soins considérables, dans un pays où les bras manquent, et où, par là même, la main-d'œuvre est chère.

Et enfin, le cultivateur doit examiner avec la plus sérieuse attention ses propres facultés.

On exécute un travail quelconque avec d'autant plus de perfection, qu'on le fait avec plus de plaisir.

2° LES ASSOLEMENTS. — 3° LES ROTATIONS.

Supposons un terrain quelconque, mais pourtant d'une certaine étendue, que nous diviserons en trois parties, par exemple. Dans la première nous cultiverons du blé, dans la deuxième de l'avoine, et dans la troisième des pommes de terre. En agriculture, chacune de ces parties s'appellera alors une *sole*, et le mode de répartition des plantes, dans la même année, sur ces différentes soles, s'appellera *assolement*. Vous comprenez, je pense, ce que l'on entend par assolement?

LES ENFANTS. — Très-bien, Monsieur.

LE MAITRE. — Supposons maintenant que les plantes que j'ai nommées se succèdent l'une à l'autre dans un ordre régulier; que, par exemple, après le blé vienne l'avoine, après l'avoine les pommes de terre, et enfin après celles-ci le blé par qui nous avons commencé, nous obtiendrons alors un mouvement périodique, comme celui d'un corps tournant sur lui-même, c'est-à-dire une *rotation*.

En agriculture donc encore, la rotation indique la manière invariable dont les plantes se succèdent sur le même terrain.

Vous comprenez encore, mes enfants?

LES ENFANTS. — Parfaitement, Monsieur.

LE MAITRE. — Eh bien! ce sont là les deux questions

les plus importantes à résoudre, pour quiconque débute dans une exploitation agricole.

Quoiqu'il ne soit pas possible de donner des principes déterminés, fixes, pour l'adoption d'un assolement, il y a cependant certaines considérations générales qu'il ne faut jamais perdre de vue.

Autrefois, nos pères, qui avaient à leur disposition des plaines sans bornes, ne s'occupaient en rien de l'assolement. Une partie de leurs terres était ensemencée en blé, une autre partie en avoine ou en orge, et le reste était en jachère. Mais depuis que la population a augmenté dans les proportions qu'elle affecte aujourd'hui; depuis que, par là, les besoins ont augmenté, depuis surtout les progrès de l'agriculture et de l'industrie, l'assolement a occupé dans les études des agronomes un des premiers rangs parmi les grandes questions agricoles.

Dans le choix d'un assolement, il faut considérer surtout :

1° La *nature des terres*. — Car il faut avant tout savoir quelles plantes on peut cultiver.

2° L'*étendue de l'exploitation*. — Car plus une propriété est grande, plus les frais généraux sont relativement diminués.

3° L'*éloignement des terres*. — Car plus une terre est rapprochée de la ferme, plus il est facile d'y cultiver des plantes qui demandent des soins continuellement répétés.

4° L'*enchevêtrement de ces terres* au milieu d'autres propriétés. — C'est là un grand obstacle au choix d'un assolement, car il est bien difficile de ne pas faire comme les voisins.

Une fois bien fixé sur le choix de son assolement, le cultivateur doit se préoccuper seulement de la rotation.

De même qu'un assolement peut être bon et la rotation mauvaise, la rotation peut être bonne et l'assolement mauvais. Je m'explique, et pour cela j'en reviens à mon premier thème, c'est-à-dire aux trois divisions que j'ai supposées établies d'abord, et que l'on appelle pour cela l'*assolement triennal*. — Avant tout, je dois vous déclarer que cet assolement ne vaut absolument rien, et n'est plus mis en pratique que par des routiniers et des ignorants. Mais enfin, puisque je l'ai sous la main, je m'en sers.

Nous supposons donc notre exploitation coupée en trois soles. Supposons, de plus, que cet assolement est bon, mais que le cultivateur ignorant établit ainsi sa rotation : blé après avoine, avoine après pommes de terre, pommes de terre après blé, etc.

Cette rotation ne vaudra rien ; car le blé, qui est une plante épuisante, succédera à une autre plante épuisante.

Émile. — Ainsi, Monsieur, pour qu'une rotation soit bonne, il faut que les plantes se succèdent de telle manière, que l'une répare pour ainsi dire le dommage que la précédente aura causé à la terre ?

Le Maitre. — C'est précisément là le principe fondamental sur lequel on doit se baser dans le choix d'une rotation. Et puisque vous avez bien saisi ce point, la question est complétement résolue.

Charles. — Vous avez dit que l'assolement peut être mauvais et la rotation bonne. Voulez-vous nous donner un exemple, s'il vous plaît ?

Le Maitre. —Dans l'assolement triennal, supposons, puisque nous faisons toujours des suppositions, qu'au lieu de blé d'automne, le cultivateur sème de l'orge ou du blé de printemps. Que résultera-t-il de cette nouvelle combinaison ? Ceci, c'est que la semaille de son orge, de son blé, de son avoine et la plantation de ses pommes de terre devront avoir lieu en même temps, de sorte qu'à l'automne, il n'aura qu'à se croiser les bras, à étudier le cours des astres, s'il a des idées élevées, à se borner à la géographie terrestre, si c'est un simple mortel. Et en bonne agriculture, les travaux doivent toujours se succéder sans interruption et ne jamais se presser les uns les autres.

J'ai condamné l'assolement triennal, et j'y reviens, parce que dans certaines parties de la France, surtout en Lorraine, beaucoup de cultivateurs s'obstinent à y rester fidèles, malgré les conseils, malgré les progrès accomplis en agriculture, et, ce qui est plus stupide, malgré leurs intérêts.

Les plantes, vous le savez tout comme moi, se nourrissent :

1° Des *engrais* que nous leur donnons;

2° De l'*air* qu'elles absorbent par leur tige et leurs feuilles;

3° De certaines substances que leurs racines cherchent dans le *sol*, substances inconnues à nous, indéfinissables, et complétement indépendantes des engrais.

Nous n'avons pas à nous occuper des deux premiers points, puisqu'il est bien convenu que nous fumerons toujours nos terres, et que Dieu, dont la bonté, comme la puissance, est sans bornes, leur fournira toujours l'air nécessaire. Il ne nous reste que le troisième point à étudier.

Or, qui nous dit que telle plante, le blé, par exemple, puise dans la terre les mêmes substances nutritives que l'avoine, par exemple encore, qui vient parfaitement après une récolte de blé ? Qui nous dit que l'avoine puise dans le sol les mêmes substances nutritives que le trèfle, qui vient parfaitement aussi après une récolte d'avoine?...

De ce principe, je conclus, et l'expérience l'a démontré, que des plantes *différentes*, cela se comprend, peuvent se succéder et se remplacer mutuellement et indéfiniment, sans détruire jamais les principes nutritifs de la terre, parce que, lorsque telle plante croît sur un terrain, ce même terrain reconquiert les principes fertilisants que lui a enlevés la plante précédente, principes fertilisants pour cette plante précédente, cela se comprend encore. Et, de cette conséquence de mon premier principe, je conclus qu'en thèse générale, la *jachère* doit être supprimée : donc l'assolement triennal est vicieux.

Voici d'autres chefs d'accusation :

1° Avec cette division de la terre, un quart à peu près de la surface de l'exploitation est improductif.

2° S'il arrive ou une maladie ou une grêle, ou un contre-temps quelconque, on est exposé à des pertes considérables, puisqu'on ne cultive que la même plante.

Émile. — Vous croyez alors que l'on doit supprimer la jachère et que la terre pourrait toujours produire?

Le Maitre. — J'ai dit : en principe général.

Et je m'explique : *la jachère doit être supprimée :*

1° *Sur une terre riche* en matières fertilisantes, et sur laquelle, tous les quatre ou cinq ans, une récolte sarclée est suffisante pour approprier le sol et détruire les mauvaises herbes.

2° *Sur un sol meuble, léger*, chez lequel des labours trop fréquents ne font que développer les défauts.

3° *Aux environs des centres de population* où les terres sont chères, et où, par conséquent, une année perdue serait fort préjudiciable.

4° *Dans les lieux où la propriété est divisée*, parce qu'alors il faut cultiver ses terres comme le font les aboutissants et les voisins.

5° *Et enfin partout où l'on pourra se procurer les amendements* qui seront praticables.

Au contraire, la jachère doit être conservée :

1° Sur des terres très-tenaces, que les amendements ne pourraient ameublir convenablement, et auxquelles il faut, par conséquent, des labours fréquents.

2° Sur des terres envahies par les herbes sauvages, le

chiendent, et contre lesquelles une récolte sarclée n'est pas suffisante.

3° Et enfin sur les terres blanches, que les gelées tassent comme du ciment.

Dans cette causerie j'ai parlé bien souvent des labours; pour terminer, Joseph voudra bien nous en dire un mot.

Voyons d'abord l'utilité des labours, qui sont les travaux indispensables.

JOSEPH. — Je vais vous dire ce que je sais; mais nous serions tous trop heureux, Monsieur, si vous vouliez finir chacune de nos leçons par un petit conte, ou une histoire, comme autrefois quand nous parlions des oiseaux.

LE MAITRE. — Je souscris volontiers à votre désir, mes enfants; commencez donc, et je finirai.

JOSEPH. — On laboure les terres :

1° *Pour les rendre plus meubles*, afin que les graines et les plantes qui y seront déposées puissent facilement y développer leurs racines et par conséquent y puiser leur nourriture; sans cela les plantes seraient exposées au déchaussement, parce qu'elles ne pourraient s'enfoncer assez profondément dans le sol.

2° *Pour détruire les mauvaises herbes* qui, étant enfouies en terre, pourrissent et deviennent elles-mêmes une sorte d'engrais.

3° *Pour mélanger le fumier à la terre* et le préserver de la sécheresse qui lui enlèverait une partie de ses propriétés bienfaisantes.

4° *Pour exposer la terre à l'air, à l'eau et à la chaleur*, qui lui communiquent des principes fécondants. Je ne connais que ces quatre raisons, Monsieur.

LE MAITRE. — Parfait, mon enfant; on voit que vous appartenez à une famille de cultivateurs qui raisonnent, qui discutent leurs opérations. Ainsi, d'après vous, un labour a été bien fait?

JOSEPH. — 1° Quand il a été fait par un temps ni trop sec, ni trop humide.

2° Quand il a été fait à une profondeur telle, que la couche arable a été entièrement remuée.

3° Quand la terre a été bien retournée et bien exposée à l'air.

LE MAITRE. — Et quelle direction doit-on donner en général aux sillons?

JOSEPH. — Il faut autant que possible tracer les sillons dans le sens de la pente du terrain, afin que l'eau des pluies puisse s'écouler facilement et ne séjourner dans les raies que le temps nécessaire pour rafraîchir la terre. Lorsque le terrain est plat, on fait les sillons dans le sens de la plus grande dimension, afin de n'avoir pas à tourner si fréquemment.

LE MAITRE. — Bien, très-bien. — A moi, maintenant. Et puisqu'Émile m'a rappelé nos causeries sur les oiseaux et les insectes, je vais vous raconter une petite histoire d'insectes qui m'a bien amusé autrefois, et qui m'a été contée, à moi, par mon premier maître en histoire naturelle, qui la tenait lui-même de Dégéer, le célèbre entomologiste, le héros de l'aventure.

L'HORLOGE DE LA MORT.

Je ne vous apprendrai rien en vous disant que la croyance aux revenants est tellement enracinée encore dans la tête de certains habitants de nos campagnes, que ni raisonnements ni preuves n'arrivent — non pas à la détruire — mais seulement à l'ébranler. Et il faut bien avouer un peu, que notre bonne terre de Lorraine tient un rang distingué parmi les provinces crédules; mais, cette fois, il s'agit de la Bretagne, qui ne nous le cède en rien sous ce rapport.

Dans le département des Côtes-du-Nord, près de Guingamp, et sur un rocher nu et stérile, se trouvait

autrefois le château seigneurial des comtes de Montfort,
qui a été détruit en partie par la tourmente révolution-
naire, mais dont il reste encore quelques ruines fort
pittoresques et que ne manquent jamais de visiter les
touristes amateurs du beau. — C'est près de ces débris
de notre France féodale, il y a une soixantaine d'années, en 1809 ou 1810, que se trouvait égaré, perdu,
par une nuit noire d'automne, le savant Dégéer, à la recherche de raretés entomologiques. La science a de
puissantes ressources à sa disposition; mais jusqu'alors,
et malgré ses immenses découvertes, elle n'est pas encore parvenue à faire sortir de terre — comme le général romain prétendait faire sortir des armées — le
plus maigre des soupers, le plus simple des lits, la plus
mesquine des chambres d'auberge, même pour ses
adeptes les plus fervents. Dégéer cherchait, cherchait
et ne voyait devant lui qu'une masse sans forme, pa-
reille à ces rochers que les Titans entassaient pour esca-
lader l'Olympe et détrôner le Maître des dieux... Mais
tout à coup, de cette masse confuse, il vit jaillir comme
une petite lumière pâle, tremblotante...

— Serait-ce un sauveur qui m'arriverait? se dit-il.

Et, avec la promptitude résolue des hommes qui peuvent tout risquer, parce qu'ils n'ont plus rien à perdre,
il s'élança, rapide, déterminé, vers la lumière qu'il en-
trevoyait à peu de distance. A peine avait-il fait quelques pas, qu'il s'arrêta tout heureux : c'était bien un
refuge que le hasard lui offrait, c'était le château de
Montfort, qu'il n'avait pas reconnu, tant l'obscurité était
profonde.

Il frappa. — La lumière parcourut un long espace, se
rapprocha de la porte, et une voix mâle, une voix de
paysan en colère, rugit : — Qui est là?

— Un voyageur égaré.

— Le maître est parti, et on ne reçoit personne en
son absence.

— Je ne demande qu'un morceau de pain et un gîte pour la nuit, et je paierai bien.

Et en même temps, Dégéer faisait sonner quelques pièces de monnaie qu'il avait en poche.

Le paysan, qu'il s'appelle Breton, ou Picard, ou Auvergnat, le paysan, dis-je, est toujours avare, et *la pièce* est toujours le plus persuasif des arguments à lui opposer.

Au son métallique, le cerbère parut se radoucir.

— J'ai du pain, dit-il, et du bon; mais, en l'absence du maître, je ne puis donner que la chambre du mort.

— Je coucherai dans la chambre du mort, et je paierai bien, répéta le savant, enchanté d'avoir à entendre, sans doute, quelque légende bien terrible.

Le paysan ouvrit. — C'était un homme d'une cinquantaine d'années, grand, fort, robuste, le type du vrai chouan de Charette.

— Voici du pain et du fromage, fit-il; quant à la chambre, vous irez seul; le lit est toujours prêt, car personne n'y a pénétré depuis qu'*il* y est mort.

— Qui donc est mort dans cette chambre?

— *Lui*, le revenant, le capitaine bleu.

— Contez-moi son histoire, dit le savant : voici un écu pour le souper et le coucher.

Le vieux Breton était tout ébahi, cette générosité dépassait toutes ses espérances; aussi l'écu lui délia-t-il la langue.

« Le capitaine bleu, reprit-il donc, était un tout jeune officier des armées républicaines, un *bleu* enfin. Dans une escarmouche qui eut lieu à quelques pas d'ici, il fut blessé, fait prisonnier par les chouans, qui l'apportèrent mourant, et déposé dans la grande chambre au second étage, où il expira quelques heures après son arrivée. — Le capitaine mort, les chouans se partagèrent ses dépouilles, et une jolie petite montre en or échut à mon frère, alors domestique au château. Mon

frère était heureux de ce que le sort l'avait ainsi favo-
risé; mais sa joie dura peu, et il s'aperçut bientôt que
dans la bagarre les ressorts du charmant bijou avaient
été brisés, la montre ne sonnait plus, ne marchait plus.
Mon frère avait alors son lit dans cette même chambre
où était décédé le capitaine. Brisé de fatigue, il se coucha
vers la nuit et, comme les enfants, quoique la montre
ne donnât plus signe de vie, il la cacha sous son oreiller
et s'endormit profondément. Mon frère était un rude
Breton, un soldat courageux, sans crainte, sans peur, et
qui, vingt fois, dans nos combats contre les bleus, avait
affronté la mort sans sourciller. Et pourtant il faillit
mourir de peur, lorsque la nuit, en s'éveillant, il entendit
à son oreille le tic-tac de la montre. Il la reprit alors, la
visita, reconnut bien qu'elle était brisée, que les aiguilles
ne marchaient plus, et pourtant le tic-tac continuait régulier, froid; c'était l'âme du capitaine qui revenait.

» Le lendemain, dès le matin, mon frère se leva, courut
vendre la montre, en donna le prix au curé de Guingamp
pour son église, et revint en toute hâte à sa chambre,
espérant avoir satisfait la justice divine... Non, la montre
frappait toujours... Depuis ce jour, Monsieur, personne
n'osa plus pénétrer dans la chambre maudite; mon frère
mourut lui-même quelque temps après ces événements,
et la chambre du mort est restée inhabitée : mais l'âme
du capitaine y revient toutes les nuits, car on entend
encore le tic-tac de la montre. Maintenant, Monsieur,
je vais vous y conduire, si vous le désirez toujours;
seulement je n'irai que jusqu'à la porte. »

Dégéer souriait à ce récit du vieux chouan; il suivit
son hôte et entra seul dans la chambre du mort, la parcourut dans tous les sens, examina les parois, prêtant
l'oreille la plus attentive... Après quelques minutes d'un
silence profond, il entendit, en effet, le tic-tac de la
montre. Le savant sourit de nouveau, mais d'un sourire
triste, en pensant aux croyances ridicules qu'enfantent

les préjugés et l'ignorance. Il prit un petit canif, ouvrit tout doucement la cloison vermoulue d'où semblait partir le tic-tac, et découvrit alors... deux pauvres petites vrillettes.

Émile. — Qu'est-ce qu'une vrillette?

Le Maitre. — Les *vrillettes* sont les petits insectes dont la larve ronge nos fourrures, et qui, insectes parfaits, dévorent nos livres.—Cachées dans nos boiseries, les vrillettes produisent un bruit semblable au battement d'une montre, et c'est ce bruit monotone et régulier, cause de tant de terreurs et de légendes, qui les a fait surnommer *les horloges de la mort*.

CHAPITRE V.

5. Culture du sol. — Instruments de culture. — La Révolution. — Le paillasse de Nicolet.

Le Maitre. — Les labours étant les travaux les plus importants de l'agriculture, ainsi que nous l'avons dit à notre dernière leçon, il en résulte, comme conséquence, que la charrue est l'instrument le plus important de la ferme. Nous commencerons donc par la charrue.

Émile. — Je crois, Monsieur, qu'il est inutile de nous en faire la description; nous la connaissons tous parfaitement, de même que les autres instruments aratoires le plus souvent employés pour la culture. Nous désirerions connaître surtout les nouvelles charrues et celles qu'emploient les étrangers; cela nous intéresserait tous.

Le Maitre. — Je suis tout à fait de votre avis, mes enfants, et il serait même ridicule de nous arrêter à vous expliquer les fonctions de chacune des pièces de l'instrument; ce serait perdre notre temps, et cette perte ne se répare pas. Puisque nous connaissons les conditions d'un bon labour, nous connaissons presque les qualités que doit réunir une bonne charrue.

Elle doit d'abord exécuter un bon labour, c'est-à-dire bien *couper* et *retourner la terre*, et pouvoir *fonctionner à toutes les profondeurs*.

Elle doit ensuite *exiger le moins de tirage possible, pouvoir être réglée facilement* et promptement.

Elle doit enfin *être solide*, et par conséquent durable.

Voici les charrues françaises qui réunissent, ou à peu de chose près, ces conditions essentielles de succès :

1° La *charrue de Dombasle*, de Mathieu de Dombasle, de Roville (Meurthe), connue dans toute la France et même à l'étranger. Elle a toutes les qualités désirables pour les labours ordinaires, c'est-à-dire d'une profondeur de quinze à dix-huit centimètres. Mais, pour les labours qui dépasseraient vingt centimètres, elle offrirait cet inconvénient, que son versoir n'étant ni assez large ni assez haut, une partie de la terre retournée passerait au-dessus et retomberait dans la raie. — Elle offre néanmoins cet avantage immense de fonctionner dans des terrains de consistance ordinaire avec un attelage de deux bœufs.

2° La *charrue de Grignon*, qui, contrairement à la précédente, est propre surtout aux terres fortes et fécondes, c'est-à-dire aux labours profonds. Elle est très-simple et solide, et peut résister aux travaux les plus rudes ; elle exige un attelage de trois, et quelquefois de quatre chevaux.

3° La *charrue Grangé*, qui tient le milieu entre les deux premières, de sorte qu'elle peut être employée sur toutes les terres avec un égal avantage. Mais elle offre ceci de particulier et de supérieur à la charrue Dombasle et à la charrue de Grignon, c'est que l'entrure bien réglée et la raie commencée avec un attelage docile et bien dressé, le cultivateur peut la laisser fonctionner seule, sans même toucher aux mancherons. M. Grangé l'a démontré lui-même à des agronomes distingués, en faisant parcourir à son instrument en fonction une longueur de plus de deux cents mètres. C'est véritablement la perfection de l'art du labourage.

Je vous citerai encore l'*araire de Bollemont*, qui est un instrument supérieur à l'araire de Dombasle parce que, par une heureuse disposition des étançons, il peut se passer de régulateur.

Et enfin la *charrue Aycard*, dont le soc est long et terminé en une pointe aiguë. — Mais c'est tout simplement la charrue Dombasle rendue propre à fonctionner sur des terres caillouteuses; seulement, et cela s'explique par sa destination, elle ne peut labourer qu'à une profondeur de douze à quinze centimètres au plus.

DES CHARRUES ÉTRANGÈRES.

Je n'en mentionnerai que trois principales, les autres n'étant que des imitations plus ou moins défectueuses.

La *charrue de Brabant*, importée en Amérique par les Hollandais, et qui a, dit-on, servi à défricher la première terre cultivée aux États-Unis.

On en connaît deux modèles : la charrue de Haine-Saint-Pierre, employée sur les terres très-fortes, et la charrue de Malines, destinée spécialement aux terres légères et sablonneuses. — La charrue de Brabant est d'une grande simplicité, et offre cet avantage, de pouvoir être tenue d'une seule main.

La *charrue américaine*, qui n'est que la précédente, mais sous des dimensions plus grandes.

Les *charrues anglaises de Howard et de Small*, construites entièrement en fer, et qui, malgré cela, ne sont pas plus lourdes, et résistent beaucoup plus longtemps que les charrues françaises.

Vous voyez, mes enfants, que je n'ai fait qu'esquisser, et à grands traits, tous ces instruments de labour, parce que, pour traiter la question à fond, il faudrait des volumes. J'ai hâte d'arriver, ou plutôt de revenir à une invention toute nationale, à la fameuse charrue défonceuse dite « la Révolution » inventée par M. Vallerand, de Moufflaye (Seine-et-Oise), qui a obtenu la prime d'honneur, en 1859, dans le département de l'Aisne. Cette charrue s'attelle de douze bœufs, et laboure à une profondeur de 35 à 40 centimètres, sur une largeur proportionnelle.

CHARLES. — Mais alors, Monsieur, elle doit retourner complétement le sous-sol et le ramener à la surface du terrain.

LE MAITRE. — C'est précisément son utilité, et en général, avec ce système de culture, l'inventeur obtient des récoltes supérieures d'un tiers au moins à celles des terrains avoisinant les siens.

CHARLES. — Je ne puis pas discuter ces choses que je ne connais pas, et que je n'ai jamais vues dans notre férme ; ce que je sais, c'est qu'il lui faut, dans ce cas, des engrais en quantité proportionnelle à la profondeur de ces labours.

LE MAITRE. — Écoutez M. Vallerand, il va vous répondre, parce que toutes ces objections lui ont été faites :

« L'opération du défoncement n'est parfaite qu'au
» tant que la *révolution* de la terre remuée est complète,
» et que le sous-sol est ramené à l'arète supérieure du
» sillon, pour qu'il soit ainsi exposé à toutes les in-
» fluences atmosphériques : air, pluie, neige, gelée, so-
» leil. Là, de roche tendre, de schiste argileux, il de-
» vient terre friable, meuble, oxyde terreux, poussière.
» Là, il abrite l'ancienne couche de terre végétale, s'im-
» prègne des gaz qui tendent à s'en échapper, s'en sa-
» ture et les tient en réserve pour l'époque de la végé-
» tation. Quand, au contraire, on néglige de ramener le
» sous-sol à la surface, s'il est de nature argileuse, il

» reste fort longtemps sans se mélanger avec le reste de
» la couche de terre végétale, dont il détruit l'homogé-
» néité, et dans laquelle il crée de petites excavations
» qui font perdre aux plantes, et notamment au blé, leur
» point d'appui ; dans ce cas, les plantes languissent,
» et d'autres plantes, telles que les coquelicots et les
» bluets, qui s'accommodent mieux d'une telle prépara-
» tion, prennent hardiment la place de la plante qui a
» été semée, et enlèvent au cultivateur le fruit de tout
» son travail. C'est ainsi, du moins, que je m'explique
» les déceptions qu'ont éprouvées tant de cultivateurs à
» la suite de labours profonds. »

Continuons.

« Je sais bien qu'on m'objecte qu'il doit falloir plus
» d'engrais dans $0^m,35$ de terre que dans $0^m,20$; mais
» c'est absolument comme si l'on me disait que pour
» nourrir un bœuf, il faut plus de nourriture dans une
» mangeoire de $0^m,30$ de profondeur que dans une man-
» geoire de $0^m,20$. Ce n'est pas la mangeoire qui absorbe
» la nourriture, c'est le bœuf ; mais la ration étant
» mieux logée dans une mangeoire de $0^m,30$, elle est
» mieux utilisée et n'éprouve aucune déperdition. Le
» bœuf profite davantage.

» De même, ce n'est pas la terre qui mange l'engrais ;
» c'est la plante. Puisque j'ai parlé de mangeoire, con-
» tinuons la comparaison. Si vous mettez 42 kilog. de
» nourriture dans la mangeoire de $0^m,20$, le bœuf et le
» bouvier en répandront, et une partie de la nourriture
» sera perdue. De même, si vous enterrez 40,000 ou
» 50,000 kilog. de fumier dans $0^m,20$ ou $0^m,25$ de terre,
» ce fumier sera mal enfoui, trop rapproché de la sur-
» face du sol. Si la température s'élève, une grande fer-
» mentation aura lieu ; il se produira des gaz en excès,
» et une grande partie s'évaporera en pure perte dans
» l'atmosphère. Si l'on est d'avis que les fumiers des-
» cendent toujours trop, pour moi, je suis d'avis que

» dans la plupart des cas, le contraire a lieu, puisqu'ils
» sont composés de substances fermentescibles. Si, au
» contraire, on les enterre profondément, à moins que
» le sous-sol ne soit d'une nature trop perméable, ils ne
» descendront jamais hors de la portée des racines. »

Mais à côté de la théorie, voici des faits.

« Que dire encore si, à fumure égale, dans mes petites
» pièces morcelées, que je ne puis pas soumettre aux
» labours profonds, je récolte moins bien avec un labour
» léger, si ma terre est moins propre ?

» Que dire encore si, à Villers-Cotterets, dans un
» concours, sur dix mètres labourés par ma charrue, on
» a récolté *sans fumure*, un *tiers*, si ce n'est le *double*,
» de ce qu'on a récolté à côté, dans le même champ, sur
» labour léger ?

» Cette année encore, dans une pièce dont le sol est
» des plus variés, franc par un bout, argileux par un
» autre, calcaire grossier dans un autre endroit, j'ai en-
» foncé indistinctement la défonceuse, et partout la
» betterave est bien levée et promet une belle récolte.

» Je le répète, plus le réservoir à engrais sera grand,
» moins il y aura de déperdition de fumier, et plus la ré-
» partition de ces engrais aura lieu régulièrement, au
» fur et à mesure des besoins des plantes, aux diverses
» phases de leur existence.

» Si, au contraire, les engrais sont accumulés dans
» une faible couche de terre, il y aura un départ éner-
» gique, c'est vrai ; mais, plus tard, il y aura un temps
» d'arrêt, soit à cause de l'eau, soit à cause de la sé-
» cheresse.

» Avec mon système, la marche de la végétation est
» lente, mais continue, et la plante arrive toujours à un
» développement complet, sans gaspillage d'engrais. —
» Aujourd'hui, que je défonce de nouveau les terres
» que j'ai défoncées il y a cinq ans, et dans lesquelles
» j'ai enterré mon fumier très-profondément, je le re-

» trouve à l'état d'humus ; et certainement ces fumiers
» doivent encore produire des effets sensibles. — Si,
» au contraire, je les avais enterrés légèrement, je n'en
» trouverais plus de traces, et je n'en aurais pas plus
» tiré de récoltes que j'en ai tiré, en les enfouissant pro-
» fondément.

» J'ajoute qu'avec un labour profond, et en faisant
» faire au sol une *révolution* complète, je fais dispa-
» raître toutes les traces de la récolte précédente, et je
» ramène du fond une terre de rechange, une sorte de
» *jachère souterraine,* exempte de mauvaises herbes,
» essentiellement propre, et dans laquelle la nouvelle
» plante n'a aucune lutte à soutenir contre n'importe
» quelle autre graine ou débris de l'ancienne plante. Je
» ressemble presque au cultivateur russe, qui, dit-on, a
» l'avantage de pouvoir changer de champ chaque année
» et pour chaque récolte.

» Au surplus, j'agis comme je parle ; et si je parle
» ainsi, si j'agis ainsi, c'est par conviction ; et toutes
» les fois que je laboure légèrement pour enterrer le
» fumier et pour planter la betterave, je le déclare haute-
» ment, je me crois dupe. »

Tout cela est bien concluant, n'est-ce pas?

Tous les enfants. — Oui, Monsieur, et à des faits
semblables il n'y a rien à opposer.

Émile. — Vous ne nous avez pas parlé du labourage
à la vapeur, croyez-vous qu'il soit possible d'y arriver
un jour?

Le Maître. — C'est là une question qui n'est pas encore résolue en France. Mais en Angleterre où les bras
manquent, parce qu'ils sont accaparés par la marine
marchande et l'industrie manufacturière, le labourage à
la vapeur marche à grands pas. Dans le seul canton
d'Overtown, on compte en ce moment vingt charrues à
vapeur, qui fonctionnent continuellement.

Émile. — Quel est leur travail à peu près, Monsieur?

Le Maitre. — La charrue à vapeur laboure en moyenne quatre hectares par jour, de terre de consistance ordinaire, et ce travail est fait avec toute la régularité et, je pourrais même dire, avec toute la perfection d'un labour à la bêche; les frais s'élèvent à environ 22 francs par hectare, ce qui est un chiffre bien minime, comparé à celui qu'exige le même travail en France.

Parlons des autres instruments, et commençons par ceux qui ont rapport aux travaux de la terre. Vous connaissez tous ces instruments; ce n'est donc qu'une sorte de répétition que nous faisons, et Émile voudra bien se charger de cette répétition. — Dites-nous donc ce que vous savez de la herse, qui est l'instrument le plus souvent employé après les labours.

Émile. — Chacun de nous a vu des herses, je n'ai donc pas besoin d'en expliquer la forme; ce que je dois dire, ce sont les qualités que doit posséder une bonne herse, et en cela j'agis, Monsieur, comme vous avez fait pour la charrue.

Pour une bonne herse, il faut trois conditions :

1° Les dents doivent être placées à une telle distance les unes des autres, que les intervalles ne s'encombrent pas de terre pendant la traînée de l'instrument.

2° Chaque dent doit tracer une raie bien nette, qui ne puisse être confondue avec les voisines.

3° Ces raies doivent être tracées à des distances exactement égales.

Quant au hersage, il doit être fait dans un temps ni trop humide, ni trop sec; par un temps humide, la terre se divise en mottes; et par un temps sec, la herse ne fait que glisser à la surface du sol.

Le Maitre. — Je n'ai absolument rien à ajouter. Seulement, je vous dirai que les vieilles herses triangulaires et à dents de bois sont les plus défectueuses, et les cultivateurs qui les emploient encore par économie, raisonnent faussement, car l'entretien seul de ces instruments exige plus de frais que n'en demanderait l'achat d'une herse à dents de fer.

La herse la plus connue aujourd'hui est celle de Valcourt, appelée plus communément *herse à losanges*.

CHARLES. — Qu'a-t-elle de particulier et d'avantageux, Monsieur?

LE MAITRE. — Elle a ceci de particulier, que ses dents sont recourbées, et par cette disposition, elle offre l'avantage que quand on veut avoir un hersage peu profond, superficiel seulement, on la fait fonctionner en sens opposé ; les dents alors ne font que passer sur la terre et ne pénètrent pas. Joseph, à son tour, va nous définir l'*extirpateur*, qui n'est à proprement parler qu'une herse perfectionnée.

JOSEPH. — C'est un instrument destiné spécialement à ameublir le sol, et à détruire les herbes nuisibles.

Il a, à peu de chose près, la même forme que la herse ; seulement les dents sont remplacées par des socs mobiles, en nombre variable, cinq, sept ou neuf.

L'extirpateur est employé également sur des sols qui ont eu des labours profonds, et qui n'ont plus besoin alors que d'un labour superficiel pour recevoir les semences.

LE MAITRE. — En Angleterre on se sert d'un extirpateur construit entièrement en fer, comme tous les instruments aratoires de ce pays, et monté sur quatre roues. Mais cet instrument coûte fort cher et exige un attelage de quatre chevaux ou de six bœufs ; il n'est pas employé en France.

Après l'extirpateur, vient tout naturellement se placer le *scarificateur*. Il ne diffère de l'extirpateur qu'en ce que les socs sont remplacés par des coutres recourbés et renforcés en forme de dents de herse. Son action est plus puissante, plus énergique que celle de l'extirpateur ; on s'en sert le plus souvent sur les terres couvertes de bruyères ou d'ajoncs, ou encore sur les terrains boisés que l'on veut convertir en terres arables. Cet instrument coupe les racines, hache la terre et la prépare à recevoir les labours à la charrue.

CHARLES. — N'y a-t-il pas aussi un instrument semblable appelé *rite*, et qui sert à la destruction des herbes sauvages ?

LE MAITRE. — La *rite*, dont je ne vous aurais pas parlé si vous ne m'y ameniez par votre question, n'est qu'une charrue ordinaire sans versoir. On s'en sert sur les terrains humides, après les semailles, et pour enlever les mauvaises herbes. C'est un instrument peu connu. Mais il en est deux autres que nous ne pouvons passer sous silence, aujourd'hui que la culture des plantes sarclées prend de plus en plus d'importance ; ces deux instruments sont la *houe à cheval* et le *buttoir*. Charles les a vus avec moi l'un et l'autre ; il voudra donc bien nous faire part de ses souvenirs.

CHARLES. — La *houe à cheval* que j'ai vue est celle d'Omalins, de fabrication belge, et porte trois couteaux ; celui du milieu est tranchant des deux côtés, les deux autres ne coupent qu'à l'intérieur, le bord extérieur est plat et non tranchant. Ces couteaux peuvent être rapprochés ou écartés à volonté, de sorte que l'on peut se servir de cette houe pour la culture des pommes de terre, des betteraves, du maïs, et en général pour toutes les plantes sarclées en lignes.

LE MAITRE. — En Belgique encore, on se sert d'une autre houe plus compliquée et que l'on appelle *houe multiple*, qui peut remplir les fonctions d'extirpateur, outre ses fonctions propres. Mais, au lieu de trois couteaux, cette houe en a quatre, dont deux grands et deux petits. Elle a de plus un autre couteau triangulaire, cinq dents, et enfin un soc à double versoir. Aussi l'instrument, de même que notre charrue ordinaire, exige un homme pour tenir les mancherons et un conducteur pour le cheval ; mais, par compensation, dans une seule journée, il peut sarcler, biner et purger de toute mauvaise herbe, un hectare, deux hectares, et quelquefois davantage encore.

Continuez, Charles.

CHARLES. — Le buttoir est une charrue qui ne diffère des autres que parce qu'elle a deux versoirs entre lesquels le soc est placé ; et, par cette combinaison, la terre est rejetée des deux côtés. Les deux versoirs peuvent s'écarter ou se rapprocher à volonté, de sorte qu'on l'emploie avec le plus grand avantage pour butter les pommes de terre, les betteraves, et l'opération se fait beaucoup plus vite et coûte beaucoup moins qu'à la main.

LE MAITRE. — Enfin, mes enfants, il ne me reste plus qu'à parler du rouleau, et l'article ne sera pas long, car vous le connaissez tous parfaitement.

On en distingue trois sortes :

Le *rouleau simple,* que chacun a vu fonctionner, et qui n'est qu'un cylindre de bois encadré dans un châssis en bois, et tournant sur un axe en bois ou en fer.

Le *rouleau articulé,* composé de plusieurs rouleaux courts, assemblés de telle sorte qu'ils peuvent se mouvoir, l'un indépendamment de l'autre. Il est d'une grande utilité sur les terrains qui ne sont pas unis, et de plus, il offre l'avantage, au tourner, de ne pas peser inégalement sur le sol.

Le *rouleau-squelette,* formé de côtes ou de disques tranchants, en fonte, assemblés sur un arbre de même métal. On l'emploie dans les grandes exploitations, sur les terrains argileux qui ont été labourés par un temps humide, et qui, alors, se sont formés en grosses mottes dures qui auraient résisté au rouleau ordinaire : avec le rouleau-squelette, tout est brisé.

C'est là notre dernier article, mes enfants, pour les instruments qui se rapportent directement à la culture de la terre ; aussi je termine en vous recommandant comme un ouvrage précieux, et qui vous fera mieux comprendre cet enseignement que toutes les théories, le *Petit Album des instruments aratoires*, publié par M. Didelot, commis de l'Inspection académique de Nancy. Ce petit album vous expliquera et vous fera voir dans leur ensemble et dans tous leurs détails, tous les instruments dont nous avons parlé, et ce sera pour vous une véritable leçon pratique.

Nous voici donc arrivés aux instruments et aux machines qui ont trait aux semailles, aux récoltes et aux opérations autres que la culture proprement dite.

LES ENFANTS. — S'il était possible de remettre cette question à une autre leçon, Monsieur, nous serions contents... Terminez, si vous le voulez bien, par une petite anecdote qui nous récrée un peu... nous avons été si attentifs.

LE MAITRE. — Eh bien! une anecdote, alors. Hier, j'ai remarqué que Charles, qui est toujours railleur, se moquait d'un pauvre petit marchand ambulant qui était sur la place, et qui avait l'air bête, je l'avoue...

CHARLES. — Oh! Monsieur, avec une tête semblable, il n'est pas possible d'avoir le moindre brin d'intelligence.

LE MAITRE. — Écoutez l'anecdote... et vous tirerez la morale.

LE PAILLASSE.

Vous avez tous entendu parler sans doute d'Horace Vernet, notre grand peintre de batailles... Son père, dit Carle Vernet, si célèbre aussi par ses marines, joignait à son remarquable talent d'artiste, celui d'être un sauteur et un hâbleur de premier ordre.

Or, venant un jour de Marseille à Paris, par le coche voiturin, sorte de maison roulante qui mettait vingt-cinq jours à franchir la distance de ces deux villes, il avisa, parmi ses compagnons, un gros bonhomme à la face bouffie, à l'air stupide, à la mine grotesque. Vernet résolut d'en faire son bouffon et de s'en amuser pendant le voyage ; et d'abord, pour gagner sa confiance, il accabla le gros homme de politesses, de prévenances, et finit par atteindre son but, ce qu'il crut du moins. A la montée d'une côte, Vernet et « le pataud, » comme l'appelait le peintre, descendent de voiture pour laisser souffler les chevaux, qui traînaient avec grande peine le lourd véhicule. — L'artiste, qui ne cherchait que l'occasion de se distraire de la longueur du voyage, jette tout à coup un cri de bonheur en apercevant, à une centaine de mètres, un fossé d'une largeur plus qu'ordinaire : — Parions, dit-il, que je le franchirai.

— Oh ! dit le bouffon en riant de son gros rire hébété, vous pourriez faire ce tour de force, monsieur Vernet ?

— Mais, certainement ; je trouve ce fossé très-étroit, même ; c'est un jeu d'enfant, cela. — Et ce disant, sans avoir pris le moindre élan, il sautait et arrivait à cinquante centimètres au delà du bord opposé.

— Oh ! mon Dieu, oh ! mon Dieu, répéta le gros homme au comble de l'étonnement et ne sachant comment manifester son admiration... quelle agilité, quelle adresse !

— Allons, reprit Vernet, essayez ; je vous parie le déjeuner que vous sautez au beau milieu.

— Combien le déjeuner, monsieur le peintre ?

— Trois francs. Voyons, si vous attrapez le bord, même avec les mains, je perds.

— Trois francs, c'est beaucoup... mais si je gagnais, l'argent est si rare.

— Tope ! cria Vernet ; c'est accepté, n'est-ce pas ?

— Oui, mais c'est beaucoup d'argent pour un pauvre homme comme moi.

Il est avare, pensa Vernet, tentons-le.

— Eh bien ! si vous sautez dans le fossé, vous ne

paierez rien ; et si vous arrivez au bord, même avec vos mains, je le répète, je ferai les frais du déjeuner.

— Oh ! j'accepte de tout cœur, alors.

Et le gros homme prit un élan d'une vingtaine de mètres, et vint tout courant, tout essoufflé... mais, arrivé au bord du ruisseau, il s'arrêta court comme un cheval qui se cabre.

— Courage ! cria Vernet en riant aux éclats, de même que les autres voyageurs, curieux de cette joute d'un genre tout neuf.

Le pataud, honteux de ces rires insultants, reprit son élan, et cette fois, plus hardi, s'aventura, s'élançant dans le vide. Il vint tomber juste à quelques centimètres au delà du bord, mais assez loin pour pouvoir se cramponner aux herbes et gagner ensuite la terre ferme. Une demi-semelle en moins, et il plongeait dans la vase.

— J'ai gagné ! j'ai gagné ! hurla-t-il d'une voix rauque, d'une voix d'avare qui retrouve un trésor perdu.

— Oui, certainement, reprit le grand peintre ; mais vous me devez une revanche, et j'espère que vous ne me la refuserez pas à la première occasion.

— Oh ! non, non ; cette fois j'ai réussi par hasard, mais je pourrais manquer...

— Ce n'est pas de jeu, monsieur le sauteur.

— Eh bien, soit ! mais nous prendrons un fossé moins large.

— Vous venez de parler du hasard, nous nous en rapporterons au hasard ; nous prendrons le premier fossé que nous rencontrerons.

— Mon Dieu, pourvu qu'il soit étroit, se parla à lui-même l'Harpagon (c'est un nouveau nom que l'artiste avait donné à son adversaire).

L'occasion tant désirée par Vernet, tant redoutée par son bouffon, se présenta dès le lendemain. Au fond d'une vallée, on rencontra un ruisseau d'une largeur à

épouvanter tout autre qu'un confrère ou un disciple de
Franconi.

— Ah! enfin! ricana le peintre.

— Oh! mon Dieu! gémit l'avare.

Mais le hasard, cette fois encore, servit à souhait
l'homme à la face bouffie, et il gagna de quelques centimètres.

De Marseille à Paris, on sauta vingt, trente fossés,
souvent de dimensions à donner le vertige, et toujours
Vernet perdit.

Enfin, arrivé à la barrière d'Enfer, le pataud, tout
guilleret et en quelque sorte transfiguré, s'approcha du
célèbre artiste : « Monsieur Vernet, lui dit-il avec l'accent et le geste d'un homme habitué à manier la parole... »

Le peintre croyait rêver et ne reconnaissait plus son
compagnon de voyage.

« Monsieur Vernet, vous avez oublié la maxime du
sage : « Il ne faut pas juger les gens sur la mine... »
Pourtant je ne vous garde pas rancune, et, en reconnaissance de la générosité que vous avez eue de me
payer tous mes dîners de Marseille à Paris, je viens vous
offrir quelques billets d'un spectacle qui vous plaira,
j'en suis sûr. — J'avoue sans vergogne que vous sautez
admirablement; mais, fussiez-vous dix fois plus souple,
plus leste, plus agile, vous eussiez toujours perdu... car
j'ai des ressources cachées, les secrets de l'art, que je
n'emploie que dans les grandes occasions, et afin de
justifier le proverbe que vous connaissez sans doute :
« *C'est de plus en plus fort, comme chez Nicolet...* » où
je suis engagé paillasse et où je débute demain soir. »

CHAPITRE VI.

5. Instruments de culture (*suite*). — 12. Voitures. — 8. Semailles et transplantations.— 9. Récoltes ; conservation des divers produits. — L'invention de la brouette. — Fable.

LE MAITRE. — Quelques-uns des instruments dont j'ai à vous entretenir aujourd'hui vous sont à peine connus, mes enfants ; c'est pourquoi je vous engage à me prêter toute votre attention, afin de bien comprendre de prime-abord, et de m'épargner des répétitions qui nous prennent un temps dont nous avons trop besoin.

Après la charrue, la herse et le rouleau, le *semoir* vient se placer de lui-même.

CHARLES. — Nos cultivateurs ne veulent pas en entendre parler, Monsieur, et ils prétendent que jamais on ne l'emploiera dans la grande culture.

LE MAITRE. — La cause du semoir n'est pas encore gagnée, en effet ; car ce n'est que le temps et l'instruction qui peuvent détruire les vieux préjugés enracinés encore au fond des campagnes, et c'est par un sot préjugé qu'on a, jusqu'à ce jour, négligé d'employer cet instrument ; — les ignorants, les routiniers prétendent en effet que jamais le semoir le plus habilement fabriqué ne vaudra un bon semeur.

Et cependant, pour se convaincre de l'utilité et de la supériorité du semoir, il suffit de méditer sérieusement les considérations suivantes :

1° Le grain semé à la volée est répandu inégalement sur le terrain, et il est impossible au semoir d'en laisser échapper un grain de plus sur tel point que sur tel autre : donc, économie de semence et régularité dans la semaille par le semoir.

2° La herse recouvre inégalement de terre le grain semé à la volée, de sorte que les graines placées dans des conditions favorables lèvent plus tôt que leurs voisines, et finissent, sinon par les étouffer, du moins par les dominer.

Avec le semoir, les graines sont déposées à des distances exactement égales et placées dans le sol à la même profondeur, et recouvertes de la même couche de terre, de telle sorte que chaque graine se trouve dans les meilleures conditions possibles, et n'est ni gênée ni gênante.

3° Dans un champ de céréales semées à la volée, il est très-difficile d'exécuter les sarclages sans endommager les plantes, qui se pressent les unes les autres.

Dans les céréales semées au semoir, au contraire, les plantes étant placées en lignes plus ou moins espacées, les sarclages peuvent s'opérer avec la plus grande facilité, soit à la main, soit à la houe à cheval.

Et enfin, les tiges des plantes ensemencées au semoir étant beaucoup plus fortes, sont moins exposées à verser, donnent un rendement plus élevé et du grain de qualité supérieure.

Et pourtant, malgré tous ces avantages qu'il n'est pas possible de contester, le semoir ne fait pas son chemin, et, comme l'a dit Charles, peu de cultivateurs s'en servent.

— On ne connaît guère que trois sortes de semoirs qui sont :

1° Le *semoir à la main*, qui n'est qu'une boîte de trois, quatre ou cinq mètres de longueur et divisée en plusieurs compartiments qui renferment les graines. — Le semoir est placé sur un brancard de brouette qui porte également le mécanisme de l'instrument. Il n'est guère employé que pour les graines fines, comme la minette, la luzerne, le trèfle, parce que les petites dimensions que l'on est forcé de donner aux compartiments de la boîte, obligent le semeur à s'arrêter de temps à autre pour y verser de la semence. De plus, ce semoir ne herse pas, et exige par conséquent un nouveau travail de hersage.

2° Le *semoir-brouette* de Pruneau. — Il renferme, dans une boîte isolée, un mécanisme qui ressemble assez à un mouvement d'horlogerie. — Ce mécanisme fait descendre dans trois tubes le grain qui est ensuite déposé en terre et recouvert à l'aide d'un petit râteau placé à l'extrémité de chaque tube. — C'est le semoir le plus généralement connu, parce qu'il coûte peu et que, de plus, il n'exige que la moitié de la semence habituellement employée pour les semailles à la volée.

3° Le *semoir à cheval;* il y en a trois, dont un français et deux anglais.

Le semoir français est de l'invention de M. Huicque, de Surville (Seine-et-Oise). Il sème six lignes à la fois, espacées entre elles de vingt-deux centimètres. — Son prix très-modique, la simplicité de sa construction qui lui permet de fonctionner longtemps sans réparation, le recommandent à tous les hommes de progrès. — Il opère avec un seul cheval marchant au pas.

Les deux semoirs anglais ont pour inventeurs M. Garrett et M. Smith. — Le semoir Garrett est généralement en usage en Angleterre; il est basé sur les mêmes principes que celui de M. Huicque, mais il est beaucoup plus compliqué, ce qui rend les réparations difficiles. Il fonctionne avec deux chevaux sur tous les terrains, sème sept lignes à la fois, espacées et effectuées avec une précision mathématique.

Le semoir Smith est employé dans presque toutes les grandes exploitations de la Normandie et de la Picardie. Il exige un attelage à trois chevaux; mais, par compensation, il sème neuf, douze et même quinze lignes à la fois, et peut ainsi ensemencer, dans une seule journée, trois, quatre et cinq hectares. Son mécanisme tient le milieu entre le semoir Huicque et le semoir Garrett; il est plus compliqué que le premier et moins que le second. C'est là tout ce que je peux vous dire, mes enfants. Pour bien comprendre le jeu, ou plutôt le travail de ces instruments, il faudrait avoir sous les yeux, et le plan, et la coupe et les dimensions, ce que je ne puis vous donner ici.

Nos graines sont placées en terre, occupons-nous des instruments ou machines que nous emploierons pour récolter les plantes qui vont naître.

Y a-t-il quelqu'un parmi vous qui ait vu fonctionner une faucheuse ou une moissonneuse?

CHARLES. — Moi, Monsieur, j'ai vu l'une et l'autre, ou plutôt c'était la même machine qui, au moyen de quelques pièces à ajouter ou à retrancher, devenait ou faucheuse ou moissonneuse. Cette machine était traînée par un seul cheval, conduit par un garçon de charrue. Mais il faudrait la voir pour la comprendre, et je ne puis l'expliquer.

LE MAITRE. — Ce serait bien difficile, en effet, et je vous dirai seulement, mes enfants, que, comme dans presque tous les instruments semblables, ce sont les roues de la machine même qui, au moyen de combinaisons de rouages, plus ou moins ingénieuses et compliquées, mettent en mouvement tout le mécanisme intérieur. — Les deux *faucheuses-moissonneuses* les plus répandues en France sont celle de M. le docteur Mazier, de Laigle (Orne), et celle de MM. Burgess et Key, qui a obtenu le premier prix au grand concours des moissonneuses de la ferme impériale de Fouilleuse, en 1860.

ÉMILE. — Ces machines se propagent-elles beaucoup aujourd'hui, Monsieur? Je n'en ai jamais entendu parler ici.

LE MAITRE. — En 1857, les ateliers de construction de Paris ont livré deux cent cinquante machines de Burgess et Key; en 1858, ils en ont expédié sept cents sur différents points de la France, surtout en Normandie. En 1859 le chiffre s'est élevé à mille, et, depuis cette époque, la progression a toujours été croissante ; de sorte qu'aujourd'hui, année moyenne, près de deux mille faucheuses-moissonneuses sortent des ateliers que j'ai désignés. Ces chiffres parlent beaucoup plus haut que tous les éloges que l'on pourrait donner aux instruments : c'est là de l'éloquence algébrique qui n'admet aucun argument.

CHARLES. — N'est-ce pas le prix, trop élevé peut-être, qui en empêche l'emploi dans nos provinces?

LE MAITRE. — Je ne pense pas que ce soit cette raison, car ce prix ne dépasse guère 500 francs. Or, cette machine peut moissonner, en un journée de dix heures, environ six hectares ; car à Fouilleuse, dans un terrain détrempé par la pluie, elle a coupé soixante ares par heure. Le service de l'instrument avec l'attelage et les hommes qui le dirigent, revient en moyenne à 30 francs, c'est-à-dire 5 francs par hectare : le tiers à peu près de ce qu'exigerait le même travail exécuté avec la faucille. C'est plutôt le préjugé qui inspire au cultivateur cette crainte, cette méfiance ridicule de tout ce qui est nouveau.

CHARLES. — Avec la faucheuse, j'ai vu aussi la *machine à faner*, que je puis facilement décrire, car elle est bien simple. Elle se compose d'un cylindre en bois porté sur deux roues, qui ressemble assez à un rouleau. Ce cylindre est muni de râteaux, qu'on nomme « hérissons » et qui ont des dents en fer, longues et courbées.

LE MAITRE. — C'est bien cela, Charles.

Le travail de la machine est rapide et parfaitement exécuté. Attelée d'un cheval habitué à ce manége, elle peut en une heure faner le foin d'un hectare de pré.

A côté de la *machine à faner* doit se placer le *râteau à cheval*, qui achève la besogne commencée par la faneuse. — C'est un instrument porté par deux roues et formé d'un grand râteau, à longues dents recourbées et mobiles, indépendantes l'une de l'autre. Ces instruments sont d'une telle simplicité, si faciles à réparer et coûtent si peu, qu'on s'explique difficilement le peu d'usage qu'on en fait dans les campagnes, où les anciennes coutumes prévalent toujours, malgré le progrès de la science, de la science agricole surtout.

A côté de ces grands instruments, je dois vous signaler encore la *faux-moissonneuse* et la *sape*, qui méritent l'une et l'autre une petite mention.

La *faux-moissonneuse* n'est qu'une faux ordinaire munie, à l'extrémité du manche, d'un râteau à longues dents. — Avec cet instrument, un bon faucheur peut couper, en une journée de douze heures, environ quarante ares de céréales ; mais il doit être aidé d'une femme ou d'un enfant qui dispose les javelles régulièrement. Pour se servir de la faux-moissonneuse, il faut une certaine habitude que l'ouvrier n'acquiert que par une longue pratique, et on ne peut l'employer que sur les blés de belle venue.

La *sape* est une toute petite faux à manche court qui est généralement employée en Flandre, en Picardie et en Normandie. Voici comment le moissonneur se sert de cet instrument. De la main gauche, il tient un long crochet de fer appelé *piquet,* adapté à un manche en bois, et de la main droite la sape. Avec le piquet il rassemble une grande brassée d'épis, et avec la sape il les coupe, puis les dépose et en forme une javelle ; et il avance, non en droite ligne, mais de droite à gauche, puis de gauche à droite, en zigzag. Le maniement de la sape est peu fatigant, et le moissonneur fait autant de besogne au moins que le faucheur. De plus, la sape offre l'immense avantage de pouvoir fonctionner avec les mêmes résultats toujours satisfaisants, sur les blés versés comme sur les blés droits.

CHARLES. — Comment donc ne connaît-on pas cet instrument dans nos provinces ? Cette fois ce n'est pas son prix qui arrêterait les cultivateurs, car il doit coûter fort peu?

Il y a plusieurs centaines d'années que les Belges se servent de la sape pour couper leurs moissons, et, quoique la Belgique touche à la France, il y a quelques années seulement, depuis 1850, que la sape a été introduite chez nous par les moissonneurs belges, que nous avons dû appeler pour remédier au manque de bras qui se faisait si vivement sentir à l'époque de la guerre de Crimée. Aujourd'hui, la sape du *piqueteur* flamand fait son chemin et marche à grands pas; bientôt on ne moissonnera plus autrement en France, et la vieille faucille, qui exige que le moissonneur se plie en deux pour couper au plus quinze ares dans douze heures, aura disparu pour toujours.

Nos céréales et nos foins coupés et séchés, occupons-nous de les amener à la ferme. — Joseph, cette fois, pourra nous faire la leçon, car nous voilà sur un terrain qu'il connaît parfaitement.

Joseph. — Oui, Monsieur; mais le terrain n'est guère fertile, et je n'ai pour ainsi dire que des noms à citer. Les voitures de la ferme sont donc :

1° Le *chariot à quatre roues* à jantes larges, qui sert à conduire le fumier sur les terres et à ramener les récoltes.

2° La *charrette* que l'on appelle aussi *guimbarde*, à deux roues, et que l'on emploie pour le transport des sacs de grains.

3° Le *tombereau* à deux roues, sur lequel on transporte le sable, la chaux, la marne.

4° Et enfin la *brouette*, inventée, si je me rappelle bien, par Blaise Pascal. Il y en a deux : la brouette-tombereau et la grande brouette.

La première affecte la forme d'une caisse sans couvercle; on l'emploie pour transporter, sur le fumier commun, le fumier des porcs. — La grande brouette est employée pour le transport des herbes du jardin, du verger...

Le Maitre. — Je n'ai pas voulu vous interrompre, Joseph, parce que l'interruption eût été déplacée; mais, maintenant que vous avez fini votre énumération et votre étude, je dois vous dire que vous venez de nous citer l'erreur commune qui attribue à Pascal l'invention de la brouette, invention dont sa gloire et de savant et d'écrivain peut, du reste, fort bien se passer.

Émile. — Mais, Monsieur, j'ai lu dans dix, dans vingt ouvrages peut-être, que c'est bien Pascal qui a inventé la brouette...

Le Maitre. — Erreur, erreur commune. Moi, j'ai lu et vu dans un ouvrage que j'ai hérité de mon grand-père et qui est dans ma bibliothèque (où vous pourrez le consulter quand vous voudrez), que Pascal n'est pas l'inventeur de la brouette. Cet ouvrage est intitulé : *Cosmographie universelle de Munster*. — Il a été imprimé à Paris en 1552, à peine un siècle après l'invention de l'imprimerie. Or, parmi les nombreux dessins que renferme ce volume, il en est un très-remarquable qui représente les mines d'argent de la Bohême et des Vosges, et, parmi les instruments employés à l'extraction du précieux métal, se trouvent deux brouettes...

Émile. — Et à quelle époque vivait Pascal, Monsieur?

Le Maitre, *en riant*. — Ah! monsieur l'incrédule, je vous y prends... Eh bien! je vous dirai comme le Christ : « *Vide, Thomas...* » Prenez sur mon bureau mon *Dictionnaire des Grands Hommes*, et cherchez.

Émile, *en riant et après avoir cherché*. — J'y suis, Monsieur. « Pascal (Blaise)... — célèbre géomètre, philosophe... né à Clermont-Ferrand, en 1623, mort en 1662. » — Je suis convaincu que ce n'est pas lui qui a inventé la brouette ; car en 1552, de même que l'agneau de La Fontaine, il n'était pas né, — et cependant...

Le Maitre, *en riant*. — Et cependant tout le monde

se trompe... Quant à vous, vous savez à quoi vous en tenir... Revenons aux machines.

—De même que pour la machine à faucher et à moissonner, je ne puis vous faire la description de la *machine à battre;* ce serait beaucoup trop long et presque inutile, parce que vous en avez tous vu; car il y en a cinq ou six, je crois, dans notre seule commune. Les machines à battre ont détruit tous les préjugés, et il n'est plus un cultivateur quelque peu intelligent qui ne s'en serve.

Il en est de même du *tarare,* plus connu sous le nom de *diable volant,* ou plus vulgairement encore sous celui de *grand-van;* c'est le véritable complément de la machine à battre.

Disons seulement un mot du *hache-paille,* du *coupe-racines* et des *concasseurs.*

Le hache-paille est d'une grande économie dans les fermes qui ont beaucoup de bestiaux à nourrir. — Avec cet instrument, pas un brin d'herbe n'est perdu ; tout est employé, rien de gaspillé.

Le coupe-racines est inséparable du hache-paille. Les racines coupées se mêlent facilement aux fourrages, à la paille hachée; et ce mélange excitant, facile à digérer, nourrit infiniment mieux les bestiaux que l'un ou l'autre de ces deux aliments servi séparément.

Le hache-paille coûte environ 15 francs, et le coupe-racines de M. Paul, de Vitry-le-Français (Marne), ne dépasse pas 12 francs.

Les concasseurs sont des instruments peu coûteux aussi et destinés à broyer les féverolles, les grosses fèves, qui, alors, sont bien plus faciles à digérer, et par conséquent plus profitables pour les animaux.

— Nous en resterons là pour les instruments, et, comme nous les connaissons tous, nous allons terminer par les semailles et les récoltes.

Si ce n'est pas tout de semer... c'est un grand point

pourtant. Nous allons le voir, et cependant nous ne nous occuperons ici que d'une manière générale des semailles et des récoltes, puisque nous aborderons ces deux questions en détail, lorsque nous serons arrivés à la culture spéciale des céréales.

En principe, le cultivateur ne doit consulter ni les usages locaux, ni ses voisins pour opérer ses semailles. Il doit s'en rapporter à ses observations, à son expérience et surtout à la marche des saisons, dont la température varie chaque année pour ainsi dire, et toujours il vaut mieux semer trop tôt que trop tard.

Quant au choix des semences, il est de la dernière importance. On doit choisir une graine de l'année précédente, et arrivée à complète maturité. Les vieilles graines germent plus lentement, et, je le répète, on se repent rarement d'être en avance sur la saison.

Les semailles au semoir se font à toutes les heures de la journée ; quant à celles que l'on exécute à la main, il faut autant que possible qu'elles aient lieu le matin ou le soir, au moment où le temps est calme, et où par conséquent les semences peuvent se répandre d'une manière à peu près égale sur le terrain. Il n'est pas possible de préciser d'une manière invariable la profondeur à laquelle les semences doivent être enterrées ; cette profondeur dépend et de la graine semée et de la nature du terrain. Le trèfle et le sainfoin, par exemple, demandent d'être à peine recouverts de terre, tandis que d'autres graines demandent une profondeur double, triple. Sur les sols argileux, un simple trait de herse suffit pour recouvrir les graines ; dans les sols sablonneux, au contraire, il faut, sur les graines, une couche de terre d'une assez grande épaisseur, sans quoi les plantes seraient exposées au *déchaussement*, c'est-à-dire à perdre racine.

Voilà à peu près les préceptes généraux à mettre en pratique pour les semailles. Émile, dites-nous, en quelques mots aussi, les règles à suivre pour les récoltes.

ÉMILE. — Il faut distinguer d'abord la fenaison et la moisson. Pour les prairies naturelles comme pour les prairies artificielles, il faut choisir le moment où les herbes à graines sont en fleurs; parce que, aussitôt que la plante porte graine, ses tiges ne sont plus que comme de la paille.

Depuis que l'on se sert des *moyettes* ou *meulettes* pour les céréales, on les coupe avant la maturité, qui se complète d'elle-même, puisqu'alors ces plantes ne puisent plus que dans l'air leur principe nutritif.

Je ne sais que cela, Monsieur.

LE MAITRE. — C'est bien tout ce qu'il y a à dire?

LES ENFANTS, *en riant*. — Une toute petite histoire, Monsieur, pour terminer.

LE MAITRE, *riant aussi*. — Que votre volonté soit faite; mais, vous l'avez dit, une toute petite.

L'HONNEUR, LE VENT ET L'EAU.

LE MAITRE, *en riant*. — Il y a de bien longues années de cela... Lorsque tous les êtres de la nature parlaient (comme du temps de notre bon La Fontaine), l'Honneur, le Vent et l'Eau, qui étaient alors excellents amis, faisaient en amateurs, en touristes, un voyage autour du monde. Après avoir visité les différents peuples, après avoir, dans l'ancien et le nouveau continent, admiré les merveilles de la création, ils s'arrêtèrent, arrivés au terme de leurs pérégrinations vagabondes. Mais comme les liens qui les unissaient autrefois s'étaient resserrés plus étroitement encore pendant les beaux jours qu'ils venaient de passer ensemble, ils ne voulurent pas, avant de rentrer chacun dans son domaine, se quitter sans s'être donné rendez-vous pour une nouvelle exploration aventureuse.

— Où pourrons-nous vous retrouver? dirent à l'Eau l'Honneur et le Vent.

— La capitale de mon empire est l'Océan, répondit l'Eau; mais pourtant et souvent, par caprice, je serpente dans de riches prairies; d'autres fois, je franchis les barrières que m'oppose le génie de l'homme, et j'inonde les cités; d'autres fois encore, je m'élève en vapeurs au-dessus des montagnes, je forme de noirs nuages, puis je redescends en pluie pour fertiliser les campagnes...

Le Vent répondit à son tour à l'Honneur et à l'Eau :

— Les vastes plaines de l'air m'appartiennent : mes demeures favorites sont les pointes les plus élevées du Chimboraço et de l'Himalaya... Pourtant et souvent, par caprice aussi, je descends dans les vallées, tantôt pour rafraîchir de mon souffle bienfaisant le prolétaire courbé sous la fatigue; tantôt pour renverser et détruire les édifices, les monuments que le génie de l'homme a osé opposer à ma puissance.

— Et vous, dirent à leur tour à l'Honneur, le Vent et l'Eau; vous qui régnez en despote sur l'univers, qui présidez aux destinées des nations comme aux destinées des plus simples mortels... Vous, notre frère chéri, où pourrons-nous vous retrouver, quand nous vous aurons perdu?

— Ah! répondit l'Honneur avec un mélancolique soupir, et en baissant tristement la tête, quand on m'a perdu une fois, on ne me retrouve jamais.

CHAPITRE VII.

12. Clôtures. — Chemins vicinaux. — 13. Constructions rurales. — 29. Capitaux agricoles; fermier, métayer, propriétaire. — Achat et location d'un domaine. — 31. Comptabilité agricole. — Colbert et ses copistes.

Le Maitre. — Avant de passer à la deuxième partie de notre programme, c'est-à-dire à l'étude des plantes en particulier, nous allons nous occuper un peu d'économie rurale :

CONSTRUCTION DES BATIMENTS RURAUX.—CHEMINS VICINAUX.
CLOTURE. — CAPITAUX AGRICOLES. — COMPTABILITÉ AGRI-
COLE, ETC., ETC.

Joseph, qui parle agriculture comme un vieux cultivateur, voudra bien nous donner un peu de sa science, et nous dire les conditions essentielles à remplir dans la construction des *bâtiments ruraux.*

Joseph. — Les bâtiments, je l'entends répéter tous les jours par mon père, doivent être placés autant que possible au centre des terrains à cultiver, afin de rendre moins longues les distances à franchir pour les semailles, les cultures, les récoltes. On doit pourtant chercher aussi à les construire sur un terrain élevé pour les préserver de l'humidité, qui nuirait aux récoltes rentrées, aux animaux et au fermier lui-même.

Le Maitre.—Oui, ce sont là les principales considérations qui doivent guider dans le choix de l'emplacement; il faut s'assurer encore que dans le voisinage on trouvera des sources d'eau vive, qui constituent par elles-mêmes une nécessité de premier ordre. Dites-nous maintenant de quoi se composent les constructions rurales ou la *ferme proprement dite* et les dispositions de chacune de ses parties?

Joseph. — On y distingue d'abord le logement du fermier auquel tiennent le grenier, la grange et les écuries.

Le logement doit avoir la face au levant ou au midi. Il doit être simple, mais commode, sans ce luxe qui demande des soins d'entretien que l'on ne peut exiger de la fermière.

LE MAITRE. — Vous avez dit que le grenier tient à ce logement; cependant on le place au-dessus des écuries et de la grange, et c'est là une disposition mauvaise, tant à cause de la poussière de la grange, que de l'air humide qui s'exhale des écuries. Il faut que le grenier soit sec et que l'air puisse y être facilement renouvelé.

La construction des écuries demande peut-être plus de connaissances pratiques que le logement du fermier; parce que l'homme ressentira bientôt les défauts d'une construction vicieuse et y portera remède, tandis que les animaux souffriront, ne diront rien, et souvent mourront victimes de l'ignorance de l'architecte ou du propriétaire.

Reprenez votre leçon, Joseph.

JOSEPH. — Ce que je vais dire, Monsieur, ne sera que la répétition de ce que disent à la veillée les cultivateurs qui viennent voir mon père.

Les écuries doivent être aussi vastes que possible, et construites de manière que chaque animal puisse disposer d'un espace de 1 mètre 50 de largeur au moins. Le sol doit être pavé et avoir une pente suffisante pour conduire les urines à la fosse à purin. Le seuil doit être au niveau du sol, afin que les animaux puissent y entrer de plain-pied, et le plafond fermé, afin qu'aucune ordure ne puisse, du grenier, être mêlée au fourrage. Les ouvertures ou fenêtres seront pratiquées aux extrémités, afin que l'air et la lumière n'arrivent pas directement sur les yeux des animaux, ce qui serait d'un effet dangereux.

LE MAITRE. — A tout cela il n'y a rien à ajouter, sinon que la *fosse à purin*, que l'on trouve rarement encore, même dans les grandes exploitations, est d'une absolue nécessité pour quiconque veut utiliser tous ses engrais. On la place généralement à une légère distance du fumier, afin que rien ne soit perdu.

Vous comprenez, mes enfants, que nous indiquons seulement ici, et d'une manière bien vague, les principes généraux qui doivent présider à la construction ou à l'appropriation des bâtiments ruraux. Pour étudier ces questions avec tous les détails qu'elles comportent, il faudrait des volumes, et faire un véritable cours d'architecture et d'économie rurale.

Nous passerons rapidement aussi sur ce qui a rapport aux *chemins vicinaux*, et nous nous bornerons à dire :

1° Que l'entretien des chemins vicinaux est entièrement à la charge des communes, et c'est là un point qui intéresse au plus haut degré l'agriculture, en ce que ces voies de communication mal entretenues augmentent considérablement le travail des animaux, détériorent facilement les instruments, et, par ces deux causes, rendent la vente des denrées plus difficile à effectuer ;

2° Que chaque habitant d'une commune, d'après un règlement émané de la préfecture, est tenu de concourir à l'entretien des chemins vicinaux, soit par des prestations en nature, soit en payant l'équivalent en argent.

Émile. — Mais il y a un âge fixé pour accomplir ces *prestations*?

Le Maitre. — Sans aucun doute. Quiconque a plus de dix-huit ans et moins de soixante ans est obligé de s'acquitter de cette charge, à quelque condition qu'il appartienne d'ailleurs : curé, instituteur, rentier, pâtre sont *prestataires*, et la loi ne fait aucune exception.

Il en est de même des chevaux, ânes, mulets, bêtes de somme, de trait ou de selle, ainsi que des voitures. En un mot, la pensée du législateur a dû se résumer ainsi : « *Doit entretenir le chemin, quiconque le détériore,* » et ce n'est là que de la simple justice.

Du reste, la loi, qui est toujours sage, accorde au

prestataire qui se croit indûment imposé ou surtaxé, la latitude de soumettre ses droits au sous-préfet de l'arrondissement, qui accorde un *dégrèvement* ou une *réduction,* suivant les cas, et s'il y a lieu.

Ces réclamations doivent être faites en double expédition, sur papier libre, et accompagnées de l'avertissement ou d'un extrait du rôle.

ÉMILE. — Puisque nous parlons de la législation, voudriez-vous nous expliquer ce qui se rapporte à l'*embornement* ou bornage des champs. J'ai souvent entendu nos voisins parler de bornes arrachées, déplacées : est-ce que la loi ne punit pas ces arrachages, ces déplacements ?

LE MAITRE. — La loi est même très-sévère sur ce point, et ce délit entraîne non-seulement une amende très-forte, mais souvent aussi la prison.

Le bornage des propriétés se pratique de deux manières, ou par autorité de justice (ce que l'on appelle bornage judiciaire), ou à l'amiable.

Le *bornage judiciaire* coûte très-cher ; le *bornage à l'amiable,* au contraire, entraîne fort peu de frais, mais il faut que tous les propriétaires soient d'accord pour en accepter les résultats. Un seul d'entre eux, notons bien ce fait, un seul opposant, quelque mince d'ailleurs que soit sa propriété, peut rendre nuls tous les travaux exécutés avec le plus de justice et d'équité. Le bornage à l'amiable est ordinairement fait par le géomètre-arpenteur du canton, sous la présidence du maire et en présence des intéressés ou de leurs représentants délégués.

ÉMILE. — Il y a un autre genre de clôture, Monsieur ; ce sont les arbres qui bordent certaines propriétés. Quelles sont les règles à observer pour ces plantations ?

LE MAITRE. — Les arbres plantés sur les limites ou aux extrémités d'un terrain peuvent nuire par leur ombrage, leurs racines, aux propriétés voisines ; la loi exige donc qu'ils soient éloignés de ces propriétés de deux mètres au moins. Cependant, nos pères, qui étaient en réalité plus riches que nous, parce qu'ils possédaient plus de terres, étaient moins exigeants ; et telle rangée de saules ou de peupliers, par exemple, se trouve souvent à quelques centimètres du pré limitrophe. Alors voici ce qui arrive. Si le possesseur des saules ou des peupliers peut prouver que la plantation a été faite depuis plus de trente ans, il y a *prescription*, c'est-à-dire que le temps déterminé pour les réclamations étant passé, il n'y a plus lieu d'y revenir. Mais il y a encore un point très-important à examiner. La loi dit très-clairement que les trente années exigibles pour la prescription ne comptent qu'à partir du jour où les arbres plantés ont atteint la hauteur d'une haie vive ordinaire, *selon les coutumes locales*, ce qui est un peu élastique, car il n'est pas toujours facile de donner, d'une manière rigoureusement exacte, la hauteur d'une haie vive ordinaire. Toutefois, il résulte de cette disposition que pour les arbres à essence dure et venus par semis, comme le chêne, la prescription exigerait au moins quarante années, tandis que pour les peupliers venus de bouture, elle ne serait que de trente années environ. Ce sont là des chicaneries d'avocats ; nous ne nous y arrêterons pas davantage, et nous allons aborder notre dernier article, la *comptabilité agricole*, que, pour plus de clarté, nous allons faire précéder de quelques explications relatives au fermier et à son propriétaire. Et d'abord, comprenons bien la valeur de chacun des mots, *propriétaire, fermier* et *métayer*. Y a-t-il quelqu'un parmi vous qui puisse nous l'expliquer clairement ? Allons, Joseph, à vous encore, puisque vous voulez devenir cultivateur.

JOSEPH. — Le *propriétaire* est celui à qui appartiennent les terres. Le *fermier* est celui qui cultive ces terres et à qui, par conséquent, appartiennent les produits, moyennant une redevance annuelle qu'il paie au propriétaire. Il est donc le véritable propriétaire pendant toute la durée de son bail, qui varie de neuf à douze ou quinze années.

Le Maitre. — Autrefois les baux à ferme n'étaient ordinairement que de neuf années ; mais aujourd'hui, les propriétaires intelligents, ceux d'Angleterre surtout, accordent à des fermiers qui offrent des garanties suffisantes de succès, des baux à très-long terme. Chacun, propriétaire et fermier, y est intéressé, et plusieurs sociétés d'agriculture, entre autres, celle d'Eure-et-Loir, ont déjà mis au concours un certain nombre de médailles d'honneur pour les propriétaires qui offrent à leurs fermiers les baux les plus longs, et aux conditions les plus avantageuses. Continuez, Joseph. — Le métayer....

Joseph. — Le *métayer* cultive les terres d'un propriétaire avec lequel il partage les produits dans une certaine proportion déterminée d'avance, et acceptée d'un commun accord.

Le Maitre. — Il serait bien difficile, et ce serait une tâche bien longue, d'énumérer les différents systèmes de *métayage* employés en France. Dans certaines provinces, il est enjoint au métayer de cultiver telle plante sur tel terrain ; dans d'autres, il est stipulé seulement que le métayer suivra pour ses cultures les usages de la localité.

En thèse générale, quiconque veut cultiver, à titre de fermier ou de métayer, une propriété quelconque, doit prendre, sur l'état de fortune de son propriétaire, les informations les plus minutieuses, sans quoi il s'expose aux désagréments les plus fâcheux. Il doit s'enquérir aussi sérieusement de l'état agricole des terres, de leurs propriétés, des débouchés ; en un mot, il ne doit absolument rien négliger pour se mettre au courant de toutes les ressources qui lui seront offertes, de tous les embarras qui lui seront créés. C'est pour avoir négligé toutes ces précautions, que tant de cultivateurs se ruinent chaque jour, malgré leur intelligence, leurs connaissances, leur conduite et leur travail.

Que dirai-je maintenant de celui qui veut acheter un domaine agricole? Ne doit-il pas entrer dans bien d'autres considérations? étudier surtout la valeur de son *capital agricole*, qui, vous le savez tous, ne compte pas seulement les ressources monétaires dont il peut disposer, mais encore et surtout la valeur de ses chevaux, de ses bêtes à cornes, de sa porcherie, de sa bergerie, de sa basse-cour, de son matériel agricole, en un mot... Mais ce sont là des questions d'une portée trop haute pour que nous puissions les traiter à fond; nous arriverons donc enfin, et pour terminer, à la *comptabilité agricole* proprement dite.

Dans la comptabilité agricole on se sert ordinairement de trois livres principaux qui sont: la *main courante*, le *grand-livre* et le *livre d'inventaire* (1).

La *main-courante* ou *brouillard* est le livre sur lequel on inscrit les recettes et les dépenses, au fur et à mesure qu'elles ont lieu. En un mot, c'est le livre qu'on a toujours sous la main, ou plus exactement, en agriculture, la main-courante est le livre de la fermière; car une bonne fermière doit s'occuper, et immédiatement, de tous les menus détails que le fermier pourrait négliger, à cause de ses occupations journalières de culture.

Le *grand-livre* est la reproduction exacte, mais en termes plus simples, du *brouillard*. Sur la page de gauche et en tête, est écrit le mot *doit*; puis plus loin ceci, par exemple:

Champ n° 4, — semé en blé, — et au-dessous, dans le cours de la page, les dépenses que ce champ a occasionnées, exemple:

(1) Les Maîtres consulteront et feront étudier avec le plus grand fruit la *Comptabilité agricole*, édition Belin, par MM. Thénard, Rousseau, Citoleux et Sauquet. Ce livre, *très-élémentaire*, est aisément compris par les élèves. (*Note de l'éditeur.*)

4 Mai. — Sarclage. . . . . 6 fr. 50, etc.

Sur la page de droite, et en tête, est écrit le mot *avoir* ; et au-dessous, dans le cours de la page, toutes les recettes que ce même champ n° 4 a rapportées.

A la fin de l'année, au bas de chaque page, sont placés le total des dépenses et le total des recettes, et par une simple soustraction, le cultivateur se rend le compte le plus exact de ses bénéfices ou de ses pertes.

Joseph. — Alors il est ouvert un compte à chaque pré, à chaque champ, à chaque pièce de terre?

Le Maitre. — Non-seulement à chaque pièce de terre, mais encore à chaque objet, à chaque opération qui peut offrir un intérêt particulier. Dans les fermes bien tenues il y a, pour la comptabilité, un compte exprès pour les ouvriers, les outils, les harnais, les semailles, les récoltes, les chevaux, les vaches, les moutons, la basse-cour, etc. Et ces comptes, vous le saisissez à première vue, sont tellement simples, tellement faciles à exécuter, que l'on ne s'explique pas l'insouciance des cultivateurs qui négligent de les établir.

A la fin du grand-livre se trouve la table de tous les articles, de sorte que, n'importe quel jour de l'année, le fermier peut, après quelques minutes de recherche sur son grand-livre, se dire :

Le champ 25 ensemencé de pommes de terre m'a rapporté 137 fr. 27 c.

Le pré 14 m'a rapporté 169 fr.

Et pour cela, il faut deux ou trois heures de travail par semaine.

Le *livre d'inventaire* est spécialement destiné aux achats et aux réparations des instruments aratoires ; ce n'est donc à proprement parler qu'un *livre de dépenses;* car il n'est guère possible d'évaluer les recettes rapportées ou par une charrue ou par une herse. Ces recettes sont inscrites à l'*avoir* des champs ou des prés.

Émile. — Mais, pour plus de clarté et pour avoir moins

de matières à enregistrer ensemble, on pourrait, il me semble, avoir plus d'un *grand-livre?*

Le Maitre. — Assurément. Dans les grandes exploitations on a le grand-livre des terres à blé, des prés, des animaux de la ferme, des bâtiments, des instruments, etc., ce qui simplifie singulièrement le contrôle des opérations.

Il est bien entendu, mes enfants, que je ne vous donne ici qu'un simple aperçu de la comptabilité agricole. D'ailleurs, il suffit du bon sens, de l'intelligence et quelque peu d'instruction pour tenir soi-même une comptabilité aussi claire, aussi parfaite que peuvent l'être toutes celles que l'on trouve développées dans de gros volumes, et faites souvent par des gens qui n'ont pas même l'idée de la plus mince opération agricole.

La première partie de notre programme est traitée, et je vais terminer moi-même cette causerie par une toute petite anecdote qui vous montrera, mieux que toutes mes paroles, combien l'exactitude, l'ordre sont une source de fortune, et combien ces qualités ont été de tout temps appréciées, surtout par les grands administrateurs.

C'est une anecdote historique et vraie en tous points.

Chacun de vous connaît Colbert, ce sage ministre du grand roi auquel la France dut son importance maritime et sa prospérité commerciale.

Né à Reims en 1619, Jean-Baptiste Colbert n'était à l'âge de trente ans que simple chef de bureau au ministère des finances, sous le cardinal Mazarin. Mais déjà il apportait à l'exercice de ces modestes fonctions, l'exactitude rigoureuse, la promptitude résolue et surtout les vues perçantes et sûres qui, quelques années après, devaient faire de lui le plus grand ministre des finances que la France ait eu. Ses décisions rapides et ingénieuses, basées sur des causes futiles en apparence, indiquaient déjà le penseur profond, le philosophe pratique.

Voici l'anecdote. — Pressé d'un travail lent, ardu et fatigant, et obligé certain jour, pour copier ce travail si péniblement élaboré, de choisir des expéditionnaires qu'il n'avait pas le temps de mettre à l'épreuve, il se borna à adresser à chaque candidat cette question bien simple à première vue, mais fort embarrassante au fond : « Êtes-vous habile dans l'art des ratures ? »

Quelques candidats répondirent : « Oui, » quelques autres répondirent : « Non ; » d'autres enfin ne répondirent pas du tout.

Quiconque avait répondu affirmativement fut immédiatement éliminé ; et comme les témoins de cet examen bizarre et inconnu jusqu'alors demandaient la cause de ce sévère jugement, le futur successeur de Mazarin répondit :

« Il faut se défier des gens qui ont l'habitude de réparer des fautes. Je crains les copistes qui savent se servir trop bien du grattoir. »

DEUXIÈME PARTIE.

Les plantes.

CHAPITRE VIII.

14. Des céréales.— Une visite de l'inspecteur primaire.— L'arbre à pain. — L'arbre à eau. — L'arbre à lait. —La plus belle des fleurs.

Le Maitre. — Nous voici arrivés, mes enfants, à la deuxième partie de notre programme, c'est-à-dire aux plantes qui sont produites.

Émile. — Avant de commencer notre causerie, je dois vous annoncer, Monsieur, que M. l'Inspecteur des écoles est arrivé hier soir ici, et qu'il visitera probablement notre classe ce matin. Si vous le voulez bien, nous nous préparerons à le recevoir.

Le Maitre, *en riant.* — Qu'avons-nous donc à préparer, mon ami? ne sommes-nous pas toujours prêts?

Émile. — Sans doute; mais cependant...

Le Maitre. — Je suis très-heureux de savoir que M. l'Inspecteur est ici; mais nous continuerons notre causerie comme nous le faisons habituellement. Et en passant, je vous dirai, mes enfants, que je n'aime pas les ouvriers qui redoublent d'activité, de zèle, d'énergie à l'arrivée du maître. C'est vous dire que M. l'Inspecteur n'aime pas davantage, j'en suis convaincu, les instituteurs qui balayent leur salle, qui en brossent les murs, qui en lavent quelquefois le plancher à son arrivée : ce sont là, en général, des preuves de négligence en temps ordinaire... De même que le sage est toujours prêt à partir, suivant l'expression de notre La Fontaine, le bon instituteur est toujours prêt à recevoir son inspecteur. Nous ne changerons donc rien à nos habitudes, et nous allons commencer notre leçon. — Ici encore, à tout seigneur tout honneur.— Émile, parlez-nous des *céréales*, c'est-à-dire des plantes alimentaires.

ÉMILE, *en riant*. — Avant de parler des céréales, je vous parlerai encore de M. l'Inspecteur; car le voilà qui passe et qui entre.

L'INSPECTEUR.— Monsieur l'Instituteur, je constate de nouveau, et avec un plaisir bien vif, que votre classe est toujours au complet. Cela ne me surprend pas, car, à bon maître bon élève... Que faisiez-vous, monsieur l'Instituteur?

LE MAITRE. — Nous commencions notre leçon d'agriculture.

L'INSPECTEUR. — Eh bien, voulez-vous la continuer, comme si vous étiez en famille, sans penser que je suis au nombre de vos auditeurs?

LE MAITRE. — Nous en serons d'autant plus contents, monsieur l'Inspecteur, que vous pourrez nous guider dans cette voie que nous parcourons un peu au hasard, sans trop de préparations; car, à dire vrai, nos classes sont de véritables causeries.

L'INSPECTEUR. — C'est ainsi qu'il faut enseigner, Monsieur... Oh! ne faites jamais de science, je vous en prie; laissez-la aux savants... Allons, j'écoute.

LE MAITRE. — Émile, voulez-vous continuer, mon enfant.

ÉMILE. — Les céréales sont des plantes dont les graines, réduites en farine, servent généralement à faire du pain, quoique quelques-unes, comme l'avoine, servent plutôt à la nourriture des animaux.

LE MAITRE. — Savez-vous d'où vient le mot *céréales*, mon ami?

ÉMILE. — Il vient de *Cérès*, que les anciens regardaient comme la déesse des moissons. On la représente ordinairement sous les traits d'une jeune femme, tenant d'une main une faucille, et de l'autre une gerbe d'épis ou de pavots.

L'Inspecteur. — Pourriez-vous nous dire, mon enfant, quelques mots de l'histoire de Cérès ?

Émile. — Oui, monsieur l'Inspecteur. — J'ai lu cette histoire dans la mythologie de notre bibliothèque scolaire. — Cérès était fille de Saturne et de Cybèle, et sœur de Jupiter, le maître des dieux dans la religion païenne. Cérès avait une fille appelée Proserpine, qui lui fut enlevée par Pluton, le dieu des enfers. Pour retrouver cette fille dont elle ignorait le sort, Cérès parcourut toute la terre, et dans ses voyages elle enseigna aux hommes l'art de l'agriculture ; c'est pour ce bienfait que les hommes reconnaissants l'ont ensuite adorée.

L'Inspecteur. — Et Saturne et Cybèle ?

Émile. — Saturne était fils du Ciel et de Vesta, la déesse du feu. Cybèle était fille du Ciel et de la Terre.

L'Inspecteur, *en riant*.— C'est parfait, cela, mon bon ami ; il est vrai que ce n'est pas tout à fait de l'agriculture ; mais je tiens beaucoup, mes enfants, et votre maître a déjà dû vous le dire, à ce que pas un seul mot ne passe sans explication. Il faut tout comprendre, avoir la raison de chaque chose, de chaque syllabe... La classe est interrompue, sans doute ; mais ces digressions sont indispensables.

Y a-t-il parmi vous, mes enfants, un fils de cultivateur? je serais heureux de l'entendre nous exposer la culture des céréales de notre pays.

Le Maitre. — Eh bien, Joseph, à votre tour.

Joseph. — Les céréales cultivées en Lorraine sont : le blé ou froment, le seigle, l'orge, l'avoine, le maïs ou blé de Turquie, le millet et le sarrasin.

L'Inspecteur. — Parlez-nous du blé seulement.

Joseph. — C'est la plus précieuse des céréales, puisque c'est elle qui nous donne le pain, le plus précieux des aliments.

Il y a un grand nombre de variétés de froment ; mais

en agriculture on n'établit ordinairement que deux divisions :

1° Les blés d'automne que l'on sème à l'automne, et qu'on appelle quelquefois encore *blés d'hiver,* parce qu'ils passent l'hiver dans le sol et repoussent seulement à la belle saison de l'année suivante.

2° Les blés de printemps ou *de mars,* parce qu'on les sème au mois de mars.

Le blé vient très-bien sur les terres argileuses, les terres fortes, qui ont dû être bien cultivées et débarrassées des mauvaises herbes. Sur les terrains siliceux, il ne donne que de faibles récoltes.

Avant de semer le blé, on le soumet à une opération appelée *chaulage,* parce que la chaux y joue le rôle principal. Cette opération a pour but de préserver la graine de diverses maladies, comme la carie, la rouille, le charbon ; on la pratique aussi afin de détruire les œufs des charançons et d'autres insectes.

Voici le moyen que l'on emploie chez mon père pour chauler le blé. Pour un hectolitre de blé, on prend ordinairement un kilogramme de chaux, que l'on délaie dans une quantité d'eau assez grande pour que l'hectolitre de blé puisse y être plongé. On le laisse environ vingt-quatre heures dans ce lait de chaux, et l'on a bien soin d'enlever les grains qui flottent à la surface, parce que ces grains sont altérés. On le retire ensuite et on le fait sécher. — Non-seulement ce préservatif est le plus efficace, mais il a encore l'avantage de hâter la germination du grain.

Le Maitre. — Aujourd'hui, beaucoup de cultivateurs ne se servent plus de la chaux ; ils la remplacent par le sulfate de cuivre ou *vitriol bleu,* ou par le *sulfate de soude.* L'opération, du reste, est tout à fait la même ; seulement il suffit de 300 grammes de sulfate, et il faut que l'eau soit chauffée.

Continuez, et dites-nous quelles sont les autres opérations qu'exige la culture du blé.

Joseph. — Aussitôt que le blé est semé, il faut le herser, afin de recouvrir les grains. Au printemps, vers la fin d'avril ou au commencement de mai, il faut sarcler. le blé, c'est-à-dire enlever les mauvaises herbes et surtout les chardons qui gêneraient sa croissance. Il faut avoir soin de faire ce travail par un temps ni trop sec ni trop humide ; parce que, par un temps sec, les plantes nuisibles s'arracheraient difficilement, et par un temps humide, on écraserait les jeunes tiges du blé.

De la récolte. — Autrefois, on ne récoltait le blé que lorsqu'il était parfaitement mûr ; mais depuis quelques années, on le coupe aussitôt que la partie basse de la tige est sèche...

Le Maitre. — En effet, lorsque la partie basse de la tige est sèche, il est certain que la plante ne puise plus de nourriture en terre, et qu'au contraire elle n'aspire plus les sucs nutritifs que dans l'atmosphère.

Joseph. — Le blé ainsi coupé, une huitaine de jours avant sa complète maturité, est disposé en meulons, que l'on appelle aussi *meulettes* ou *moyettes*.

L'Inspecteur. — Assez pour vous, mon enfant. Vous êtes un peu fatigué ; reposez-vous maintenant... Voyons, un autre élève, monsieur l'Instituteur : je ne puis vous dire tout le plaisir que j'éprouve...

Le Maitre. — Charles va continuer. Un mot seulement au sujet des moyettes.

Charles. — Il y a des moyettes de gerbes et des moyettes de javelles. — Pour faire les premières, on place debout une gerbe ; autour de cette gerbe, on en place quatre autres qui s'appuient sur la première, qui est comme le centre ; et au-dessus de ces cinq gerbes, on en place une sixième plus grosse, et qui forme une sorte de chapeau. Les gerbes ainsi disposées peuvent rester un mois dans les champs, sans que le blé ait à souffrir.

Pour faire les moyettes de javelles, on opère à peu près de la même manière ; seulement, au lieu de dresser le blé sur son pied, on le couche et l'on forme un cercle dont le centre renferme les épis, et au-dessus l'on place encore une gerbe en forme de chapeau. On emploie ce système pour les blés qui contiennent de l'herbe qu'il faut sécher.

Le Maître. — Cet usage des moyettes nous vient de la Belgique où le climat est humide ; il y est employé depuis la plus haute antiquité.

Joseph a oublié de dire que le blé qui doit servir de semence ne peut être coupé que lorsqu'il est complètement mûr ; autrement, beaucoup de grains ne germeraient pas.

Ce que Joseph et Charles ont dit s'applique au blé d'automne et au blé de printemps. J'ajouterai seulement que ce dernier n'est guère cultivé en Lorraine, parce qu'il donne des récoltes peu abondantes. Les cultivateurs ne s'en servent que quand le blé d'hiver a été gelé ou noyé par les pluies.

Avant de parler de la conservation des grains, occupons-nous un peu des maladies auxquelles le blé est exposé. Continuez, Charles.

Charles. — A l'occasion du chaulage, il a été dit que le blé est sujet à la carie, à la rouille et au charbon ; à ces fléaux il faut ajouter l'ergot.

La *carie* attaque l'intérieur du grain et convertit la farine en une poussière noirâtre qui a l'odeur désagréable du bois pourri. Elle est produite par un champignon microscopique qui croît dans la graine et se développe par les brouillards et l'humidité. On appelle aussi la carie, *noir, nielle, moucheture*.

Le *charbon* est une poussière noire qui s'attache à la graine et attaque tous les grains d'une tige ; il est occasionné aussi par l'humidité et les pluies de longue durée.

La *rouille* ne se contente pas de détériorer le grain, elle jaunit aussi les tiges, les feuilles, les épis ; c'est encore le fruit d'un champignon microscopique. Ses ravages sont souvent très-considérables, et l'on ne connaît point de préservatif dont l'effet soit certain.

L'*ergot* est le plus redoutable de ces fléaux, parce que le blé qui en est infecté peut donner naissance à des maladies fort dangereuses, comme la gangrène des membres du corps.

L'ergot vient sur l'épi ; il a la forme d'un ergot de coq, et alors le grain est long, violet, et a une odeur nauséabonde...

C'est là tout ce que je sais, Monsieur.

L'INSPECTEUR. — Oh ! mais c'est parfait, monsieur l'Instituteur ; aussi, je ne ferai plus qu'une seule question, et comme elle est assez difficile, je l'adresserai au plus savant, qui est Émile, je crois. — Dites-moi, mon bon ami, y a-t-il bien longtemps que les hommes cultivent cette plante si précieuse, et, en vous rappelant un peu votre histoire, ne pourriez-vous me citer certain passage qui atteste que depuis de longues, bien longues années, le blé était connu et employé à la nourriture de l'homme ?

ÉMILE, *en riant*. — Oh, pardon, monsieur l'Inspecteur. — L'histoire dit que les Philistins, pour se venger de Samson, le condamnèrent à tourner la meule qui servait à moudre le blé.

L'INSPECTEUR. — Voilà précisément ce que je désirais. Et si je ne craignais de faire moi-même de la science un peu trop savante, j'ajouterais en m'appuyant sur le témoignage d'auteurs anciens, que par un admirable effet de la bonté de Dieu, c'est peut-être la première plante que nos premiers parents ont cultivée... mais j'ai peur de tomber dans le défaut que je crains toujours de rencontrer chez les instituteurs... j'ai peur de la science des livres.

Le Maitre. — Monsieur l'Inspecteur, nous serions heureux, mes élèves et moi, au contraire, de vous entendre, et soyez bien assuré que nous conserverions de vos paroles le plus agréable souvenir.

L'Inspecteur. — Supposez alors, mes enfants, que c'est votre maître qui vous fait la classe, et adressez-moi les questions que vous lui adresseriez à lui-même.

La culture du blé, je vous l'ai dit, date des premiers âges du monde. Le grand orateur Cicéron, qui vivait un siècle avant l'ère chrétienne, rapporte que la culture du blé en Grèce date du règne de Cécrops, qui était Égyptien, et qui aborda en Attique vers l'an 1582 avant Jésus-Christ. Mais les inscriptions recueillies sur les marbres de Paros, placent cette introduction de la culture des grains sous Crechthée, qui régna de 1400 à 1350 avant Jésus-Christ. Si nous voulions des preuves matérielles, je vous dirais qu'on a trouvé des grains de blé dans les cercueils des momies égyptiennes, et qu'on en trouve encore dans les débris lacustres de la vieille Helvétie. Et enfin, dans les fouilles opérées ces dernières années à Herculanum et à Pompéia, on a trouvé des fours remplis de petits pains faits de farine de blé, et qui certes n'étaient pas destinés à orner nos musées d'antiques, mais bien à figurer sur les tables somptueuses des sybarites pompéiens. Ce sont là des preuves irréfutables, non-seulement de la culture du blé à une époque très-reculée, mais encore de la fabrication du pain.

Cependant il fut un temps, avant l'invention des moulins, où l'on mangeait le blé à l'état naturel, comme la nature le produit, entier et cru. Plus tard, on le fit cuire dans l'eau comme nous faisons bouillir nos légumes; puis on le fit griller comme le café, et on le broyait alors dans un mortier, et avec la farine grossière qu'on obtenait ainsi, on faisait des bouillies. Enfin, on perfectionna l'art grossier de la mouture, et au mortier on substitua deux petites meules superposées. Celle de dessous était fixe ; et celle de dessus était mobile et mise en mouvement par les esclaves, comme Samson. C'était l'enfance de la meunerie...

Plus tard, bien tard seulement, on a créé les moulins à eau, les moulins à vent, et en ces derniers temps les moulins à vapeur, qui sont certainement le plus haut et le dernier perfectionnement ajouté à l'art du meunier.

Émile. — Vous nous avez dit de vous adresser des questions. Si vous voulez le permettre, je vous en adresserai une.

L'Inspecteur. — Dites, mon enfant, je serai content de pouvoir y répondre.

Émile. — J'ai lu dans plusieurs relations de voyageurs, que dans certains pays, dont j'ai oublié le nom, il y a un arbre qui donne des fruits dont se nourrissent les habitants, et qui a le même goût que notre pain, est-ce vrai ?

L'Inspecteur. — Très-vrai, mon ami ; non-seulement la bonté de Dieu a créé l'arbre à pain, mais encore un *arbre à eau,* ou arbre du voyageur, un *arbre à lait.* Puisque ce sujet semble vous intéresser, je vais vous dire un mot de chacune de ces productions. Plus tard, votre excellent instituteur voudra bien compléter ma leçon, et vous donner sur quelques mots *savants* que je vais être obligé d'employer, des détails dans lesquels je ne puis entrer, parce que je n'en ai pas le temps.

L'arbre à pain, qui appartient au genre des *Jacquiers* et à la famille des *mûriers,* croît en pleine terre dans l'île de Ceylan, au sud de l'Hindoustan, dans la mer des Indes ; et dans l'île de Tahiti ou Otahiti, l'une des îles de la Société, située entre le 15ᵉ et le 20ᵉ degré de latitude méridionale, et le 150ᵉ et 160ᵉ degré de longitude occidentale.

A Ceylan, l'arbre à pain atteint une hauteur de 15 à 20 mètres ; mais à Otahiti, il n'arrive guère qu'à 10 ou 12 mètres.

A Tahiti on en compte vingt-neuf variétés, dont la plus remarquable est celle que les habitants nomment *maïoré* ou *mairé;* c'est un des plus beaux arbres de l'île et celui qui caractérise principalement la végétation de la Polynésie. Le mairé s'élève sur un tronc droit, couvert d'une écorce blanchâtre. Sa cime, large et arrondie, ombrage un espace de 10 à 15 mètres de diamètre; son bois est jaunâtre, mou et léger ; ses feuilles sont larges et dures au toucher.

L'arbre à pain donne, durant huit mois consécutifs, des fruits dont le volume est celui d'un œuf d'autruche, c'est-à-dire gros comme les deux poings d'un homme. Pour manger ces fruits, on les coupe en tranches que l'on fait griller sur des charbons, comme nous faisons des marrons; ou bien on les met tout entiers dans un four très-chaud. Quand ils sont bien cuits, on ratisse la partie charbonnée; l'intérieur du fruit apparaît blanc et savoureux comme du pain frais, avec une légère odeur de châtaigne et d'artichaut. Cet aliment, aussi indispensable aux indigènes que le pain aux Français, forme la base de leur nourriture principale durant toute l'année; et pour le conserver, ils le transforment en une pâte qui fermente et qui se garde très-longtemps sans se corrompre. La saison des fruits passée, on fait cuire cette pâte au four, et on en obtient une sorte de pain un peu acide, mais, néanmoins, fort agréable.

ÉMILE. — Comment n'a-t-on pas cherché à l'acclimater ailleurs que dans les îles de l'Océanie ?

L'INSPECTEUR. — L'arbre à pain ne peut vivre que sous le ciel de feu de la zone torride; il serait donc inutile, mon ami, de vouloir le transplanter chez nous; mais on a tenté plusieurs essais, qui ont parfaitement réussi, pour l'importer dans les colonies anglaises et françaises des tropiques. En Guyane, par exemple, il est cultivé depuis 1797; il l'est également dans les Antilles françaises et à l'île Bourbon.

Et puisque vous êtes si attentifs, mes enfants, je vais vous raconter, en l'abrégeant cependant, l'histoire de la première expédition anglaise pour aller chercher l'arbre à pain à Otahiti.

Vous connaissez tous l'illustre voyageur Cook, qui fut assassiné par les insulaires des îles Sandwich. Dans ses voyages autour du monde, Cook avait eu longtemps pour lieutenant de vaisseau un tout jeune homme, nommé Bligh, officier d'un grand talent, d'une bravoure sans égale, et qui plus tard parvint au grade d'amiral. Le lieutenant Bligh fut chargé, en 1787, du commandement d'un vaisseau de 250 tonneaux, *le Bounty*, envoyé à Otahiti avec mission de rapporter de l'île le plus possible de pieds d'arbres à pain.

Après une heureuse navigation qui dura dix mois, *le Bounty* aborda à Otahiti. Cinq mois furent employés alors à préparer les approvisionnements, et l'expédition, qui avait embarqué environ mille pieds d'arbres, ne fut prête pour le retour que vers le commencement de l'année 1789. La navigation fut heureuse encore au départ; mais, après vingt-deux jours de marche, et alors qu'on était en pleine mer, un complot terrible éclata tout à coup. Le capitaine Bligh, dont la bravoure était bien connue, fut lié pendant son sommeil et jeté dans une chaloupe au milieu de l'Océan avec dix-huit de ses compagnons qui lui étaient restés fidèles... Dix-neuf hommes, sur une mer immense, avec des vivres pour quelques jours, et sur un simple bateau! Mais Bligh était un homme fort; loin de perdre courage, il reprit le commandement de son petit et misérable équipage, donnant toujours et partout l'exemple d'une fermeté inébranlable. Après des privations et des souffrances dont le récit fait frémir, et une traversée de 1,200 lieues, les infortunés arrivèrent enfin à Ceupang, dans l'île de Timor, l'une des îles principales de la Sonde, dans la Notasie. Un seul homme était mort en chemin. Aussitôt rétabli de ses longues fatigues, le lieutenant Bligh se rendit en Angleterre, où, en récompense de son intrépidité, il fut promu au grade de capitaine de vaisseau, et chargé immédiatement d'une seconde expédition, beaucoup plus considérable que la première, et qui réussit à merveille : au bout de deux ans, Bligh était de retour avec 1,200 pieds d'arbres à pain, et sans avoir perdu un seul homme d'équipage.

ÉMILE. — Et les révoltés du *Bounty*, que devinrent-ils, monsieur l'Inspecteur ?

L'INSPECTEUR. — Ils furent pris par un vaisseau anglais et envoyés par le gouvernement britannique — et pour expier leurs péchés, — dans l'île de Pitcairn, alors inhabitée. Ils l'ont peuplée au point, qu'en 1854, la petite île n'offrant plus assez de ressources aux descendants des révoltés, cette population a été transportée aux frais de l'Angleterre sur l'île Norfolk, aux environs de la Nouvelle-Hollande.

Telle est, mes enfants, l'histoire de l'arbre à pain. L'*arbre à eau* n'a pas acquis une aussi grande célébrité ; je vais vous en dire un mot pourtant, laissant toujours à votre maître le soin d'y ajouter les explications qu'il jugera nécessaires.

A Madagascar, à Java, à Sincapour, et enfin en Cochinchine, il existe un arbre de structure tellement bizarre et originale, que pendant longtemps les savants n'ont su où le classer, et qu'enfin, à bout de recherches analogiques, ils en ont fait une famille particulière, celle des Népenthès. Le *népenthès* est l'arbre à eau.

Chacune des feuilles du népenthès est terminée par une sorte de poche ou bourse, ornée des couleurs les plus riches et les plus rares. Pendant la nuit, cette poche se remplit d'une eau claire, limpide comme le cristal, fraîche comme l'eau du rocher, et qui s'évapore vers la chute du jour... Admirable prévoyance du grand organisateur des mondes, qui a voulu que le voyageur égaré, brûlé par une soif dévorante, pût trouver, même sous ces latitudes ardentes, une source rafraîchissante et intarissable, puisqu'elle est renouvelée chaque jour!

L'*arbre-lait*, ou pour parler la langue des indigènes, l'*arbre-vache*, croît en Amérique et sous la ligne équinoxiale, dans ces immenses plaines desséchées où, durant de longs mois, pas une seule goutte de pluie ne vient mouiller la terre, et où un soleil de plomb émet constamment des rayons perpendiculaires... Cet arbre n'arrive qu'à une hauteur de trois à quatre mètres, et son tronc a tout au plus trente centimètres de circonférence. Son bois est très-tendre et casse sous le moindre effort; ses feuilles ressemblent assez à celles du laurier, mais elles n'ont aucune odeur. Il porte de petites baies semblables à de petites poires, et qui ont un noyau dur et long; on n'en fait aucun usage. Vous voyez, mes enfants, qu'en tous points il ressemble assez aux végétaux de notre France. Mais qu'on fasse une simple incision dans le tronc de l'arbre-vache, alors il en jaillit comme d'une source mystérieuse et avec une abondance que l'on ne peut s'expliquer, un lait doux, frais, nourrissant, qui a, de plus, toutes les propriétés et les qualités du lait animal. Chauffé sur le feu, il monte, bout, déborde, et lorsqu'on l'abandonne dans un vase, il se couvre d'une crème épaisse dont les Indiens se servent pour confectionner d'excellents fromages.

Si j'en avais le temps, je vous parlerais encore de l'arbre à cire, de l'arbre à huile, de l'arbre du diable... et de bien d'autres végétaux; ce sera pour ma prochaine visite. Je ne vous conterai plus, pour terminer, qu'une toute petite anecdote que je me rappelle toujours avec un plaisir indicible, et qui vous montrera, — ce que vous saviez déjà certainement, — combien notre grand roi Henri IV protégeait l'agriculture.

Près de Chartres, se trouvait autrefois le magnifique château d'Oysonville, habité par le seigneur d'Allonville, que Henri IV avait en haute estime, et chez qui, chaque année, il allait passer quelques jours de la belle saison. Or, un jour que le seigneur faisait admirer à son illustre visiteur les plantes rares de son jardin, un paysan nommé Cadot, fermier de d'Allonville, arriva au château. Il se hasarda de dire au Roi que si Sa Majesté voulait le suivre, il lui montrerait des fleurs plus belles encore, et surtout en plus grande quantité. L'excellent prince accepta en souriant, et suivit Cadot. Celui-ci, causant comme de pair à compagnon avec son Souverain, le conduisit dans une magnifique pièce de blé, et montrant les épis en fleurs : « Sire, dit-il, voilà les plus belles fleurs que Dieu ait créées. » — Tu as raison, mon ami, répondit le bon roi ; ce sont aussi celles que je préfère.

A peine rentré à Paris, Henri IV envoya au laboureur une pièce d'orfévrerie représentant quatre épis de blé en or : les descendants de Cadot la conservent encore religieusement, comme une relique précieuse et le plus précieux souvenir du prince que la postérité, avec raison, a surnommé *le bon Henri*.

Cette fois nous nous arrèterons là, mes enfants, et certes, d'après ce que j'ai vu et entendu, je pourrais juger de toute la classe sans pousser plus loin mon inspection. Cependant, je vais interroger encore un ou deux élèves, mais plutôt pour prolonger mon plaisir, que pour constater des progrès dont je suis sûr... Dites-moi, monsieur l'Instituteur, quelle leçon aviez-vous à réciter aujourd'hui, après votre causerie agricole?

Le Maitre. — Nous avions à répéter les *îles* de l'Europe, monsieur l'Inspecteur.

L'Inspecteur. — Eh bien, voyons ce petit blondin qui est au bout de la table : comment vous appelez-vous, mon ami ?

L'Élève. — Georges Beyel, monsieur l'Inspecteur.

L'Inspecteur. — Très-bien, très-bien... Contez-moi un peu ce que vous savez de remarquable sur quelques-unes des îles d'Europe ; car il ne suffit pas de savoir des mots, il faut savoir des choses.

L'Élève. — Dans l'Océan glacial du Nord est situé le Spitzberg, rocher sans eau, sans reptiles, sans insectes, où l'on ne trouve que quelques rennes ; cette île est inhabitée ; elle sert de point de relâche aux vaisseaux qui vont à la pêche de la baleine.

L'Islande, qui appartient au Danemark, est le pays le plus froid de l'Europe. Elle est remarquable par le volcan l'Hécla.

L'Irlande et la Grande-Bretagne, que l'on appelle aussi les îles Britanniques...

L'Inspecteur. — Passons, passons, il y aurait trop à dire sur ces îles... Les îles remarquables de la Méditerranée ?

L'Élève. — La Corse, patrie de Napoléon Ier qui y est né à Ajaccio le 15 août 1769 ; c'est pourquoi le jour de l'Assomption on célèbre la fête de l'Empereur.

L'île d'Elbe, où Napoléon Ier fut envoyé après l'invasion de 1814, et d'où il partit au commencement de 1815 pour venir reprendre possession de son trône ; mais le 18 juin il fut vaincu à Waterloo et conduit ensuite à Sainte-Hélène, où il mourut le 5 mai 1821. On a appelé ce retour de l'Empereur, le règne des Cent-Jours.

La Sicile, célèbre par le mont Etna, le plus grand des volcans de l'Europe. Le cratère a environ cinq kilomètres de circonférence ; ses éruptions sont très-fréquentes ; on en compte déjà 90. Les plus célèbres sont : celle de 1669 ; la lave mesurait une épaisseur de plus de 30 mètres sur une largeur de 4 kilomètres ; celle de 1755 ;

la lave n'avait que 2 kilomètres de largeur, mais elle s'élevait à une hauteur de 60 à 70 mètres ; enfin l'éruption de 1812 qui dura six mois entiers.

L'Inspecteur.—Bien, mon ami ; et malgré les dangers que présente le voisinage du cratère, il s'est trouvé cependant des hommes assez hardis pour oser s'en approcher. Ainsi, un voyageur français, M. Douville, s'est glissé tout au bord au moyen de longues cordes auxquelles il s'était attaché. Un Anglais, sir Wilson, a même osé se faire descendre verticalement dans l'intérieur ; mais il a payé de sa vie cet acte de témérité, ou plutôt de folie ; car ayant donné trop tard le signal de le remonter, il fut asphyxié, et l'on ne retira qu'un cadavre.

L'Élève. — L'île de Malte...

L'Inspecteur. — Assez, assez, mon enfant..., je vois que vous savez votre leçon ; il est donc inutile que j'interroge d'autres élèves.

Je suis vraiment heureux, monsieur l'Instituteur, de constater que votre enseignement est donné de la manière la plus intelligente et surtout la plus productive. Vos élèves causent, racontent, discutent comme des hommes de bon sens ; c'est déjà un grand point obtenu. Ils aiment l'étude, parce que vous savez la leur rendre aimable, attrayante, par ces charmantes causeries. Je voudrais voir remplacer dans toutes nos écoles, par des causeries analogues, les leçons pédantesques et froides, qui fatiguent la mémoire, et ne laissent dans l'esprit que des mots sans écho, et dans le cœur, que du vide...

Quant à vous, mes enfants, restez dociles aux conseils de votre excellent maître ; et comme il vous l'a dit bien souvent, j'en suis sûr, n'oubliez jamais, que le premier devoir de l'homme est d'adorer son Créateur ; le premier devoir du bon fils, de chérir sa famille ; le premier devoir du bon citoyen, de servir sa patrie ; et enfin, le premier devoir du bon Français, d'aimer son Souverain.

Adieu, mes enfants, adieu.

CHAPITRE IX.

14. Les céréales (*suite*). — 15. Légumes secs ou verts. — 18. Racines alimentaires ou industrielles : pommes de terre, topinambours.

LE MAITRE. — Cette causerie, mes enfants, ne sera pour ainsi dire que la continuation de la précédente, et elle ne sera pas longue, car nous n'avons à nous occuper que de la culture des céréales, que vous connaissez tous, et de la culture des plantes légumineuses, que vous connaissez également.

Joseph, parlez-nous du seigle.

JOSEPH. — On cultive quatre variétés de seigle : 1° Le *seigle d'hiver,* qui est le plus connu, et qui remplace le blé dans les terrains siliceux, et dans les montagnes des Vosges surtout. On le sème à partir du 20 août. Le pain qu'il donne est très-bon et se conserve longtemps frais. Avec sa paille, on fait des *liens* pour la récolte des autres céréales ; elle est aussi employée à différents usages, à couvrir les chaises, la toiture des chaumières, etc.

2° Le *seigle de printemps* ou *de mars*, dont le grain est petit, et que l'on cultive pour remplacer le seigle d'hiver détruit par le froid ou l'humidité.

3° Le *seigle de Rome*, qui est supérieur aux autres variétés, par la grosseur et la qualité de son grain. On ne le cultive que dans le midi, parce qu'il mûrit difficilement.

4° Enfin le *seigle de la Saint-Jean* ou seigle *multicaule*, qui donne les produits les plus abondants. On le sème très-clair et seulement à raison de 40 à 50 litres par hectare.

LE MAITRE. — On ne le cultive guère que sur les terrains que l'on veut convertir en forêt. Son herbe touffue abrite les jeunes arbres et les préserve des vents, des pluies, des chaleurs et des froids qui leur nuiraient.

On l'appelle *seigle de la Saint-Jean*, parce que souvent on le sème vers cette époque pour le récolter vert et comme fourrage, au mois d'octobre. Au printemps suivant, il repousse comme l'herbe des prés, et donne en grains une nouvelle récolte assez abondante. Mais ce grain est petit et de mauvaise qualité ; c'est pour cela qu'on ne le cultive que dans les terres pauvres.

La culture du seigle est, du reste, tout à fait la même que celle du blé ; seulement on ne *chaule* pas la semence ; mais souvent on la soumet à une opération appelée *pralinage* et qui consiste à l'enduire légèrement de noir animal humecté d'un peu d'eau. — A défaut de fumier, on se sert avec un égal succès de poudrette ou de guano.

Autrefois on cultivait, sous le nom de *méteil*, un mélange en proportion de deux parties de seigle et d'une partie de froment ; mais l'époque de la maturité de ces deux céréales n'étant pas la même, on a renoncé à la culture du méteil ; et pour obtenir le même pain, on mélange les deux farines par le pétrissage.

Charles, parlez-nous de la culture de l'*orge* et des autres céréales de ce pays.

Charles. — La culture de l'orge est tout à fait la même que celle du blé de printemps ; il est donc inutile de m'arrêter sur ce point. Elle offre sur les autres céréales cet avantage *qu'elle peut être cultivée à peu près sur tous les terrains.*

On en cultive deux espèces principales : 1° celle d'hiver que l'on appelle aussi *escourgeon* ; 2° l'*orge de printemps* dont on connaît plusieurs variétés. — L'orge d'hiver n'est guère employée que comme fourrage. Quant à l'orge de printemps, sa farine mêlée à celle du blé ou du seigle, donne un pain excellent dans les départements montagneux du centre de la France. On se sert également de l'orge pour la préparation de la bière... Voilà tout ce que je sais, Monsieur.

Le Maitre. — Je n'ai moi-même qu'un mot à ajouter. — Les variétés d'orge se divisent naturellement en deux sections : les orges *vêtues* et les orges *nues*. Les orges vêtues ont pour caractères distinctifs l'adhérence du grain à la balle ou petite paille ; au contraire, le grain des orges nues est libre comme celui du seigle.

Les orges vêtues généralement cultivées sont l'orge commune, ou *orge carrée*, l'*orge chevalier*, l'*orge éventail* et l'*orge de Namto*, importée d'Asie, et qui donne les plus beaux produits en quantité et en qualité. Et parmi les orges nues, on distingue l'orge nue à deux rangs et l'orge nue à six rangs. Nous ne nous arrêterons que fort peu sur la culture des autres céréales, parce que ce sont des plantes que vous connaissez tous et que vous voyez tous les jours dans nos campagnes. C'est donc pour mémoire seulement que Charles va nous parler de l'avoine, du maïs, etc.

Charles. — L'*avoine* n'est guère cultivée que pour servir de nourriture aux chevaux ; cependant dans quelques départements du centre de la France, tels que le Cantal, le Puy-de-Dôme et en Écosse, on fait avec cette plante un pain de mauvaise qualité, mais néanmoins mangeable. Sa paille est employée comme fourrage pour les bêtes à cornes et pour les bêtes à laine ; et sa *balle*, c'est-à-dire la petite paille qui entoure le grain, sert à faire des coussins et des paillasses de lit. Beaucoup mieux que l'orge encore, cette plante prospère sur tous les sols et elle convient surtout aux terrains nouvellement défrichés.

On cultivait autrefois une avoine d'hiver, mais aujourd'hui on y a renoncé, et l'espèce la plus généralement connue, parce qu'elle est la plus productive, est l'*avoine de Hongrie*, noire ou blanche, et l'*avoine de Brie*.

L'avoine redoute la sécheresse dans les premières semaines de sa croissance, aussi faut-il la semer aussitôt que le temps et l'état de la terre le permettent, à la fin de février ou au commencement de mars.

On coupe l'avoine quelques jours avant sa maturité complète, afin d'éviter l'égrenage auquel elle est sujette.

Le *maïs* ou *blé de Turquie*. — Cette dernière qualification n'est pas exacte, car le maïs vient de l'Amérique méridionale, de la Colombie où il croît naturellement et sans culture.

Cette céréale réussit sur les terres assez médiocres et dans les climats chauds ; on ne la cultive en France que dans quelques départements de l'est et dans ceux du Midi. Ses tiges servent de fourrage au bétail et sa graine réduite en farine sert à la préparation d'une bouillie appelée *gaudes*, dont se nourrissent certaines populations rurales. En Alsace, la farine d'avoine est destinée à l'engraissement des oies, dont on convertit le *foie* en pâtés, qui sont ensuite livrés au commerce sous le nom de *pâtés de foie d'oie de Strasbourg*. Enfin en Italie, cette même farine sert à la préparation de la *polenta*, dont les Italiens sont si friands.

Le *millet*. — C'est aussi une plante farineuse que l'on ne cultive dans nos départements que pour sa graine, que l'on donne en nourriture aux serins et aux chardonnerets, et aux autres petits oiseaux à bec dur. Dans certaines provinces du midi de la France, sa culture se fait en grand. Sa graine alors est livrée au commerce sous le nom de *gruau, semoule* ou *miesses,* que l'on appelle vulgairement du « manger blanc, » parce que c'est du manger maigre.

Le Maitre. — Et ce manger a une assez mauvaise réputation ; car en Gascogne, dans le Béarn, dans le Roussillon, on dit généralement d'un homme d'une intelligence bornée : « *Il a mangé du millet,* » et cependant le millet est une nourriture comme toute autre, ni bonne ni mauvaise, mais difficile à digérer. Le proverbe vient sans doute de ce que les oiseaux, qui sont grands parleurs, c'est-à-dire parleurs légers, en font une grande consommation dans leurs festins.

Il ne nous reste plus à voir que le sarrasin ou le *blé noir*, dont la culture a été introduite en Europe par les Polonais, qui l'avaient apprise eux-mêmes des Tartares.

Le *sarrasin* est la plante la plus rustique : elle vient sur les terrains les plus pauvres, les plus maigres, où ne pourraient même croître ni le seigle ni l'orge. En Bretagne, sa farine mêlée à l'eau, et cuite sous forme de galettes ou de bouillie, constitue la principale nourriture des habitants de la campagne. On cultive encore le blé noir pour le couper vert et le convertir en fourrage, ou bien pour l'enfouir et le réduire en engrais.

C'est là, mes enfants, tout ce que nous avons à dire sur les céréales ; nous allons donc aborder, et très-succinctement encore, la question des plantes légumineuses qui ont une importance presque égale à celle des céréales, parce qu'elles forment la principale nourriture des marins dans les voyages de long cours.

La grande culture ne compte que quatre plantes légumineuses, qui sont : les haricots, les fèves, les pois et les lentilles. Nous y ajouterons le *dolique* et le *riz* que l'on trouve dans le midi de la France.

Le haricot. — Parmi les légumes secs, le haricot occupe le premier rang comme le blé parmi les céréales. La nature en a fait deux divisions :

1° Les haricots *grimpants* ou *à rames ;* 2° les haricots *nains* ou *sans rames.*

C'est par centaines que l'on pourrait compter les variétés de haricots à rames connues aujourd'hui ; les principales sont : le haricot blanc de Soissons, le haricot-sable blanc, le blanc de Liancourt, le haricot rouge de Prague et le haricot noir ou haricot-beurre. Mais, en général, dans la grande culture, on ne sème que le haricot à grains blancs, dont l'écoulement est le plus facile.

— Il y a deux points importants à considérer pour le cultivateur qui veut ensemencer ses champs de haricots : 1° les dépenses et les difficultés qu'occasionnera l'achat des rames ; 2° la vente des grains.

Il est bien certain que dans un canton boisé les frais de *ramage* seront beaucoup moins considérables que dans un pays nu, éloigné de forêts ; mais ce pays boisé offrira-t-il des débouchés suffisants et faciles ?

Quant à la préparation du terrain, elle est, à peu de chose près, la même que celle du blé de printemps ; puis, là comme en une foule de circonstances semblables, c'est l'intelligence et la pratique du cultivateur qui sont les meilleurs guides.

Le haricot nain demande peu de soins et exige peu de frais. Les variétés les plus connues sont : le haricot nain de Soissons, le haricot-sable nain, le haricot-flageolet, si connu à Paris, le haricot nain de Bagnolet, et le haricot nain jaune du Canada.

ÉMILE. — Une question, monsieur le Maître. Les haricots, de même que les autres plantes grimpantes, comme le houblon, le liseron, s'enroulent-ils au hasard, de droite, de gauche, autour de la rame qui leur sert de support, ou bien suivent-ils certaines règles fixes ? Je n'ai jamais pu me rendre compte de leur manière de grimper, quoique j'aie souvent examiné nos perches de houblon.

LE MAITRE. — Je vous ai déjà dit qu'en histoire naturelle, il n'y a ni erreur ni hasard : tout est conduit par une sagesse infinie. — Au lieu de vous répondre moi-même, je vais vous lire une belle page de l'*Esprit des Plantes*, de Ed. Grimard..., un livre charmant entre tous, qui a toujours fait mes délices, et que je ne puis relire encore sans éprouver les plus douces, les plus saintes émotions. — Écoutez : c'est une leçon d'histoire naturelle, et en même temps une leçon de la plus saine philosophie.

« *Les improvisateurs.* — Les végétaux n'obéissent

» pas, comme l'ont cru et comme le croient encore cer-
» tains physiologistes, à une loi fatale de développement.
» Il est facile de remarquer chez eux de curieuses modi-
» fications d'allures, de moyens employés, et comme une
» sorte de faculté d'improvisation qu'ils adaptent aux
» circonstances imprévues. Qu'une plante éprouve, par
» exemple, le besoin de trouver un appui immédiat pour
» résister à une attaque ou reprendre une position per-
» due, et elle trouvera tel moyen, simple souvent, mais
» parfois remarquablement ingénieux, pour se garantir,
» se défendre ou reprendre son équilibre. Pour vous en
» convaincre, écoutez la petite histoire suivante d'un ha-
» ricot.

» Les tiges des végétaux offrent des variétés innom-
» brables. Il n'est guère de bizarre fantaisie qu'elles ne
» réalisent en fait de formes ou d'allures. C'est surtout
» parmi les tiges grimpantes ou sarmenteuses que se
» rencontrent les individualités les plus gracieuses et
» les plus originales. Les unes ressemblent à des rubans
» ondulés, les autres se tordent en larges spirales ou
» pendent en élégants festons; d'autres enfin, appelées
» *volubiles*, s'enroulent autour de tout appui, mais d'une
» façon spéciale et pas du tout au hasard. Ces tiges ont,
» en effet, la propriété singulière de toujours se diriger
» dans le même sens, quels que soient les obstacles
» qu'on puisse leur opposer. Le haricot et le liseron,
» par exemple, montent de gauche à droite, étant donné
» que la connexité de la tige soit tournée vers l'observa-
» teur, tandis que le houblon et le chèvre-feuille mon-
» tent de droite à gauche, dans les mêmes conditions de
» situations respectives.

» Notre haricot, donc, poussait sur une fenêtre. Il
» était robuste, vivace, et s'élançait, plein de résolution,
» à l'escalade d'une longue baguette plantée perpendi-
» culairement auprès de lui. Naturellement c'est de
» gauche à droite qu'il effectuait son ascension. Il pa-

» raissait si sûr de son fait, si insouciant de l'avenir, si
» convaincu qu'aucun obstacle ne saurait entraver son
» essor, qu'une idée malicieuse me vint. Je déroulai dé-
» licatement les quatre ou cinq anneaux supérieurs de
» sa tige, et les enroulai en sens inverse. Le pauvre ha-
» ricot me laissa faire, ne pouvant opposer à mes vio-
» lences qu'une protestation muette, puis demeura jus-
» qu'au lendemain immobile et comme plongé dans la
» stupeur. Je me le figurai du moins. Erreur! il se re-
» cueillait et prenait son parti. Ne pouvant défaire la
» vilaine besogne que j'avais faite, il laissa ses quatre
» anneaux supérieurs ainsi que je les avais retournés,
» mais ce fut tout; il s'arrêta brusquement, puis, cris-
» pant une feuille autour de la baguette, il s'en fit un
» point d'appui, et, se tordant sur lui-même, reprit sa
» marche normale, avec le juste orgueil d'un haricot qui
» a résisté à la tyrannie et accompli son devoir, sans
» transaction ni sans faiblesse.

» Eh bien, ce beau trait me fit réfléchir, et m'aurait
» laissé quelques remords vis-à-vis du pauvre haricot
» violenté, s'il ne m'avait fourni l'occasion d'y rattacher
» des idées d'énergie et de légitime obstination. Cette
» légumineuse a raison, me dis-je ; quand on suit une
» voie avec la conviction que celle-là est la bonne, pour-
» quoi céder à des influences qui, sans raisons sérieuses,
» cherchent à vous en détourner ? Je ne pus donc qu'ap-
» plaudir à la conduite de mon haricot intègre, en ad-
» mirant surtout cette feuille crispée pour les besoins de
» la situation, ce fait d'improvisation incontestable, par
» lequel il s'était mis en mesure de reprendre sa direc-
» tion normale, au moyen d'un point d'appui de son
» invention. »

Je continue, mes enfants.

La fève nous a été apportée d'Egypte et de Perse
par des navigateurs français, et quoiqu'elle soit à beaucoup près moins délicate que le haricot, la marine en

fait une énorme consommation. Elle est cultivée avec succès sur les terres à froment, et, avec une bonne fumure, elle donne même des produits très-satisfaisants sur les sols médiocres.

Joseph. — N'y en a-t-il pas une variété qu'on nomme la *fève de marais*, et que l'on cultive surtout sur les étangs mis en terrage?

Le Maitre. — On compte dans la grande culture trois principales variétés de fèves :

1° La *fève commune,* à laquelle on donne vulgairement et injustement le nom de « fève de marais. » — Je dis injustement, car elle ne peut croître dans les lieux humides, et n'est pas plus cultivée sur les étangs desséchés que sur les collines.

2° La *fève ronde* de Windsor.

3° Enfin la *fève verte de la Chine*, la plus précieuse à tous les points de vue, et ainsi nommée, parce qu'elle conserve sa couleur verte jusqu'à sa complète maturité.

Ce qui donne encore une plus grande importance à la culture de la fève, c'est que ses tiges sont pour les bestiaux un excellent fourrage ; mais, malheureusement, la graine est exposée aux ravages terribles d'un insecte dont je vous ai parlé maintes fois dans nos causeries sur les oiseaux et les insectes, et contre lequel il n'y a guère de préservatifs : le *puceron.* Je ne veux pas revenir sur l'histoire de cet insecte, que vous connaissez, et j'arrive à la culture des pois, qui ne nous arrêtera pas longtemps non plus, car la grande culture ne s'occupe que du *pois vert normand,* qui est excellent comme légume sec, et dont les tiges servent de fourrage. Quant aux petits pois, que l'on mange verts, ils appartiennent au jardinage, et nous les étudierons à leur tour.

Les lentilles.— Elles sont cultivées depuis la plus haute antiquité, puisque l'histoire sacrée rapporte qu'Esaü, le fils aîné d'Isaac, vendit son droit d'aînesse à son frère Jacob pour un plat de lentilles.— On en compte deux varié-

tés principales : la grande lentille et la petite lentille, ou
« lentille à la reine. »—Cette plante est peu exigeante, et
se plaît sur les sols légers plutôt que sur les terres fortes,
et elle redoute surtout la grande humidité. De même
que le pois, elle est souvent rongée intérieurement par
un insecte appelé la *bruche des pois,* que vous avez ap-
pris à connaître dans nos causeries sur les insectes.

Dans le midi de la France, et surtout dans le département du Var, on cultive en grand une autre légumineuse appelée le *dolique,* qui donne une graine d'un
gris noir, avec un point noir à la place du germe. Il ne
rame pas, et demande les mêmes soins que le haricot
nain ; mais il exige un climat chaud et, dans nos provinces, il n'arriverait jamais à maturité.

Le riz. — Cette plante, qui est originaire des Indes
et de la Chine, est cultivée en Europe, en Asie, en
Afrique et en Amérique, et depuis quelques années dans
la Provence, le Languedoc, le Roussillon, la Guyenne
et la Gascogne.

Il n'y en a qu'une seule espèce, mais qui compte
beaucoup de variétés : le riz sans arêtes, le riz avec
arêtes, le riz à grain plat, long, large, à grain rouge, le
riz barbu, le riz non barbu, etc.

Le riz ne prospère que sur un sol humide, susceptible
d'être inondé de temps à autre. La première irrigation
doit avoir lieu dix ou douze jours après la semaille ; cependant, il est assez difficile d'établir des préceptes ab-
solus, car, c'est bien ici le cas de dire avec le proverbe :
autre pays, autres mœurs. Ainsi, en Europe, on inonde
le terrain après les semailles, comme je viens de le dire ;
au Japon la submersion se fait avant l'ensemencement,
et en Chine elle n'a lieu que lorsque la plante couvre
déjà la terre. Il est vrai de dire que les habitants du
Céleste-Empire sont bien plus ingénieux que nous, pauvres Européens ; car leurs rizières sont établies sur des
îles flottantes formées de bambous entrelacés avec art

et recouverts de terre, de sorte que les racines de la plante plongent toujours dans l'eau. Sous un climat très-chaud, les *rizières* donnent deux, trois et même quatre récoltes par an ; mais ces terrains toujours humides, et d'où s'échappent constamment des gaz empoisonnés, engendrent des maladies dangereuses, surtout des fièvres endémiques. Ces dangers que présentent les rizières, s'opposent à la propagation de la culture de cette plante si utile et d'une digestion si facile.

On connaît cependant une variété de riz appelée *riz sec,* parce qu'il se cultive *à sec* comme les autres céréales ; mais jusqu'ici cette plante n'a pas donné de résultats assez avantageux pour que l'on puisse songer à la substituer au riz humide.

Si je ne craignais de vous fatiguer, mes enfants, je terminerais cette causerie par quelques mots sur une plante connue depuis bien peu de temps, mais qui pourtant s'est acquis déjà une bien grande célébrité : la pomme de terre.

Les Enfants, *en riant.* — Nous ne sommes nullement fatigués, et nous redoublerons d'attention, au contraire, pourvu que vous vouliez bien nous promettre bientôt une petite histoire, qui nous sorte un peu de l'agriculture...

Le Maître, *en riant.* — Oh ! j'y consens de grand cœur, et je commence d'abord par une histoire : l'histoire de la pomme de terre. — La pomme de terre appartient à la grande famille des Solanées, appelées vulgairement « les empoisonneuses, » parce que la plupart d'entre elles sont vénéneuses ou narcotiques, telles que la nicotiane, la mandragore, la jusquiame, la belladone, qui malgré son nom italien qui signifie *belle-dame* est, comme ses trois sœurs, un des poisons les plus violents et les plus célèbres.

Émile. — Mais cependant la pomme de terre ne renferme aucun principe malfaisant ; car alors tous les habitants de la campagne seraient empoisonnés, puisqu'elle compose la partie principale de leur nourriture.

LE MAITRE. — Tous les ouvrages sérieux d'histoire naturelle vous diront que, dans les régions équatoriales, la pomme de terre conserve les qualités naturelles véneuses de ses congénères, les empoisonneuses ; et que, pour lui faire perdre ces funestes propriétés, les naturels de ces contrées brûlantes enterrent la plante, de manière que l'extrémité seule des feuilles soit exposée à la chaleur du soleil. Mais sous une zone tempérée comme la nôtre, elle est non-seulement inoffensive, mais très-nourrissante et d'une digestion facile. Et pourtant, lors de son introduction dans notre culture, elle fut accueillie avec une méfiance que justifiait assez du reste toute sa parenté, et il ne fallut rien moins, pour tranquilliser les esprits, que le zèle infatigable et les savantes expériences du plus honnête homme et du chimiste le plus universellement connu de l'époque, Parmentier. Ce savant n'a pas même eu l'honneur de donner son nom à la plante qui lui avait coûté sa fortune et tant d'heures d'étude ; car le nom de *parmentière*, reconnu et adopté primitivement, n'a pas été consacré par le temps, et n'a pas survécu à l'ingénieux et tenace propagateur. Et aujourd'hui la *parmentière* s'appelle, en France, la pomme de terre ; en Virginie, l'openant ; en Angleterre, la batatte de Virginie ; en Italie, le tartafoli ; en Flandre, la patate ; et chez nos voisins les Allemands, le grundbiren (grombir).

La pomme de terre est originaire de l'Amérique méridionale, et elle croît naturellement dans les plaines de Lima et aux environs des Cordillières des Andes et du Pérou. On prétend que les Espagnols l'avaient déjà introduite en Allemagne avant le règne de Charles-Quint, qui, vous le savez, est né en 1500, et est mort en 1558 ; mais nous n'avons rien d'assuré à cet égard, et ce ne fut qu'en 1545 que le capitaine Hawkins la fit connaître à l'Irlande. Dans ce pays, on se préoccupa si peu de sa culture, qu'en 1623, l'amiral Raleigh la présenta à son tour comme une plante nouvellement découverte. Ce ne fut qu'un siècle et demi plus tard, et lorsqu'elle était déjà répandue en Angleterre, en Ecosse, en Saxe, en Prusse, que Parmentier l'importa en France, sous le règne de Louis XVI.

JOSEPH. — Mais on n'en voulut point d'abord, et il fallut employer la ruse pour décider les paysans à la cultiver sur leurs terres ; j'ai lu cela dans le journal d'agriculture de mon oncle.

LE MAITRE. — Cela est bien vrai ; et cependant Louis XVI lui-même seconda le mieux qu'il put les efforts de Parmentier. Il parut un jour, à une fête publique, tenant à la main un bouquet composé de fleurs de différentes variétés de pommes de terre ; chacun voulut imiter le roi et avoir dans son jardin la plante du Nouveau-Monde ; mais la fantaisie dura peu, et cette première tentative échoua contre le préjugé... Loin de se rebuter, le savant philanthrope s'acharna plus fortement que jamais à sa vaillante entreprise. Il loua des terres, cultiva lui-même sa précieuse solanée, en livra d'abord les produits à vil prix, puis les distribua gratuitement : personne n'en voulut... Certes il y avait de quoi décourager les plus entreprenants ; mais il n'est point de secret que l'amour du bien ne puisse inventer... Au milieu de toutes ces péripéties désespérantes, Parmentier eut une inspiration lumineuse : il se rappela la première faute de nos premiers parents, c'est-à-dire la première histoire du fruit défendu : la cause de la pomme de terre était gagnée.

Dès le commencement de l'année suivante, il ensemença de nouveau ses terres, et l'automne arrivé, il fit garder ostensiblement ses récoltes ; mais les gardes avaient reçu l'ordre de s'endormir pendant la nuit. Les *parmentières* eurent le sort du fruit défendu du Paradis terrestre : elles furent toutes volées, et dès lors la culture s'en répandit dans les diverses provinces de France.

C'est là l'historique de la pomme de terre, que l'on doit regarder à juste titre comme une plante d'une utilité de premier ordre.

La pomme de terre est généralement rangée parmi les racines alimentaires ; c'est une erreur que nous devons réfuter, car le *tubercule*, la partie que l'on mange, ne constitue pas du tout la racine, mais la *tige souterraine*. La racine est formée de longs fils chevelus qui pénètrent dans le sol quelquefois à d'assez grandes profondeurs.

Il n'est pas un habitant de la campagne qui ne connaisse parfaitement la culture de la pomme de terre ; ce serait donc perdre notre temps que de nous en entretenir. Aussi je ne vous parlerai que du choix de la semence, dont on ne s'occupe pas toujours assez. — Autrefois on ne plantait que les plus gros tubercules ; puis on a préféré les petits, et en dernier lieu on en est revenu aux premiers, que l'on coupe par morceaux munis chacun de plusieurs yeux. Les gros tubercules exigent une dépense très-grande, puisque la quantité est plus grande elle-même ; les petits peuvent être infertiles, parce qu'ils ne sont peut-être pas arrivés à maturité. Les moyens sont donc toujours les meilleurs, quelles que puissent être d'ailleurs les circonstances. Cependant, des expériences récentes et ordonnées par le maréchal Vaillant — qui est non-seulement un grand homme de guerre, mais encore un grand agriculteur — ont démontré que les fragments de grosses pommes de terre donnent les récoltes les plus satisfaisantes. Mais il faut avoir bien soin de les couper un jour au moins avant la plantation, afin qu'elles perdent une partie de leur eau de végétation, sans quoi elles seraient exposées à pourrir en terre.

Dans ces derniers temps, on a essayé encore de planter simplement des *pousses*, ou *germes* produits dans des caves, et le succès a dépassé l'attente : on a obtenu des résultats merveilleux ; mais je me garderai bien de vous garantir la recette.

Enfin, je dois ajouter encore que les pommes de terre *dégermées* ne sont bonnes ni pour la semence ni pour la nourriture. En les mangeant, on s'expose à des maladies dangereuses ; en les plantant, on hasarde de ne rien recueillir.

Voici maintenant les deux moyens les plus propres à guérir les pommes de terre ou à les préserver de la terrible maladie qui les a attaquées il y a quelques années.

1° Quand la maladie est bien reconnue, on saupoudre de chaux en poudre les pommes de terre attaquées ; et pour cette opération, on choisit un temps calme, et l'on agit dès le matin, à la rosée. Si la récolte entière n'est pas sauvée, le fléau est au moins arrêté dans sa marche.

2° Le second moyen consiste à faucher au niveau du sol les tiges de la plante ; on passe ensuite le rouleau sur la terre et l'on attend le moment de l'arrachage. — Ce remède est dû à M. Tombelle-Lomba, de Namur (Belgique).

ÉMILE. — Le topinambour n'est-il pas aussi une variété de la pomme de terre, quoique ses tiges soient beaucoup plus élevées ?

LE MAITRE. — Le topinambour, qui nous vient de l'Amérique du Nord, diffère de la pomme de terre, en ce que celle-ci est une plante annuelle, tandis que lui est une plante *vivace*, c'est-à-dire qu'une fois planté, comme l'asperge, le topinambour repousse indéfiniment.

Sa culture est à peu près la même que celle de la pomme de terre, et son tubercule sert à la nourriture des bestiaux.

CHAPITRE X.

18. Racines alimentaires et industrielles; sucre et alcools. — Plantes oléagineuses. — Le pavot et l'opium. — Le juge et le condamné.

LE MAITRE. — Puisque la pomme de terre nous a conduits à l'étude des *plantes-racines*, nous allons continuer et terminer notre leçon, par la *betterave*, qui s'est justement acquis le second rang dans la série.

Vers l'année 1760, le célèbre chimiste allemand Margraff annonça au monde savant qu'il avait trouvé le moyen d'extraire de la betterave un sucre cristallisable. Cette idée, appuyée pourtant par des expérimentations concluantes, fut accueillie assez froidement, quoique une fabrique de sucre indigène se fût établie en Allemagne. Ce ne fut que cinquante années plus tard, et lors du blocus continental, que Napoléon voulut affranchir l'Europe, et d'abord la France, de toute dépendance envers les colonies du Nouveau-Monde, relativement à la production du sucre. Achard, de Berlin, résolut enfin, et d'une manière péremptoire et définitive, la question tant agitée, et fit publier par tous les journaux de l'Europe qu'il pouvait produire du sucre de betterave et le livrer au commerce à 6 sous la livre. La nouvelle fut prise pour une farce, pour un canard, et l'Autriche, la Russie et l'Allemagne accablèrent de leurs sarcasmes le chimiste prussien. Mais bientôt le succès le vengea noblement, et, dès 1830, plus de cinq cents sucreries indigènes étaient établies sur notre territoire.

ÉMILE. — Ne se sert-on pas aussi de cette plante pour la fabrication de l'eau-de-vie?

LE MAITRE. — La betterave donne une eau-de-vie excellente, mais d'un goût âcre, désagréable, et que la science n'est pas encore parvenue à détruire complétement. Cette racine sert surtout à l'entretien du bétail, et ses feuilles, que l'on peut couper à différentes reprises, sont pour les vaches et les bœufs un véritable festin. Enfin, cuite au four et confite, elle nous donne une salade agréable et rafraîchissante. Vous connaissez tous la betterave comme la pomme de terre, et sa culture n'offre rien de particulier; nous passerons donc outre, si vous n'avez aucune observation à me faire.

JOSEPH. — Je ne connais pas la *canne à sucre*, moi, Monsieur; voudriez-vous, s'il vous plaît, nous donner quelques détails sur cette plante?

LE MAITRE. — Avec le plus grand plaisir, mon ami.

La canne à sucre, que l'on appelle aussi *cannamelle*, est une espèce de roseau qui croît naturellement, et comme le roseau de nos étangs et de nos marais, dans les Indes, aux îles Canaries et dans les contrées chaudes de l'Amérique : elle se plaît dans les sols gras et humides. — La plante s'élève à une hauteur de 3 à 4 mètres, et est d'une teinte jaune-verdâtre. Elle porte des nœuds espacés les uns des autres de 6 à 10 centimètres; ce sont ces nœuds qui donnent des rejetons, lors des plantations, qui sont de la plus grande simplicité. Pour cette opération, on couche les cannes dans des sillons parallèles entre eux, et, au bout de neuf ou dix mois, les nouvelles cannes sorties des nœuds sont mûres. Alors on procède aux travaux de la récolte. On commence par dépouiller les feuilles, puis on coupe les tiges près de la racine et on les broie sous une sorte de pressoir. Il en sort une liqueur douce, que l'on appelle *miel de canne* et qui produit le sucre.

Est-ce bien là ce que vous vouliez savoir, Joseph?

JOSEPH. — Oui, Monsieur, et je vous remercie.

LE MAITRE. — Continuons alors, et sans transition aucune, attaquons franchement les *plantes oléagineuses*, c'est-à-dire qui donnent des produits en huile. Elles sont au nombre de quatre seulement : le colza, la navette, le pavot-œillet et la cameline.

Le *colza* est un chou sauvage qui ne pomme pas comme ceux de nos jardins, et qui n'est cultivé, au contraire, que pour sa graine dont on extrait une huile à brûler excellente.

On en distingue deux espèces, celui d'hiver et celui de printemps.

Le colza d'hiver se sème au mois d'août. Il exige une terre riche, meuble, bien fumée et bien préparée. En septembre ou en octobre, on enlève les petits pieds qui ne pourraient résister aux froids de l'hiver, et l'on en repique de forts dans les endroits où ils ne seraient pas assez épais; ce travail peut se faire aussi au printemps, mais alors il est bien plus difficile.

Le colza se récolte vers le mois de juillet. On le faucille comme le blé, et on le bat dans le champ même à l'aide de chevaux que l'on promène sur les javelles placées sur une bâche. La paille n'est pas employée et est brûlée sur place.

Joseph.—Ne se sert-on pas aussi de la graine de colza pour la nourriture des petits oiseaux tels que le serin, le chardonneret?

Le Maitre. — Les éleveurs ignorants commettent quelquefois cette imprudence; mais ils sont bien vite punis de leur ignorance. La graine de colza échauffe les oiseaux, les rend poussifs et les fait mourir en peu de temps. La graine que vous avez vue dans des mangeoires d'oiseaux, est probablement de la graine de navette, qui est très-bonne, mais pourtant mêlée encore avec du chènevis et du millet.

Joseph. — Est-ce qu'il y a une grande différence entre ces deux plantes?

Le Maitre. — La différence n'est pas grande; elle consiste dans les feuilles qui sont lisses et blanchâtres dans le colza, rudes au toucher et plus vertes dans la navette. Au reste, l'une et l'autre demandent les mêmes soins; mais la navette vient dans tous les sols, surtout dans les sols sablonneux. La récolte se fait de même.

Le colza de printemps se plaît sur les sols frais, humides et même marécageux, pourvu qu'ils soient un peu desséchés et que l'eau n'y séjourne pas. On le sème en mai, et assez tard, parce que quand on devance cette époque, il est exposé aux ravages terribles des pucerons. Sa graine, du reste, n'est jamais aussi abondante ni aussi belle que celle du colza d'hiver; c'est pourquoi il est peu cultivé dans nos provinces.

Le Pavot. — Ce mot vient du latin *papaver*, qui lui-même fut formé de *papa*, bouillie, en langue celtique, parce que les Celtes faisaient entrer le suc de cette plante dans la bouillie qu'ils donnaient à leurs enfants, afin de leur procurer un sommeil plus calme et plus prolongé.

Examinons d'abord la culture de la plante, nous reviendrons ensuite sur son histoire et sur ses propriétés.

Personne de vous, mes enfants, ne pourrait nous faire la leçon?

Les Enfants. — Nous n'avons vu des pavots que dans nos jardins, et nous ne savons pas les conditions qu'ils exigent pour réussir.

Le Maitre. — Le pavot demande un sol de première qualité, fertile, profond, tenace : ce sont là les conditions indispensables au succès.

Cette terre doit être bien fumée, labourée deux fois à l'automne, et une troisième fois, mais superficiellement, au printemps. La graine devant être à peine recouverte de terre, il est nécessaire encore, avant la semaille, de donner deux hersages, l'un en long, l'autre en large, afin de pulvériser complétement la surface du sol.

Émile. — Alors le pavot remplace toujours une plante non épuisante?

Le Maitre. — Très-souvent, parce qu'il est lui-même très-épuisant, et je dois vous citer une particularité bizarre et qui n'a pas encore reçu d'explication satisfaisante. Après une récolte d'avoine, quoique le sol soit bien fumé, bien préparé, le pavot ne produit rien; et par réciproque, après une récolte de pavot, l'avoine aussi refuse de croître, même sur une terre excellente et couverte d'engrais.

ÉMILE. — Cependant l'avoine n'est pas exigeante?

LE MAITRE. — Non, certainement; mais le fait n'en est pas moins d'une incontestable vérité, car il a été expérimenté et démontré par tous les agronomes qui ont étudié cette question.

La culture du pavot demande des soins assidus et intelligents. Il doit être biné aussitôt qu'il est arrivé à une hauteur de 10 à 15 centimètres; mais cette opération ne peut être exécutée que par des ouvriers attentifs à leur besogne, car les tiges sont d'une délicatesse extrême, et toutes celles qui auraient reçu la plus légère blessure périraient quelques jours après. La graine est si fine qu'il n'en faut que 4 à 5 litres par hectare, et que, malgré l'adresse et l'expérience du semeur, la semence est toujours trop abondante, et, après le binage, il faut nécessairement éclaircir les pieds et les espacer de 20 à 25 centimètres au moins. Quand le pavot commence à former ses tiges florales, on donne un second binage avec les mêmes soins que le premier, puis on attend la récolte.

JOSEPH. — Il me semble qu'elle doit être bien difficile à opérer; car au moindre mouvement que l'on donne à la tête du pavot, les graines s'échappent.

LE MAITRE, *en riant*. — Aussi y met-on plus de précaution que pour celle du blé. Lorsqu'on s'aperçoit que les feuilles se dessèchent et que les têtes deviennent grises, on se prépare à la moisson. On arrache les tiges et l'on en forme de petites bottes que l'on dresse en faisceau. Vers la nuit, on prend ces bottes et on les secoue fortement au-dessus d'une cuve que l'on a apportée dans le champ même. On les place ensuite dans un tombereau dont le fond est revêtu d'une *bâche ;* on les ramène à la grange où on les bat au fléau, comme le blé.

Émile. — Quoique les graines soient bien petites, le rendement doit être assez élevé, car c'est par centaines qu'on les compte dans une tête.

Le Maitre. — Un seul pied peut donner 32,000 graines, de sorte que, d'après des calculs d'une exactitude mathématique, il suffirait de quatre générations de cette plante pour couvrir la surface entière du globe, si l'on semait toutes les graines produites. Le rendement est ordinairement de 15 à 20 hectolitres par hectare ; dans de bonnes conditions, il peut arriver jusqu'à 25 hectolitres ; ce qui est énorme, car la graine se vend cher et très-facilement.

C'est là, mes enfants, tout ce que j'ai à vous dire de la culture, et j'arrive à l'histoire de la plante. Émile, ne pourriez-vous nous prouver par un fait historique, que le pavot était connu des anciens?

Émile. — Oh ! pardon, Monsieur, je me rappelle très-bien qu'un roi de Rome, Tarquin, que son orgueil et sa cruauté avaient fait surnommer *le Superbe,* et qui régnait dans le vi^e siècle avant Jésus-Christ, se promenant un jour dans ses jardins avec Porsenna, roi d'Étrurie, lui demanda ce qu'il fallait faire pour régner en maître absolu. Porsenna répondit, en coupant de son épée toutes les têtes des pavots qui s'élevaient au-dessus des autres plantes. Tarquin comprit ; il fit assassiner tous les grands du royaume et, en effet, régna en maître ; mais plus tard il fut lui-même chassé de Rome et mourut dans l'exil à l'âge de quatre-vingt-dix ans.

Le Maitre. — Je vois avec un plaisir bien vif que vous savez votre histoire romaine, Émile. Voici un autre fait encore, et qui a rapport au même roi. Tarquin prétendait avoir reçu d'Apollon l'ordre de rétablir les fêtes *compitales,* que l'on célébrait dans les carrefours en l'honneur des dieux *Pénates* ou des dieux *Lares*, et de la déesse Mania, leur mère.

CHARLES. — Qu'étaient-ce que les dieux Pénates chez les anciens, Monsieur ? j'ai entendu souvent cette expression : *revoir ses pénates, rentrer dans ses pénates*, et je n'en ai pas trop compris le sens.

LE MAITRE. — C'étaient les dieux domestiques ou les dieux de la maison. Ils étaient enfants de Jupiter et de Mania, ou de Mercure et de Lara, d'où leur nom de Lares.

On les représentait sous la figure de petites statues que chacun plaçait dans sa maison. Non-seulement il y avait des dieux Pénates dans chaque famille, mais il y en avait encore de publics : pour les chemins, pour les rues, pour chaque ville. Rentrer dans ses pénates, signifie donc « rentrer sous le toit paternel, » c'est-à-dire revoir les dieux de sa famille.

Tarquin prétendait également qu'Apollon lui avait dit que, pour donner plus de solennité aux fêtes compitales, il fallait sacrifier des têtes. On sacrifia donc des enfants ; mais Brutus, vainqueur de Tarquin, expliqua l'oracle d'une tout autre manière : il dit que les têtes demandées par Apollon étaient des têtes de pavots. On adopta facilement cette signification, et l'on offrit des têtes de pavots ; et les dieux n'en parurent ni plus ni moins satisfaits. Ainsi le pavot, vous le voyez, était bien connu des anciens.

ÉMILE. — Et quel usage en faisaient-ils, Monsieur. En est-il question aussi dans leurs ouvrages ?

LE MAITRE. — Les Grecs en tiraient le suc qu'ils mêlaient à leurs aliments. Ils l'appelaient la déesse des moissons, parce qu'ils prétendaient que c'était Cérès qui en avait enseigné la culture aux hommes.

Les Romains faisaient entrer la graine de pavot dans la fabrication du pain.

Les Germains en usaient de même, et le naturaliste Matthiole rapporte que les habitants de la vallée du Trentin, dans la Styrie et la Haute-Autriche, se nourrissaient autrefois de gâteaux faits de farine et de graines de pavots.

Enfin les Polonais mangeaient autrefois ces graines, comme nous mangeons les fruits de nos jardins.

Aujourd'hui la graine de pavot est employée à la fabrication d'une huile précieuse, appelée *œillette*, et à la préparation de l'*opium*.

ÉMILE. — Nous connaissons tous l'œillette, que l'on emploie dans les assaisonnements, sur la salade, et dont se servent les peintres en la mêlant à l'*huile de ricin;* mais nous ne savons rien de l'opium; voudriez-vous nous faire connaître cette substance, Monsieur?

LE MAITRE. — L'usage de l'opium chez les Orientaux est presque aussi ancien que le monde, et son histoire se perd dans la nuit des siècles. Ce fut seulement en 1522 que le savant alchimiste Paracelse parvint à le préparer, et annonça au public qu'à l'aide de ce nouveau moyen thérapeutique il prolongerait indéfiniment la vie humaine. Le charlatanisme gâta l'œuvre du savant, et ce ne fut que bien plus tard, en 1818, que le chimiste Vauquelin présenta à l'Institut un opium extrait de pavots indigènes et possédant les mêmes propriétés que l'opium d'Orient.

JOSEPH. — Quel usage en fait-on chez nous, Monsieur? L'emploie-t-on comme chez les Chinois?

LE MAITRE. — Sous les noms de *morphine*, de *narcotine*, de *laudanum*, la médecine s'en sert comme remède, et des milliers d'individus lui doivent la santé qu'il leur a rendue. Dans les maladies incurables, et qui n'ont de terme que la mort, il procure un sommeil factice qui, s'il ne guérit pas, permet du moins au malheureux couché sur son lit de douleur, d'oublier un instant ses souffrances.

Malheureusement il est peu de bonnes choses dont l'homme n'ait pas abusé; l'opium, qui guérit chez nous, tue chez les Orientaux, qui en font un usage immodéré. Ils l'emploient avec excès, tantôt pour se donner une excitation passagère quand ils vont au combat..., tantôt, et trop souvent, pour se procurer des rêves extatiques, qui affaiblissent insensiblement le corps et finissent par anéantir l'intelligence.

Un dernier mot avant de parler de la *cameline*. En France, une dizaine de variétés de pavots croissent naturellement dans nos champs de céréales ; mais on en compte plus de trente espèces, et le botaniste Tournefort en désigne même quarante-quatre. Voici les plus intéressantes, tant pour l'élégance de l'ensemble que pour l'éclat des fleurs.

1° Le *pavot argémone* et le *pavot douteux :* l'un d'eux rouge ponceau, et l'autre d'un rouge plus pâle. C'est le coquelicot de nos moissons.

2° Le *pavot des Alpes*, d'un blanc jaunâtre, et qui croît dans les rochers et les terrains pierreux des Alpes.

3° Le *pavot à tige nue*, originaire de la Sibérie, et qui porte les fleurs jaune-orange.

4° Le *pavot oriental*, qui nous vient de l'Arménie, et dont les fleurs, d'un beau rouge cerise, peuvent acquérir un développement de dix centimètres de diamètre.

Émile. — Est-il cultivé en France, Monsieur? Nous n'avons en Lorraine que des variétés qui n'atteignent guère que quatre ou cinq centimètres.

Le Maitre. — Il est surtout cultivé en Provence et dans le Languedoc. C'est Tournefort, dont je vous parlais il y a quelques minutes, qui l'a apporté en France, en 1681, à son retour d'un voyage en Orient. Une graine plantée dans le Muséum d'histoire naturelle de Paris, produisit un pied qui ne fut transplanté que cent ans après, en 1781, à l'occasion de travaux exécutés sous la direction de Buffon. Mais ce pied centenaire mourut l'année suivante.

La *cameline,* que vous avez vue aussi dans mon jardin, est peu cultivée en France, excepté dans le Nord ; et cependant elle donne une huile très-fine : de plus, elle offre l'avantage de ne jamais être attaquée par les insectes, de croître sur les terres médiocres et de mûrir en trois mois. Enfin, ses tiges servent à fabriquer un excellent papier, un peu jaune, il est vrai, mais très-fort et propre à l'écriture.

ÉMILE. — Comment donc alors sa culture est-elle si peu connue ?

LE MAITRE. — C'est par un effet funeste de l'ignorance et de la routine.

Nous nous arrêterons là, mes enfants, et comme notre leçon n'a pas été bien longue, vous vous préparerez mieux, je l'espère, à notre première causerie, dont vous devrez faire vous-mêmes tous les frais ; car nous nous occuperons des plantes textiles, le lin et le chanvre que vous connaissez.

LES ENFANTS. — Oh ! nous vous promettons tous de parfaitement savoir la leçon ; mais, pour nous encourager, contez-nous encore une petite histoire ; il n'est pas l'heure de rentrer... non plus.

LE MAITRE, *en riant.* — Il serait plus simple, mes enfants, de convenir que nous terminerons chaque classe par un conte. Cependant, je ne veux pas répondre par un refus à votre demande ; mais n'oubliez pas que c'est un engagement que vous prenez d'être toujours plus attentifs.

LES ENFANTS, *riant aussi.* — Oh ! nous le promettons de grand cœur.

LE MAITRE. — Je vous ai dit bien souvent qu'une bonne action, quels qu'en aient été d'ailleurs le mobile et la cause, est une graine bienfaisante jetée au hasard dans le vaste champ du monde. Cette semence est parfois longtemps à germer et à croître, mais à un moment donné, elle récompense au centuple celui qui l'a semée sur son passage. En voici un exemple frappant.

LE JUGE ET LE CONDAMNÉ.

Le roi d'Angleterre, Charles Ier, — qui, quatre années plus tard, le 30 janvier 1649, devait porter sa tête sur l'échafaud, — venait d'être vaincu par les troupes des Parlementaires, à Nazerbi, et cherchait un refuge au milieu de l'armée écossaise. Les soldats de l'armée royale, échappés à la défaite, fuyaient, errants dans les montagnes, et plusieurs officiers pris les armes à la main étaient déjà détenus et attendaient dans les prisons la sentence de mort, que les juges établis par Cromwell dans chaque ville importante, allaient prononcer contre eux.

Parmi ces juges était sir Patrick, un petit homme sec, à la parole brève, saccadée, incisive. Il comptait parmi ses prisonniers lord Derby, un colosse aux épaules larges, à la voix tonnante.

— Colonel, lui dit sir Patrick, voici l'acte d'accusation porté contre vous. Je vais vous le lire; ne m'interrompez que lorsque je vous interrogerai. Quand j'aurai fini ma lecture, vous me ferez seulement vos observations, s'il y a lieu.

— Georges Derby, né à Glascow, le 4 mai 1613, par conséquent âgé de trente-deux ans, fils de Guillaume Derby, ami du comte de Stafford et de Marie d'Ormond. Est-ce bien cela?

— Très-exactement.

— Je continue donc. Georges Derby a fait ses études au collége de Westminster, où il est entré le 9 avril 1620 et d'où il est sorti le 9 avril 1630, pour s'engager dans l'armée royale de Charles Ier. Il s'est distingué dans toutes les batailles livrées aux Parlementaires par les troupes royales. Nommé colonel en récompense de ses brillants services, il a été pris, à la déroute de Nazerbi, en état de rébellion contre le Parlement. Est-ce encore vrai?

— Je n'ai ni un mot à ajouter ni un mot à retrancher.

— Alors vous serez fusillé, colonel.

— Gentilhomme et Écossais, j'ai obéi à mon devoir, j'ai suivi mon père dans l'armée du roi. Mon père est mort pour la bonne cause, et je succomberai à mon tour, sans autre regret que celui de n'avoir pas assez vécu pour voir le triomphe de Charles Ier.

Le juge écoutait d'un air distrait ces nobles paroles... son regard se perdait dans le vide... il semblait suivre au loin, dans l'espace, dans l'infini, une pensée qui s'enfuyait.

— Il vous reste une ressource encore, colonel, reprit-il d'une voix triste, implorer la clémence de Cromwell.

L'accusé sourit tristement.

— Cromwell est un traître à la patrie. Eussé-je dix têtes au lieu d'une, je les livrerais au bourreau plutôt que de descendre jusqu'à Cromwell.

Le juge suivait toujours sa pensée dans l'infini.

— Vous souvient-il, colonel, fit-il enfin avec un violent effort... vous souvient-il du collége de Westminster où vous avez passé, ainsi que le dit l'accusation, dix années de votre jeunesse?

L'accusé releva la tête. Ce n'était plus le timbre métallique, cassant, du juge qu'il entendait; c'était comme une voix connue, une voix aimée qui avait frappé son oreille autrefois, il y avait longtemps.

— Oh! le collége de Westminster, répondit-il, tout ému, et avec des larmes dans les yeux. Je m'y vois encore, il y a vingt ans, dans la première classe, qui n'était séparée de la deuxième que par un simple rideau. En face de moi, derrière le rideau et dans la deuxième classe, était Edward Patrick, un pauvre enfant tout fluet, tout faible, tout chétif, que j'aimais parce qu'il était faible, et que, moi, j'étais déjà fort! Je ne l'ai jamais revu depuis ma sortie du collége.

Le souvenir enivrant de ces belles et limpides années de l'enfance, souvenir qui nous suit partout, faisait oublier au prisonnier la situation terrible dans laquelle il se trouvait.

— Je vois encore, continua-t-il, mon pauvre petit Edward, un jour d'été où, fatigué par la chaleur, il s'était laissé aller à moitié endormi, et, pour ne pas tomber, s'était retenu au rideau, qu'il avait déchiré dans toute sa longueur. Il était tremblant, il pleurait, en voyant déjà la redoutable férule levée sur lui. Je me sacrifiai pour le malheureux enfant : « C'est moi le coupable ! » m'écriai-je... Ce fut là, je crois, un des meilleurs actes de ma vie... Dieu m'en tiendra compte, je l'espère, parce que j'ai souffert horriblement. Au lieu de douze coups qui étaient destinés à Edward, ce fut vingt-quatre que je reçus pour ne pas m'être avoué coupable tout de suite et pour avoir exposé un innocent à la punition. Aussi je ne pus m'empêcher, en revenant à ma place et en passant près de lui, de lui souffler à l'oreille : « Ne t'accroche plus au rideau, petit, car la férule fait mal. »

Le juge regardait l'accusé avec amour, et de grosses larmes roulaient sur ses joues amaigries par l'étude et le travail. Le prisonnier leva les yeux en ce moment : « Edward Patrick ! » s'écria-t-il.

— Oui, Edward, ton camarade d'études.

Et les deux amis de collége se jetèrent dans les bras l'un de l'autre, puis se rappelèrent mutuellement tous les épisodes de leur vie d'écolier.

— Les hommes, reprit enfin le juge de sa voix la plus caressante cette fois, oublient souvent les bienfaits ; mais Dieu se rappelle toujours ; c'est lui qui m'a jeté sur ton chemin pour te sauver de l'échafaud ; car j'arrive de Londres où j'ai obtenu ta grâce du Protecteur. Tu ne l'aurais pas demandée, je le savais ; mais j'ai été la chercher moi-même, parce que je t'ai reconnu à ton arrivée, il y a deux jours. — Georges, tu m'as dit, il y a vingt ans, en me montrant tes mains saignantes : « Petit, prends garde au rideau, car la férule fait mal. » A mon tour je te dirai : « Georges, la cause de Charles Ier est perdue ; ne prends plus les armes contre le Parlement, car Cromwell est difficile à fléchir. »

CHAPITRE XI.

16. Plantes oléagineuses, textiles, tinctoriales, à produits divers. — Histoire de la garance. — La cochenille.

LE MAITRE. — Si j'ai bonne mémoire, je crois me rappeler, mes enfants, que vous m'avez promis de préparer vous-mêmes notre leçon d'aujourd'hui ; leçon qui ne sera pas difficile, du reste, car il s'agit d'abord de deux plantes que vous avez constamment sous les yeux et que vous voyez cultiver chez vos parents. Je vais donc procéder par la méthode interrogative et commencer par Émile, qui porte toujours la parole dans les affaires difficiles, ce dont je le félicite bien sincèrement. Et comme il y a deux points principaux à examiner dans l'étude de ces deux plantes, — la *culture* et le *rouissage*, — nous allons, pour plus de clarté, procéder méthodiquement et commencer par la culture.

ÉMILE. — Le lin a deux objets d'utilité : la *graine* avec laquelle on fait de l'huile, et la *tige* qui sert à la fabrication de nos toiles fines.

LE MAITRE. — Permettez que je vous interrompe par une simple question. Pensez-vous qu'il y ait bien longtemps que le lin est connu et cultivé ?

ÉMILE, *en riant.* — C'est ce que j'allais dire, Monsieur ; car j'ai pris des notes sur vos ouvrages d'histoire naturelle. Il est bien certain que cette plante était connue des anciens, car l'Écriture sainte dit que les prêtres devront être vêtus de fin lin. De plus, les momies égyptiennes sont toujours entourées de bandelettes faites de toile de lin. Nous ne pouvons avoir aucun doute à ce sujet.

Il y a plusieurs variétés de lin; mais la seule que je connaisse et la seule cultivée ici, est le lin à fleurs d'un beau bleu de ciel.

Quoiqu'il ne serve pas à notre nourriture, le lin est cependant une de nos plantes les plus utiles, puisqu'il nous procure le linge, qui contribue non-seulement à notre parure, mais surtout à la conservation de notre santé. Les terres qui lui plaisent le mieux sont les terres argileuses, profondes, un peu humides. Les sols légers produisent du lin plus fin, mais moins grand, en petite quantité, et la graine dégénère facilement. Le lin épuise beaucoup les terres; aussi ne doit-on le semer dans le même sol qu'après une ou deux années de repos. C'est là tout ce que je sais sur la culture, Monsieur.

Le Maitre. — Les Hollandais, qui font un commerce très-important de toiles, cultivent en grand le lin, non sur leurs terres, qui sont légères et sablonneuses, mais surtout dans la Zélande, qui a du terrain gras, humide et compacte. Avant de procéder à l'importante opération de la semaille, ils préparent la terre avec un soin tout particulier; d'abord par des engrais et des amendements, puis par des labours fréquents, et en dernier lieu par la division du terrain en sillons de 15 à 20 mètres de large séparés entre eux par de petits fossés de 50 à 60 centimètres de profondeur sur 30 à 40 centimètres de largeur.

De cette manière, ils obtiennent des récoltes extraordinairement abondantes et un fil de beaucoup supérieur au nôtre.

On sème le lin par un temps doux et calme, et on ne

le récolte que lorsqu'il est parfaitement mûr. Souvent même, lorsqu'on destine le fil à la fabrication d'ouvrages très-fins, comme la batiste et la dentelle, on sacrifie la graine pour avoir la tige aussi mûre que possible.

Chez nous, on arrache le lin trop vert; c'est pour cette raison que l'on obtient du fil très-gros et beaucoup d'étoupes. Vous connaissez les autres travaux; Émile va donc continuer.

ÉMILE. — *Le chanvre.* — Il vient à peu près partout. Cependant il préfère les terres fraîches, sur les bords des cours d'eau; et comme il supporte mieux le froid que le chaud, il est plus cultivé dans le nord que dans le midi. Sa tige sert à faire de la toile, des voiles de vaisseaux, des cordes. Sa graine donne de l'huile.

Dans les campagnes, on se trompe généralement sur les noms de *chanvre mâle* et de *chanvre femelle*, et l'on donne justement à l'une des tiges le nom qui convient à l'autre. Le chanvre mâle est celui qui ne donne point de graines et qu'on arrache au mois de juillet; son fil est très-fin. Le chanvre femelle produit la graine appelée *chènevis;* il mûrit au mois de septembre et donne un fil grossier et dur.

LE MAITRE. — Cela suffit, mon ami. Joseph va nous expliquer, pour le lin et le chanvre, la fameuse opération appelée *rouissage*, à laquelle on soumet ces deux plantes pour en retirer le fil.

JOSEPH. — Il y a deux sortes de rouissage : celui pratiqué à l'air et le rouissage à l'eau. Le rouissage à l'air se fait en étendant en couches minces le lin ou le chanvre, sur une prairie naturelle ou artificielle. Par un temps pluvieux, il faut retourner fréquemment ces couches, afin d'empêcher la pourriture. Mais ce moyen, qui est pourtant le plus employé, est quelquefois très-long, puisqu'il dépend de la pluie, du soleil, de l'état du temps enfin.

Le rouissage à l'eau est beaucoup plus expéditif, et il se fait aussi de deux manières, dans une eau courante ou dans une eau dormante.

Dans l'eau courante, on place les tiges liées en petites bottes ; mais il faut que l'eau soit tranquille, propre et assez profonde.

L'opération dure huit ou dix jours, quelquefois plus, quelquefois moins.

Dans l'eau dormante, le rouissage est beaucoup plus sûr, puisque les conditions sont presque toujours invariables. Il dure dix ou douze jours. Dans les deux cas, il faut avoir soin de couper les têtes et les pieds du chanvre ou du lin, et de placer de grosses pierres sur les bottes des tiges, afin de les maintenir constamment à la même profondeur. Je ne sais que cela, Monsieur ; car je pense qu'il est inutile de nous occuper des autres travaux, qui ne sont plus le fait de l'agriculture, mais des ménagères et des chanvriers.

Le Maitre. — Cela suffit, en effet ; et il ne me reste qu'à ajouter que le rouissage dans les rivières et les ruisseaux est expressément défendu par la police rurale. En effet, l'eau dans laquelle les tiges ont été macérées devient si puante, qu'elle constitue un véritable poison pour ceux qui en boivent ; et les antidotes, les contre-poison les plus actifs restent souvent sans effet, ou ne remédient qu'imparfaitement aux désordres apportés dans l'organisation des personnes qui ont fait usage de cette eau corrompuè. De plus, ce rouissage occasionne aussi la destruction du poisson.

Le rouissage dans l'eau stagnante des mares, que l'on appelle pour ce motif *rouoir* ou *rutoir*, est moins dangereux pour la santé publique, mais il présente de graves inconvénients ; il produit assez souvent des fièvres inflammatoires très-pernicieuses aux habitants des campagnes. Il viendra un jour où, sans aucun doute, ce procédé sera expressément interdit comme le rouissage à eau courante.

Il y a une dizaine d'années, M. Lefébure, de Bruxelles, a inventé un procédé chimique grâce auquel le rouissage s'opère en moins de six heures et en toute saison. Seulement je ne puis que le signaler à votre attention, sans pouvoir vous donner de détails; car M. Lefébure a gardé le secret sur les moyens qu'il emploie. Son usine, établie en 1860, fonctionne à Bruxelles, rue Scharaye, 6.

Enfin, je vous citerai encore le procédé de M. Eberhardt, vétérinaire à Fulde, en Allemagne. M. Eberhardt mouille complétement le lin avec de l'eau, et dans cet état l'expose en couches très-minces, au mois de décembre ou de janvier, à l'action d'une gelée sèche. Ce lin complétement gelé est ensuite déposé dans une chambre fermée jusqu'au moment du dégel. Le moment arrivé, on fait sécher la plante au soleil, et l'opération est terminée. Ce procédé est certes de la plus grande simplicité; mais je dois le dire ici, M. Eberhardt ne le donne pas comme infaillible.

Nos études sur les plantes textiles s'arrêteront là, mes enfants, et je vais vous parler, mais d'une manière très-succincte, des cinq plantes tinctoriales cultivées en France, et qui sont : la *garance*, la *gaude*, la *renouée*, le *pastel* et le *safran*. J'ai dit « d'une manière succincte, » parce qu'il faudrait des volumes pour traiter ces questions, et que, de plus, il n'y a que les hommes spéciaux qui s'occupent de leur culture; et les cultivateurs de nos provinces s'exposeraient à des déboires bien douloureux, s'ils voulaient introduire ces plantes parmi leurs céréales.

La garance. — Les auteurs ne sont pas d'accord sur l'introduction de la culture de la garance en Europe. Les uns prétendent que cette culture est très-ancienne et que déjà, du temps de Jules César, les Gaulois s'en servaient pour teindre leurs étoffes, et le philosophe et géographe Strabon, qui vivait à cette époque, dit que les Aquitains mêlaient la garance au pastel pour obtenir une belle couleur violette. D'autres attribuent l'importation de la garance en Europe aux colonies grecques venues d'Orient...

Dans l'instruction générale pour les teintures, émanée de Colbert, et publiée en 1671, ce grand ministre entre dans tous les détails désirables pour la culture et la préparation de la garance. Tous ces faits sont relatés avec une précision, une clarté qui ne peut laisser aucun doute, et cependant voici ce que racontent d'autres auteurs.

Il y a une centaine d'années, et à l'époque où le comtat d'Avignon appartenait encore aux papes, un Persan nommé Alten, qui avait été autrefois esclave dans son pays et s'était fait chrétien, vint en Europe avec le missionnaire qui l'avait converti : il se fixa à Avignon. Dans les environs de cette ville, comme dans tout le midi de la France, la garance croît à l'état sauvage dans les haies, dans les bois, dans les vieilles murailles de jardin ; partout enfin où elle peut vivre tranquille. Alten, qui avait autrefois cultivé la garance en Orient, et qui, quoique esclave, était un homme très-intelligent, voulut tirer parti de ces plantes sauvages. Il les transplanta dans un jardin et leur donna tous les soins qu'exigent les garancières ; ces soins furent entièrement perdus, les racines ne donnèrent aucune matière colorante. Mais l'esclave affranchi était un de ces hommes que les difficultés ne font que stimuler ; il avait rêvé, calculé, mûri un projet audacieux, il voulut le réaliser ; et malgré les dangers sans nombre du voyage et les dangers plus grands encore que sa défection, son apostasie, pouvait lui faire courir chez ses frères les Musulmans, il retourna en Perse, et n'en revint que deux années après ; mais à son retour il apportait la graine de la garance cultivée en Orient, la garance *civilisée*, comme il le disait dans un mémoire adressé à l'Académie de Lyon. Tant d'efforts et de sacrifices devaient être couronnés du succès le plus éclatant. Alten réussit cette fois au delà de ses espérances, et eut ainsi la gloire et le bonheur de doter la France, sa patrie d'adoption, d'une source inépuisable de richesses nouvelles.

Il y a quelques années, le département de Vaucluse a élevé une statue à Alten. C'est là le plus beau témoignage de reconnaissance offert par toute une population à un bienfaiteur.

ÉMILE. — Comme nous ne connaissons pas la plante, voudriez-vous nous en faire la description, Monsieur, afin que nous en ayons au moins une idée.

LE MAITRE. — La garance produit des tiges d'un mètre à un mètre trente centimètres de hauteur. Ces tiges sont carrées, droites, grêles, noueuses, rudes au toucher; autour de chaque nœud il y a cinq ou six feuilles qui forment une sorte de collerette à la tige. Les feuilles sont longues et droites et garnies à leurs bords de dents fines et aiguës. Les fleurs naissent à l'extrémité des branches; elles sont petites, verdâtres, et donnent un fruit composé de deux petites baies qui sont d'abord verdâtres aussi, qui passent ensuite au rouge et finissent par devenir noires en mûrissant. Chacune des baies renferme une graine presque ronde.

Quant à la racine qui, elle seule, produit la couleur rouge, elle est longue, rampante, de la grosseur d'un crayon ordinaire, et s'enfonce assez profondément en terre.

ÉMILE. — La culture de cette plante exige-t-elle beaucoup de soins, Monsieur? car il me semble qu'elle doit différer entièrement de celle de nos céréales et de nos plantes-racines.

LE MAITRE. — La garance demande des travaux particuliers et ne donne de produit qu'après trois années de culture; c'est là une des principales raisons qui s'opposent à sa propagation dans toutes les provinces méridionales. De plus, elle exige une terre forte, humide dans le sous-sol; elle se plaît surtout sur les terrains marécageux qui ont été desséchés et qui sont bien exposés au soleil.

La garance peut se multiplier de trois manières : par la *graine,* par les *racines* et par le *provignage.*

La première de ces méthodes est la plus longue; car le plant qui provient de graines semées en avril ou mai ne peut être transplanté qu'après la deuxième année. Pour la reproduction par les racines, il suffit d'en garder quelques-unes en terre ; au printemps suivant, elles repoussent et donnent des tiges. Quant au provignage, il se pratique comme sur la vigne. Au moment des récoltes, on couche en terre de jeunes tiges qui prennent racine et que l'on replante ensuite.

Les autres soins de culture qu'exige cette plante sont tout à fait les mêmes que ceux que nous donnons aux betteraves; il faut tenir constamment la terre très-propre au moyen de sarclages fréquemment répétés.

Au mois de septembre de la première et de la deuxième année, on fauche l'herbe de la garance. Cette herbe fournit un très-bon fourrage pour les vaches ; elle a de plus la propriété bizarre de rendre le lait beaucoup plus abondant et de lui donner une teinte d'un beau rouge pâle.

La récolte se fait au mois d'octobre ou de novembre, et les racines bien séchées sont livrées au commerce.

ÉMILE. — N'est-ce pas aussi la garance qui teint en rouge les os des animaux qui mangent ses racines?

LE MAITRE. — C'est elle, et à ce sujet on a prouvé d'une manière irréfutable que, contrairement aux minéraux, les animaux croissent de l'intérieur à l'extérieur. Le naturaliste Belchier, et après lui Duhamel, a démontré la vérité de ce principe en opérant sur des petits porcs.

Belchier se procura douze porcs de deux mois environ, et les soumit exclusivement à une nourriture composée de racines de garance. Après quinze jours de ce régime, il tua un de ses pensionnaires, et il remarqua que l'intérieur des os était d'un rouge cerise magnifique, à une épaisseur d'un demi-millimètre à peu près. La moelle et l'extérieur des os avaient conservé leur couleur ordinaire. Il continua ses expériences et tua un deuxième porc quinze jours après la première vérification. Les os étaient teints, cette fois, à une épaisseur de près d'un millimètre. La progression fut la même pour le troisième, le quatrième et le cinquième porc. Et enfin le sixième animal, tué après trois mois de régime, avait les os complétement rouges.

Belchier, qui certes pouvait fort bien être convaincu, ne s'arrêta pas à ces preuves, manifestes pourtant. Il changea subitement la nourriture des six porcs qui lui restaient, et ne leur donna plus que du son, de l'avoine et du lait. Quinze jours après cette modification apportée dans leur régime, il sacrifia une nouvelle victime dont les os, rouges à l'intérieur, étaient en dehors, et à une épaisseur d'un demi-millimètre, d'une blancheur éclatante. En un mot le phénomène qui s'était produit d'une manière ascendante, se présenta avec la même régularité, mais d'une manière décroissante depuis le changement de nourriture : le dernier des douze porcs avait les os tout à fait blancs.

Émile. — Et la chair avait-elle changé?

Le Maitre. — Toutes les autres parties de l'animal avaient conservé leur couleur naturelle, sans aucune altération.

Émile. — N'avons-nous que la garance pour produire la couleur rouge? Je crois avoir lu que le carmin s'obtient au moyen d'un insecte.

Le Maitre. — La garance est employée en général pour la teinture des laines, et surtout pour les pantalons des soldats. Elle a une couleur peu éclatante, mais cette couleur est inaltérable à l'air, au soleil; c'est la plus tenace que l'on connaisse. Depuis quelques années aussi elle remplace le carmin, dans la peinture à l'huile ; c'est au savant chimiste Thénard, que l'on doit l'invention du procédé employé pour l'extraction de cette couleur. Quant au carmin pur, il a une nuance plus vive, plus fraîche, plus riche ; mais il coûte énormément cher. Le carmin, de même que le rouge écarlate, le rouge cramoisi et le rouge pourpre, est produit par un insecte appelé *cochenille*. Les espèces principales sont la *cochenille kermès* ou *écarlate*, la *cochenille laque carminée*, la *cochenille du nopal* et celle du *chêne*. Si nous en avions le temps, je vous conterais l'histoire de cet insecte, qui offre des particularités assez remarquables ; mais ce sera pour une autre fois, lorsque nous étudierons les insectes curieux de la nature.

Les Enfants. — Oh ! Monsieur, pourquoi remettre à une autre fois cette histoire ? Dites-la aujourd'hui, puisque l'occasion se présente ; nous resterons une heure de plus en classe, si vous le voulez, et s'il le faut.

Le Maitre. — J'y consens avec plaisir, puisque vous le désirez ; seulement nous nous arrêterons moins longtemps à nos autres plantes tinctoriales qui, du reste, ont beaucoup moins de valeur que la garance.

Pour commencer comme les savants, je vous dirai donc que la cochenille est de l'ordre des *hémiptères* (mot que je vous ai expliqué autrefois et sur lequel je ne reviendrai pas), et de la famille des *gallinsectes*, ainsi nommée par Réaumur, et désignée aujourd'hui sous le nom plus sonore et plus connu surtout de *coccidés*.

Le mot gallinsectes signifie *insectes à galles*. Il a été donné à la famille, parce que ces insectes présentent dans leur état d'immobilité l'apparence des excroissances végétales que l'on rencontre sur les chênes, les peupliers, et que l'on appelle *galles*.

Le mot *coccidés*, lui, signifie « couleurs brillantes. »

Émile. — Et il a été, sans doute, appliqué à cette famille parce que ces insectes produisent des couleurs tranchantes, voyantes, brillantes enfin.

Le Maitre, *en riant.* — Vous avez deviné parfaitement juste.

La cochenille est un insecte très-petit, car cinq ou six cents bien desséchés ne pèsent qu'un gramme.

Émile. — Cependant vous avez dit que ces insectes formaient, sur les plantes, des excroissances semblables aux galles du chêne.

Le Maitre. — Sans doute, et en voici l'explication. La femelle cochenille n'a point d'ailes et elle se fixe au végétal, dont elle aspire la séve par une sorte de bec pointu comme la plus fine des aiguilles. Le moment de sa ponte arrivé, elle fait passer sous son ventre ses œufs, au nombre de plusieurs mille quelquefois. Alors sa mission étant accomplie, elle meurt; sa peau se distend énormément, couvre tous les œufs, puis se dessèche et forme une sorte de dôme, qui alors ressemble à la petite galle du peuplier. L'explication est-elle satisfaisante, Émile ?

Émile, *tout rêveur.* — Oui, Monsieur; et tout cela est réellement admirable. Alors les petites cochenilles naissent dans le corps desséché de leur mère ?

Le Maitre. — Le squelette maternel sert en effet de berceau à la jeune famille. Vous voyez qu'il n'est pas nécessaire d'avoir recours aux fables de la mythologie païenne pour trouver des exemples de mères se déchirant le sein pour nourrir leurs enfants.

Voici maintenant le procédé employé au Mexique pour la propagation de la cochenille, science que l'on appelle *cocciculture.*

L'Indien de Guaxara ou d'Oxaca choisit, dans ses domaines sans limites, une étendue de terrain d'environ un hectare, bien abritée des vents du nord et de l'ouest. Il entoure sa propriété d'une fortification de roseaux géants ou bambous. Il cultive sa terre avec les soins et les connaissances pratiques d'un vieil agronome; et sur cette terre bien préparée, débarrassée d'herbes étrangères, il plante des boutures de nopals, écartées les unes des autres de 25 à 35 centimètres environ. Le nopal est une plante grasse qui ressemble au cactus vulgaire, que vous connaissez, et qui croît comme le saule de nos ruisseaux. Au retour du printemps mexicain, vers la mi-octobre, le cocciculteur sème la cochenille sur ses nopals, c'est-à-dire qu'il place sur leurs larges feuilles, les cochenilles femelles qu'il a eu soin de conserver en hiver, ou qu'il a recueillies sur les plantes sauvages de la vallée. Alors l'Indien se repose et attend l'œuvre de la nature. Le moment de la récolte arrivé, il recueille ses cochenilles, les fait sécher, soit au four, soit sur des plaques de fer chaud, les enferme dans des boîtes faites de bois d'Inde et les expédie en Europe.

Telle est, mes enfants, mais en quelques mots, l'histoire de la cochenille.

ÉMILE. — Les cochenilles arrivées en Europe ne sont-elles pas soumises encore à d'autres préparations pour donner le carmin?

LE MAITRE. — Pour obtenir le carmin, il suffit de prendre une pincée de poudre de cochenille, de la faire dissoudre dans de l'ammoniac, et le carmin est tout préparé.

Aujourd'hui, la cochenille est cultivée, non-seulement au Mexique, mais encore aux îles Canaries, à Saint-Domingue, dans plusieurs îles de l'équateur et même dans notre colonie d'Afrique, où elle a été introduite en 1831 par M. Limonnet, pharmacien à Alger.

La Gaude. — Cette plante donne la couleur jaune que les teinturiers emploient pour les étoffes ordinaires. Par son port et par ses fleurs, elle ressemble au réséda de nos plates-bandes. Elle croît naturellement dans les champs, sur les bords des chemins, le long des haies et des forêts. Elle se plaît sur tous les terrains, même sur les sols pierreux. On la sème au printemps et on la récolte en automne. La récolte est assez difficile à opérer; car il faut arracher les tiges, attendu que ses racines et ses feuilles contiennent en grande quantité la matière colorante que l'on recherche. Aussitôt qu'elle est sèche, on en forme des bottes qu'on livre aux teinturiers.

La gaude est fort peu cultivée en France; il en est de même du *safran*, qui donne également une couleur jaune, mais plus claire, et que l'on ne connaît guère que dans le département du Loiret. Le safran se reproduit comme nos tulipes, au moyen d'oignons que l'on plante en juin et juillet. Le travail minutieux de la récolte exige beaucoup de bras; aussi il n'est pas possible d'introduire cette plante dans la grande culture.

ÉMILE. — Quelle est la partie de la plante qui donne la couleur?

LE MAITRE. — C'est le *pistil*, c'est-à-dire ce petit fil qui se trouve au milieu de la fleur, et qu'il faut détacher au moment de la récolte.

Le *pastel* produit la couleur bleue : il a perdu beaucoup de son importance depuis que les colonies nous fournissent l'*indigo*, et, sans aucun doute, il disparaîtra complétement de notre culture dans peu d'années. Le pastel se sème au printemps, et demande les mêmes soins que nos céréales. C'est sa feuille qui donne le principe colorant.

Mes enfants, nous terminerons là notre causerie, parce qu'il ne nous serait pas possible de compléter aujourd'hui nos études sur le tabac, le houblon et la vigne, et que je n'aime pas les leçons interrompues.

CHAPITRE XII.

16. Plantes à produits divers (*suite*). — Le tabac. — Le houblon. — Le fumoir du peintre. — Le tombeau de Falconnet. — Les parfums.

Le Maitre. — Avez-vous lu quelque part, mes enfants, le fameux dialogue rétrospectif relatif au tabac, et si spirituellement imaginé par notre aimable écrivain, Alphonse Karr, devenu, depuis quelques années, horticulteur passionné?

Les Enfants. — Nous n'en avons jamais entendu parler, Monsieur.

Le Maitre. — S'il en est ainsi, je vais vous le lire; il nous servira d'entrée en matière.

« Représentez-vous, il y a trois cents ans, au moment où l'ambassadeur Nicot allait apporter en France, en 1559, le premier spécimen de tabac, pour l'offrir à Catherine de Médicis; représentez-vous un homme qui aurait demandé audience au cardinal de Lorraine, et lui aurait dit :

» Monseigneur, les finances de l'État doivent être dans une situation assez piètre. Je viens vous proposer l'établissement d'un impôt qui, sans oppression et sans faire élever la moindre plainte, fera entrer dans vos coffres, dans un temps donné, aux environs d'une centaine de millions, impôt volontaire auquel personne ne sera astreint et auquel tout le monde contribuera.

— Voyons votre projet, aurait dit le cardinal de Lorraine.

— Le voici, Monseigneur : il s'agirait, pour l'État, de se réserver le privilége exclusif de vendre une herbe que l'on réduirait en poudre et que l'on se fourrerait dans le nez. On pourrait également laisser cette herbe en feuilles et la mâcher, ou encore la brûler et en aspirer la fumée. »

Si par hasard le cardinal avait écouté jusqu'au bout, il aurait dit :

— C'est donc un parfum plus délicieux que l'ambre, la civette, la rose?

— Non, aurait répondu le postulant; ça sent, au contraire, assez mauvais.

— C'est donc une panacée, une thériaque, un orviétan ayant des propriétés merveilleuses et disputant l'homme à la destinée du trépas?

— Non; l'habitude de respirer cette herbe en poudre diminue la mémoire et détruit la finesse de l'odorat; elle cause des vertiges et a produit quelques exemples de cécité et surtout d'apoplexie. Mâchée, cette herbe rend l'haleine infecte et cause de terribles désordres dans l'estomac. Quand on aspire la fumée, c'est une autre affaire : les premières fois qu'on en essaiera l'usage, on aura des maux de cœur, des nausées, des vertiges, des coliques, des sueurs froides. Mais, avec le temps, on s'y habituera au point de n'éprouver plus ces symptômes que de temps à autre, et seulement quand on fumera de mauvais tabac ou du tabac trop fort, ou quand on sera mal disposé; les uns, lorsqu'ils auront mangé; les autres, quand ils n'auront pas mangé, et dans cinq ou six autres cas. Les ouvriers employés à cette fabrication sont maigres, ont le teint hâve, sont sujets aux coliques, aux vomissements, à la céphalalgie, aux vertiges, au tremblement musculaire et aux affections aiguës et chroniques de la poitrine...

— Mais c'est un poison, cette herbe-là! aurait dit le cardinal de Lorraine, toujours en admettant qu'il aurait écouté l'homme au delà de sa première phrase.

— Un des plus actifs connus, aurait-on répondu.

— Et alors, combien croyez-vous qu'il y ait d'imbéciles et de fous qui consentiraient à fumer cette herbe ou à s'en fourrer la poudre dans le nez?

— Il y en aura un jour plus de trente millions, Monseigneur.

Le cardinal de Lorraine l'eût fait jeter à la porte ou l'eût fait enfermer comme fou, quoique le cardinal de Lorraine ne fût pas ennemi des projets hardis.

Eh bien! le cardinal de Lorraine se fût trompé : les Français, aujourd'hui, brûlent, aspirent, mâchent et se fourrent dans le nez une telle quantité de tabac, que l'État y gagne, bon an, mal an, un petit revenu de 180 millions de francs. »

Émile. — Et tout cela est bien vrai, Monsieur?

Le Maitre. — Oh! de la plus exacte vérité; je vais vous le démontrer par des faits.

Lorsque Christophe Colomb débarqua, le 12 octobre 1492, à l'île de Guanaharri, les Espagnols, ses compagnons de périls et de gloire, éprouvèrent une surprise bien singulière, en voyant les insulaires brûler sur des charbons ardents, une plante toute verte dont, au moyen de longs tubes appelés *tabaco*, ils aspiraient la fumée, qu'ils rejetaient ensuite par la bouche ou par le nez. On a dit que le singe est imitateur; l'homme ne l'est guère moins. Les Espagnols, rêvant des voluptés inconnues, voulurent imiter les indigènes; mais ils éprouvèrent bientôt ce que ressentent les jeunes fumeurs : des nausées, des vertiges, des maux d'estomac et des vomissements qui les rebutèrent, pour quelque temps du moins, de l'envie de fumer.

Émile. — C'est alors, de ce nom de *tabaco* que les Américains donnaient à leurs tuyaux, qu'est venu le nom de tabac?

Le Maitre. — C'est-à-dire que l'on n'est pas tout à fait d'accord sur ce point, qui est peu important, du reste : les uns prétendent en effet que le mot « tabac » vient de « tabaco, » comme vous le dites, Émile; d'autres disent qu'il vient de l'île de Tabago, l'une des Petites-

Antilles, où les Espagnols ont découvert cette plante.

Ne discutons pas sur les mots, laissons ces questions aux savants et continuons.

Il n'est pas possible d'assigner de date précise à l'époque à laquelle les Indiens ont commencé à faire usage du tabac; car, dans les tombeaux les plus anciens que l'on a découverts dans l'Amérique du Nord, on a trouvé des pipes grossières de terre glaise cuite au feu.

Les historiens rapportent également que les anciens Gaulois et les Germains, au milieu de leurs immenses forêts, avaient des habitudes semblables. Mais, au lieu de tabac, ils se servaient de chanvre commun qu'ils brûlaient sur des pierres rougies au feu, et s'enivraient de ces vapeurs comme leurs prêtres, les druides, devant les idoles de Teutatès et d'Irminsul.

ÉMILE. — Les Indiens se servaient-ils de tabac à priser, à mâcher, comme on le fait aujourd'hui ?

LE MAITRE. — Non-seulement ils le prisaient et le *chiquaient*, pour me servir de l'expression technique, mais encore ils s'en servaient comme substance pharmaceutique, dans le traitement de certaines maladies.

ÉMILE. — Mais je croyais que le jus de la plante était un poison.

LE MAITRE. — La *nicotine*, que l'on extrait du tabac, est en effet un de nos poisons les plus violents; mais, de même que l'arsenic, employée à petite dose elle peut devenir un remède puissant. Ces questions étant du domaine des sciences médicales, nous les abandonnerons et nous continuerons notre leçon.

Le tabac fut apporté en Europe vers l'an 1560, par Nicot, ambassadeur de France en Portugal.

De Nicot, il prit le nom de *nicotiane*, d'où nous avons fait le mot *nicotine*. On l'appela ensuite « herbe du grand-prieur, » parce que Nicot, à son arrivée à Lisbonne, le présenta d'abord au grand-prieur de France, prince de Lorraine; puis « herbe à la reine, » parce que Nicot, après en avoir fait hommage au grand-prieur, l'offrit à la reine Catherine de Médicis.

Enfin le tabac reçut encore les dénominations d'herbe de Sainte-Croix, herbe de Torna-Buona, du nom des cardinaux Sainte-Croix et Torna-Buona, qui, les premiers, en répandirent l'usage en Italie.

Mais partout les goûts n'étaient pas les mêmes, car plusieurs princes, plusieurs souverains en proscrivirent la culture dans leurs États. Amurat IV, empereur des Turcs, le czar Michel Fédérovitz, aïeul de Pierre le Grand, et un roi de Perse, en défendirent l'usage à leurs sujets, sous peine d'avoir le nez coupé, et, dans le cas de récidive, il y avait peine de mort. Et le genre de mort était même horrible. On plaçait le condamné au milieu d'un tas énorme de tabac; on allumait ce bûcher d'un nouveau genre, et on entretenait ce feu jusqu'à ce que le malheureux fût entièrement grillé et racorni. En Suisse, les lois étaient aussi sévères.

Et enfin le pape lui-même, Urbain VIII, lança une bulle d'excommunication contre ceux qui prisaient dans les églises. Certes, c'est bien ici le cas de dire encore : autre temps, autres mœurs.

Le tabac croît naturellement aux Antilles, où il produit un arbuste vivace qui atteint parfois plusieurs mètres de hauteur. En France, c'est une plante annuelle qui dépasse rarement un mètre d'élévation.

Il se plaît surtout dans les terrains frais et convenablement fumés. On sème le tabac par couche au mois de mars. Vers la fin de mai ou aux premiers jours de juin, on repique les plants et l'on a soin de les préserver, autant que possible, des vents du nord. La récolte dure assez longtemps; et, ordinairement, si le temps a été favorable, elle commence six ou sept semaines après la transplantation. On cueille d'abord les feuilles inférieures lorsqu'elles deviennent d'un vert jaunâtre, et l'on renouvelle l'opération tous les huit jours, c'est-à-dire au fur et à mesure que les feuilles mûrissent. Le tabac est une plante épuisante, et sa culture ne peut guère se renouveler sur le même terrain que tous les trois ans.

Je ne puis entrer ici dans tous les détails que demanderait la préparation du tabac à fumer, des cigares, du tabac à chiquer et à priser; c'est là une question qui n'est pas dans nos programmes, et je ne vous parlerai plus que des effets du tabac.

Le principe malfaisant contenu dans le tabac est désigné, je vous l'ai déjà dit, sous le nom de *nicotine*.

La nicotine est un poison aussi violent que *l'acide prussique*, le plus puissant poison connu. Les expériences nombreuses qui ont été faites sur des animaux, ne laissent aucun doute à cet égard. Voici quelques-unes de ces expériences.

M. Cl. Bernard, membre de l'Académie des Sciences, s'est procuré un chien de forte taille et en parfaite santé. A la partie interne de la cuisse gauche, il a fait une incision très-légère, de manière à pouvoir soulever et décoller la peau sur une longueur de 2 à 3 centimètres, mais sans attaquer les chairs et sans faire couler le sang. Le savant expérimentateur a ensuite déposé trois gouttes de nicotine dans l'ouverture. Le chien n'a paru d'abord éprouver aucun malaise; mais après deux minutes, la respiration devint gênée, pénible; après trois minutes, l'animal chancela, tourna sur lui-même, se heurtant contre les murs, les tables, les chaises; après onze minutes, il vomit une matière verdâtre semblable à de la bile. Alors il parut soulagé, et, après une heure et quart, il était rétabli.

Une vipère, dans la plaie de laquelle M. Bernard introduisit deux gouttes de nicotine, périt en quelques secondes. Des poules périrent en quelques secondes aussi, après que le savant leur eut passé sous la peau un fil trempé dans le poison. Le savant Murray rapporte que trois enfants moururent en vingt-quatre heures, au milieu d'horribles convulsions, pour avoir eu la tête frottée avec un onguent de tabac.

En 1865, un ouvrier est mort en dix heures, pour s'être endormi sur un tas de feuilles de tabac, à la manufacture de Paris.

Il est inutile de multiplier les exemples, et je ne vous citerai plus que notre grand poëte Santeuil, mort, en 1697, après quatorze heures de douleurs atroces, au château du duc de Bourbon, gouverneur de la Bourgogne, pour avoir bu un verre de vin dans lequel on avait mis du tabac.

Voici maintenant d'autres faits relatifs à l'abus du tabac, et qui prouvent plus que suffisamment combien il faut mettre de modération dans le plaisir de la pipe et du cigare. Le savant physiologiste Marschall-Hall cite un jeune homme qui, après avoir fumé dix-sept pipes, faillit mourir dans les convulsions.

Le docteur Helling cite également deux jeunes gens qui, ayant fait le pari de fumer le plus grand nombre de pipes possible, furent pris de convulsions et moururent.

Et enfin, en 1867, les grands journaux de France ont tous raconté l'histoire de ce jeune fou qui mourut, après deux heures de souffrances horribles, pour avoir fumé, par bravade, vingt-cinq cigares.

Je sais bien que tous ces faits ne sont que des exceptions; mais ils doivent néanmoins nous servir de leçon et nous prémunir contre une habitude qui, quoique innocente au point de vue moral, a parfois de si tristes résultats.

Depuis quelques années, le tabac est cultivé dans plusieurs provinces de France; mais les tabacs les plus renommés nous viennent du Brésil, de Bornéo, de la Virginie, du Maryland, du Mexique, de la Havane, de l'Italie, de l'Espagne, de la Hollande, de l'Angleterre, de la Syrie, de la Morée, de l'Égypte, de la Dalmatie, de la Croatie, de la Hongrie, de l'Ukraine, de la Livonie et de la Poméranie.

ÉMILE, *en riant.*—Alors les goûts des fumeurs doivent être aussi différents que les odeurs de ces tabacs?

LE MAITRE, *en riant aussi.* — Oh! rien peut-être n'est aussi varié et aussi curieux que les goûts des fumeurs, et, si le temps ne nous pressait, je vous donnerais la description d'un fumoir que j'ai vu autrefois chez un artiste de mes amis.

LES ENFANTS, *en riant.* — Faites-nous cette description, Monsieur; c'est là un sujet inconnu pour nous.

LE MAITRE. — Ce sera un peu long; mais, s'il le faut, nous prolongerons notre séance; car nous avons encore beaucoup à étudier pour aujourd'hui.

LE FUMOIR DU PEINTRE. — LE TOMBEAU DE FALCONNET.

Il y a une vingtaine d'années je fis, d'une manière très-singulière, très-bizarre, la connaissance d'un jeune peintre de grand avenir et que la mort enleva à la gloire il y a quelques mois.

J'étais jeune alors et je voyageais en touriste, étudiant chaque insecte qui pouvait m'offrir quelques particularités remarquables, m'arrêtant à chaque vieux pan de muraille qui pouvait m'offrir quelque souvenir du passé.

Le hasard m'avait conduit en Lorraine, dans la Meurthe; et je ne voulais pas quitter cette terre du grand sculpteur Falconnet, sans avoir visité son tombeau à Marimont. J'étais donc à Marimont.

ÉMILE. — Pardon, monsieur le Maître, qu'est-ce que Falconnet? Je n'en ai jamais entendu parler.

LE MAITRE. — Falconnet est un artiste français, né à Paris en 1716 et mort en 1791. Il est l'auteur de la statue de Pierre le Grand, placée à Saint-Pétersbourg, à l'extrémité occidentale de l'Amirauté et en face de l'église d'Isaac. C'est la plus correcte et incontestablement la plus belle statue qu'ait exécutée le génie humain. Celle de Louis XIV, sur la place des Victoires, à Paris, est une pâle copie de celle de Pierre le Grand.

ÉMILE. — Expliquez-nous, s'il vous plaît, comment est faite cette statue et pourquoi l'auteur a été enterré à Marimont?

LE MAITRE. — Je le veux bien; mais, auparavant, rappelez-nous ce que vous savez de Pierre Ier, empereur de Russie, que la postérité a surnommé Pierre le Grand. Les souvenirs que vous nous donnerez nous aideront très-probablement à comprendre l'attitude de la statue et le talent de l'artiste.

ÉMILE. — Ce que je sais est assez vague, mais je vais le dire quand même. Pierre Ier succéda à son père, Alexis Michaëlowitz, czar de Moscovie. Il passa une grande partie de sa jeunesse à voyager dans plusieurs contrées de l'Europe, pour s'instruire dans les sciences et les arts des différents peuples qu'il visitait. Il parcourut surtout l'Allemagne et la Hollande, travaillant comme un simple ouvrier, sous le nom de *maître Pierre*, sur tous les chantiers de construction. Il apprit ainsi le métier de charpentier, de menuisier, de forgeron; puis il revint en Russie, où il s'occupa d'arrêter les inondations de la Néva, et fonda sur ses bords une ville qui fut appelée Saint-Pétersbourg. Voilà ce que je sais, Monsieur.

LE MAITRE. — Certes, il y aurait des volumes à écrire pour faire l'histoire complète de l'homme extraordinaire dont le courage, la puissance de volonté et le génie créateur ont changé en palais, quelques misérables huttes de pêcheurs, et en une ville splendide, des marais croupissants; mais ce que vous avez dit est suffisant.

Falconnet, ayant donc à représenter le czar triomphant de l'ignorance et de la barbarie, imagina de le placer sur un cheval fougueux, qui se cabre sur le bord d'un rocher escarpé.

Le coursier se dresse sur ses deux pieds de derrière, et l'empereur, calme, majestueux, les pieds nus, étend la main d'un geste protecteur. Sous la queue du cheval, qui est massive et sert de point d'appui, se trouve un serpent qu'elle écrase. Le rocher, qui sert de piédestal, est naturel et a été transporté sur la place, au moyen de machines et sur des boulets de canon. Sur l'un des côtés du rocher, on lit ces mots en latin : *Petro Primo, Catharina Secunda* (A Pierre Ier, Catherine II). Sur le côté opposé se trouve la même inscription, en langue russe. Vous connaissez la statue ; quant à l'auteur, son histoire est bien simple. Pour le récompenser de son chef-d'œuvre, l'impératrice Catherine l'anoblit. Sa fille épousa le baron Jankowitz, de Marimont, hameau où elle est inhumée dans le même caveau que son père, sa mère et son fils, blessé mortellement, à l'âge de vingt ans, dans une chasse au sanglier, à la forêt de Xirxange, le 20 janvier 1830.

La famille de Jankowitz est éteinte depuis quelques années.

Et du château seigneurial, il ne reste plus qu'un vieux pan de muraille sur lequel croissent spontanément les groseilliers sauvages, l'aubépine, les madrépores, les pariétaires, le lierre, ce grand décorateur de la nature, toutes les plantes folles qu'une main invisible sème sur les ruines, pour les rendre pittoresques.

Et sur la porte du caveau mortuaire on lit ces simples mots :

« Débris des temps anciens, je représente leur chute et garde leur souvenir. J'ai ouvert mon sein brisé à mes derniers possesseurs, qui ont relevé ma tête vers le ciel. Générations qui passez sur la terre, gardez-moi comme un monument de vos vicissitudes et priez pour eux. »

J'étais donc à Marimont, assis au pied du vieux pan

de muraille, à quelques pas du tombeau de Falconnet, et plongé dans cette poétique tristesse qu'inspirent toujours ces majestueux débris d'un brillant passé. Je rêvais.... ma pensée s'égarait dans mes souvenirs, et je ne voyais pas qu'à mes côtés était assis un tout jeune homme, un peintre qui dessinait au fusain le tombeau du grand sculpteur, en sifflant insoucieusement un air d'opéra : c'était Émile Benoît, de Dieuze. Entre touriste et peintre la connaissance est bientôt faite. Émile à cette époque avait dix-huit ans. Il était mince, fluet, avait le teint mat, de grands yeux bleus d'une douceur infinie, de longs cheveux blonds ondulés et qui donnaient à sa physionomie, très-fine d'ailleurs, une expression féminine. En un mot, c'était une de ces belles têtes qui semblent prédestinées à la gloire ou à une mort prématurée. Après quelques minutes de conversation, nous étions les meilleurs amis du monde. Je vous l'ai dit, j'avais vingt ans et lui en avait dix-huit, et le soir même je partais à Dieuze visiter son atelier.

Rien peut-être au monde n'est aussi curieux que l'atelier d'un peintre, et j'entends par peintre, un artiste amateur, comme l'était Émile. C'est un assemblage hétérogène, une bizarre mosaïque, composée de richesses originales et fantastiques recueillies dans les cinq parties de la terre, et apportées par tous les voyageurs connus, depuis le trouveur de monde, Christophe Colomb, jusqu'à Jules Gérard, le tueur de lions; depuis Mungo-Park et Vasco de Gama, jusqu'à Gustave Lambert, cet aventureux explorateur et chercheur du pôle nord.

L'atelier d'Émile était un véritable musée, dans lequel figuraient des potiches de la Chine, des stylets espagnols, des œufs trouvés dans les cendres d'Herculanum et de Pompéia, des laves enlevées au Monte-Nuovo, des stalactites d'Antiparos, rapportées par le botaniste Tournefort, des nids d'oiseaux pétrifiés aux sources de Guancavelica, des pantoufles brodées, venant de Cachemyre ou de Chandernagor. Mille objets enfin jetés çà et là sans ordre apparent, pêle-mêle, appendus au mur ou traînant sur les cheminées, les étagères.

Mais ce qui, dans l'atelier d'Émile, attirait principalement l'attention, c'était sa collection de pipes, représentant à peu près les goûts, les passions et peut-être même les diverses aptitudes de tous les peuples qui couvrent notre globe : depuis le calumet pacifique du sauvage, qui ne fume que du Maryland, jusqu'à la chibouque arabe, à l'embouchure d'ambre, qui se charge avec du tabac noir d'Alger ou du tabac vert de Tunis ; depuis la pipe d'écume de l'étudiant allemand, qui ne supporte que du tabac fin de la régie, jusqu'au narghileh turc, qui brûle du tabac doré de Smyrne ; depuis la petite pipe de terre, dite brûle-gueule, du soldat français, qui se bourre avec du gros tabac, dit tabac de caporal, jusqu'au hucca indien, au long tuyau de gutta-percha, au bouquin de corne, d'ivoire ou de jasmin, et qui ne laisse pénétrer dans ses flancs sacrés que la vapeur parfumée d'aloès et de benjoin, du latakié ; enfin depuis la pipe en buis du gamin de Paris, qui aspire la fumée nauséabonde des bouts de cigares ou des feuilles de noyer, jusqu'au gourgouri du nègre, qui culotte en jaune-suie l'herbe aquatique et glaiseuse de l'Ile Maurice et de Madagascar ; depuis la pipe gigantesque de l'insulaire de Céphalonie, jusqu'à la pipe microscopique du lycéen français.

Là encore, il y avait des cigares de tous les prix et de toutes les nuances : depuis l'inoffensif cigarito andalous, jusqu'au meurtrier cigare belge ; depuis la mignonne cigarette de Cuba et du Brésil, jusqu'à l'énorme cigare de Prusse ; enfin depuis les londrès, les havanes, les panatellas, les trabucos, qui se vendent vingt-cinq centimes la pièce, jusqu'aux petits cigares à vingt-cinq centimes le paquet.

Etes-vous contents de la description, mes enfants ?

Les Enfants, *en riant aux éclats.* — Oh! très-contents, Monsieur.

Le Maître, *en riant aussi.* — Alors continuons.

Les brasseurs et les buveurs de bière ont généralement une sorte de vénération pour l'Allemand Gambrinus, qu'ils regardent comme l'inventeur de la précieuse boisson. C'est là une erreur qu'il est bon de rectifier, puisque l'occasion s'en présente tout naturellement. Hérodote, historien grec, qui vivait dans le ve siècle avant Jésus-Christ, parle de la bière que les Égyptiens fabriquaient de son temps. Pline le naturaliste, qui mourut sous les cendres que le Vésuve vomit sur Herculanum, Pompéia, Toro et Stabies, l'an 79 de notre ère, fait mention de la bière des Gaulois. Et enfin Basile Valentin, célèbre alchimiste du xive siècle, dit dans ses *Mémoires,* que le houblon est la base d'une boisson rafraîchissante connue dans toute l'Allemagne. Mais laissons Gambrinus et ses admirateurs. Vous connaissez tous le houblon : ce que vous ne savez peut-être pas, c'est que, comme le chanvre, c'est une plante *dioïque,* c'est-à-dire qui porte des fleurs mâles et des fleurs femelles, sur des pieds différents. Les fleurs mâles ne donnent aucun produit qu'on ait pu encore utiliser. Quoique depuis quelques années on cultive le houblon dans plusieurs départements de la France, sa véritable patrie est l'Alsace.

De Strasbourg à Wissembourg, des plaines immenses sont consacrées à cette culture, et il n'est pas rare de voir aux environs de Vendenheim, de Bischwiller et de Schelestadt, des terrains se vendre 6, 7 et même 8 mille francs l'hectare. La culture du houblon est coûteuse; elle demande un terrain riche, frais, une grande quantité d'engrais; et la dépense qu'occasionne l'achat des perches est souvent égale à la valeur de la propriété elle-même.

Émile. — J'ai vu aux environs de Nancy des houblonnières dont les supports étaient en gros fil de fer. Ce moyen est-il préférable à celui des perches comme économie?

LE MAITRE. — Ce moyen économise environ cent pour cent dans les dépenses ; mais il n'a réussi parfaitement qu'à un inventeur, M. Toussaint, mécanicien à Belleville (Meurthe). Cette année même, l'automne dernier, j'ai visité sa houblonnière et j'ai pu constater que la disposition, l'assemblage, le système enfin de ses fils de fer peut résister à la pluie, au vent et à la tempête, beaucoup mieux que les perches les plus solidement fixées dans le sol. Il est regrettable que M. Toussaint, qui est un homme trop modeste, ne prenne pas un brevet d'invention et ne propage pas sa méthode.

CHARLES. — Comment vient le houblon, Monsieur? Se sème-t-il comme les autres plantes grimpantes, le liseron, par exemple?

LE MAITRE. — Le houblon est une plante vivace qui, à chaque printemps, donne à profusion des pousses vigoureuses. On coupe celles qui pourraient nuire par leur trop grand nombre, et on les mange comme les asperges, auxquelles elles ne le cèdent en rien pour la saveur.

Les autres donnent des cônes qui sont arrivés à maturité vers la mi-septembre. Ces cônes, cueillis par un temps sec, doivent être placés immédiatement sur le plancher d'une chambre bien aérée et retournés fréquemment. Aussitôt qu'ils sont convenablement desséchés, ils peuvent être livrés au commerce.

Il est deux autres plantes qu'on néglige, quoiqu'on les connaisse parfaitement dans nos cantons, et qui, pourtant, sont d'un bien grand rapport relatif; car elles ne demandent aucun soin et se plaisent surtout sur les terrains abandonnés : c'est le chardon à foulon ou *cardère*, et le *pelargonium capitatum*.

LES ENFANTS. — Ce sont là des noms étrangers pour

nous, Monsieur, et nous ne connaissons pas ces végétaux.

LE MAITRE. — Sous ces noms peut-être, mais vous les connaissez sous leurs noms vulgaires : *peignes de loups* et *géranium rosat*.

LES ENFANTS. — Alors le chardon à foulon est le peigne de loups qui vient sur les bords des chemins, le long des haies ?

LE MAITRE. — C'est lui-même.

LES ENFANTS. — Et l'autre ?

LE MAITRE, *en riant*. — Le pélargonium capitatum ?

LES ENFANTS, *riant aussi*. — Le géranium rosat que l'on trouve dans les plates-bandes de tous les jardins ?

LE MAITRE. — C'est lui-même.

ÉMILE. — Et dans quel but cultiverait-on ces plantes, Monsieur ?

LE MAITRE. — Le chardon à foulon, je dois vous le dire en passant, n'est pas classé par les savants dans la famille des chardons. Il forme un genre à part appelé *cardère*, est cultivé surtout dans le Midi et aux environs des fabriques d'étoffes de laines. Ses têtes, appelées peignes de loups, sont adaptées à des cylindres mobiles, et servent à donner aux draps et à tous les tissus de laine, l'apprêt désigné sous le nom de *lainage*.

ÉMILE. — La culture de cette plante ne doit pas être bien difficile ; car il vient seul dans nos terres incultes.

LE MAITRE. — On sème la graine en lignes espacées de cinquante centimètres environ. Quand les plants sont levés, on les éclaircit de manière à laisser un intervalle de trente à quarante centimètres entre eux. Dans le courant de l'année, on nettoie la terre comme pour nos plantes sarclées, et l'on a soin d'enlever les rejetons qui poussent au pied des tiges. Le chardon ne produit que la seconde année. La première récolte, c'est-à-dire celle des têtes principales, se fait au mois de juillet ; la seconde a lieu vers la fin d'août.

Quant au géranium rosat, il a un emploi plus noble, il sert à la préparation de l'*essence de rose*.

ÉMILE. — Mais je croyais avoir lu que l'essence de rose, de même que toutes les eaux parfumées, nous venait de l'Orient?

LE MAITRE. — Autrefois l'essence de rose, que les Orientaux appellent *attar*, nous arrivait directement d'Alep, de Bagdad, de Damas. Mais en 1840, M. Demarson, l'un des premiers parfumeurs, et peut-être un des premiers chimistes de Paris, s'avisa de distiller les feuilles de géranium rosat, et en recueillit une essence qu'il trouva posséder toutes les qualités de l'attar.

Cependant, pour ne conserver aucun doute sur les propriétés et les qualités de son parfum de géranium, il imagina une ruse très-ingénieuse. Il expédia à Constantinople une barrique tout entière d'essence de géranium, fabriquée à Paris. Arrivée à la grande ville du sultan, la liqueur fut transvasée, placée dans des flacons à formes orientales, revêtue d'un cachet turc et réexpédiée à Paris, comme essence de rose de la vallée de Smyrne et d'Oronte, en Syrie. L'essence fut vendue comme attar oriental, et personne ne soupçonna la fraude. Mais M. Demarson qui, outre sa science de parfumeur, est un honnête homme, révéla le secret, et depuis cette époque l'essence de géranium rosat rivalise avec l'attar d'Orient.

La culture du géranium est beaucoup plus simple encore que celle du chardon à foulon. La reproduction se fait au moyen de boutures, que l'on plante en pleine terre et que l'on distance les unes des autres de 60 à 70 centimètres environ. La récolte des feuilles, qui seules fournissent l'essence, a lieu en août et septembre. Enfin, et avant d'aborder notre dernière plante, la vigne, je vous dirai un seul mot du mûrier. C'est un arbre qui arrive à peu près à la taille de nos poiriers ordinaires. Dans le midi de la France et en Italie surtout, on cultive un grand nombre de variétés de mûriers ; mais le plus connu est le mûrier commun, à fruit blanc, et le mûrier Moretti, qui produit un feuillage très-abondant.

Il y a une vingtaine d'années, un éleveur bien connu, M. Rollot, de Lyon, rapporta des Philippines un mûrier noir, appelé mûrier *multicaule*, qui se reproduit facilement par bouture et donne un simple arbuste. Mais les éducateurs de vers à soie ont bientôt renoncé à sa culture, parce que les vers nourris de ses feuilles ne produisent qu'une soie grossière, et l'on en est revenu au mûrier commun.

Émile, dont le père possède des vignes superbes, voudra bien terminer notre causerie par cette plante.

ÉMILE. — La vigne aime les terrains calcaires, secs et chauds. Elle se plaît surtout sur les coteaux exposés au levant ou au midi, c'est-à-dire qui reçoivent le plus longtemps les rayons du soleil. Elle se reproduit de plusieurs manières, mais on n'en emploie généralement que deux : la *marcotte* ou *provins*, et la *bouture*. La marcotte consiste à coucher en terre, pour qu'il y prenne racine, un sarment, sans le détacher du cep ; cela s'appelle *provigner*. Cette méthode est en usage sur les anciennes vignes. — La bouture consiste à placer un sarment en terre, dans la position verticale, afin qu'il prenne racine. Cette méthode est employée pour les vignes que l'on veut créer. Ces deux opérations se pratiquent au printemps ou à l'automne.

JOSEPH. — Fume-t-on les vignes ?

LE MAITRE. — Certains agronomes prétendent que le fumier nuit à la vigne. Je n'ose me prononcer là-dessus. Cependant, j'ai remarqué plus d'une fois que les vignes fumées donnent toujours des récoltes plus abondantes que celles qu'on abandonne à elles-mêmes ; ce qui me porterait à croire que, là comme partout ailleurs, le fumier a son mérite.

CHARLES. — J'ai vu souvent que dans certaines vignes

il y a, entre les ceps, des pois et des fèves ; et que, dans d'autres, il n'y a rien. Pourquoi cela?

LE MAITRE. — Parce qu'il y a des gens qui voudraient toujours et partout récolter. Il est bien certain pourtant que toutes ces plantes nuisent à la vigne, puisqu'elles lui enlèvent une partie des sucs qui lui serviraient de nourriture. C'est donc là une économie mal entendue. Il en est de même des arbres, qui nuisent considérablement, non-seulement à la quantité, mais à la qualité du raisin. La terre est une bonne mère, en effet ; mais il ne faut lui demander que ce qu'elle peut donner. Aussitôt qu'on dépasse certaine mesure, on agit en insensé, comme un homme qui exigerait d'un seul cheval le travail de plusieurs.

Dites-nous maintenant, Émile, quels sont les travaux que demande la vigne?

ÉMILE. — Le premier est le *déchaussement*. Ce travail consiste à enlever la terre autour de chaque cep, afin d'y découvrir et d'y détruire les racines nuisibles.

Le deuxième se nomme la *taille*. Elle a pour objet d'exciter la croissance des branches à fruits.

Le troisième est le *béchage*, qui rend la terre meuble et détruit les mauvaises herbes.

Le quatrième est la *plantation des échalas*.

Le cinquième est l'*ébourgeonnement*, par lequel on supprime les rejets inutiles.

Le sixième est l'*épamprage* ou *pincement*, par lequel on arrête la séve, afin de la porter sur le fruit.

Le septième est l'*effeuillage*, qui consiste à détruire les feuilles qui porteraient ombrage au raisin.

Le huitième est la *vendange*.

Le neuvième et dernier est le *dépaisselage*, qui consiste à enlever les *paisseaux* et à les mettre en tas.

Enfin, le vigneron doit constamment veiller à ce que la terre reste toujours propre et vierge de toutes herbes étrangères.

Le Maitre. — Il y aurait bien des choses à dire encore sur la vigne ; mais le temps ne nous permet pas d'entrer dans ces détails, et je ne vous indiquerai plus que la manière de conserver les raisins. Le procédé est des plus simples et a été publié en 1861 par le journal *le Salut public de Lyon.* On prend une caisse de sapin, on la remplit de son à l'état sec ; dans ce son, on dispose les grappes de manière qu'elles restent isolées, c'est-à-dire sans se toucher ; puis on ferme la caisse hermétiquement. Les raisins se conservent ainsi, non-seulement des mois, mais des années entières, et dans les meilleures conditions de fraîcheur.

Notre causerie est terminée.

CHAPITRE XIII.

17. Plantes fourragères. — Prairies. — La taupe. — Le crapaud.

Le Maitre. — Autrefois les prairies naturelles occupaient, dans toute exploitation rurale, une des places les plus importantes et l'étendue la plus vaste. Mais depuis les progrès réalisés en agriculture, elles diminuent de jour en jour, et dans quelques années, elles seront complétement supprimées et remplacées par des prairies artificielles et par des plantes fourragères. Cependant, comme dans certaines provinces elles tiennent encore le haut rang, nous en parlerons sommairement.

Les prairies naturelles demandent peu de soins, et à part les travaux d'irrigation et d'écoulement des eaux, dont nous avons parlé ailleurs, et le répandage des taupinières, le cultivateur ne s'en occupe guère qu'au moment des récoltes.

Émile. — Pour créer une prairie naturelle, quels travaux doit-on exécuter et comment prépare-t-on la terre?

Le Maitre. — Lorsqu'on veut convertir une forêt défrichée, un terrain fangeux ou un sol quelconque, en prairie, on doit d'abord labourer profondément la terre, la fumer à forte dose et y placer une plante sarclée. — Après cette récolte, on sème une céréale d'automne, à laquelle on mêle la graine des meilleures plantes des prairies naturelles et du trèfle commun, de la minette dorée, du farouch blanc, etc.

La céréale croît rapidement, et, par sa tige et son chaume, protége et abrite les plantes fourragères contre la sécheresse ou l'humidité. La récolte de la céréale étant faite, les plantes fourragères prennent le dessus et souvent, si la saison est favorable, donnent une première coupe avant l'arrivée des froids de l'hiver.

Il ne faut jamais perdre de vue surtout que l'une des conditions de succès, pour établir une prairie naturelle, c'est de bien assainir le sol, soit par un drainage ordinaire, soit par des rigoles d'écoulement à ciel ouvert.

Émile. — Mais, est-ce bien nécessaire pour les prairies qui doivent être irriguées?

Le Maitre. — Sans aucun doute ; car l'irrigation n'a pas pour but unique de rafraîchir le sol par l'humidité que l'eau y laisse ou en passant ou en séjournant, elle a pour but encore de fertiliser la terre par les principes nutritifs que l'eau y dépose. Une humidité prolongée pendant un certain temps est plus nuisible à une prairie que la plus grande sécheresse, parce qu'elle favorise la naissance et la multiplication d'herbes nuisibles, telles que les joncs, les laîches, les roseaux, les prêles, les patiences, etc.

Les procédés pour refaire une prairie ruinée par les mousses, les lichens, les laîches, sont les mêmes que pour la création d'une prairie nouvelle.

J'ai cité, au nombre des travaux, le répandage des taupinières: et en effet, c'est là une des opérations les plus importantes, et que le cultivateur néglige trop souvent.

CHARLES. — Est-ce donc vrai, Monsieur, que la taupe rend des services? Ce n'est l'avis cependant ni des cultivateurs ni des jardiniers.

LE MAITRE. — Je vous ai dit maintes fois que rien n'est brutal, mais aussi que rien n'est persuasif comme un fait. Or, voici un fait que je prends entre mille. Dans le courant du printemps dernier, et dans la petite commune de Wils, canton de Zurich, en Suisse, on était à la recherche d'un taupier, c'est-à-dire d'un destructeur de taupes. Pour convaincre ses compatriotes de leur ignorance, M. Wéber, de Wils, agronome et naturaliste distingué, se procura alors, et avec beaucoup de peine, quatre taupes qu'il enferma dans une grande caisse remplie de terre, recouverte de gazon frais et de plantes potagères. Dans la terre il avait placé une grande quantité de vers blancs (ou hannetons), des vers de terre, des chenilles et même deux souris. Après 24 heures de séjour dans la caisse, les 4 taupes avaient dévoré 214 vers blancs, 192 vers de terre, 47 chenilles et les deux souris. Cette expérience n'étant pas concluante, il hacha de la viande crue, la mêla à des racines de choux, de carottes, d'artichauts. Les taupes dévorèrent la viande et ne touchèrent pas aux débris des racines. Enfin, et pour bien convaincre les observateurs, il ne laissa dans la caisse que des aliments végétaux. Après 28 heures, les quatre taupes étaient mortes de faim, et les plantes étaient intactes.

Les habitants de Wils furent convertis ou plutôt persuadés, et la place de taupier fut supprimée.

ÉMILE. — Ainsi donc, non-seulement la taupe ne nuit pas aux plantes, mais elle est même utile à l'agriculture.

LE MAITRE. — Le fait que je viens de vous citer, et auquel je pourrais ajouter des centaines d'autres exemples, le prouve suffisamment.

1° La taupe n'est pas nuisible, puisqu'elle ne touche jamais aux racines des plantes. Je sais bien que quelquefois, dans les potagers, ses galeries souterraines dérangent un peu l'harmonie, ou plutôt la symétrie des allées, des plants de choux, de salades ; mais c'est là un petit malheur.

2° Elle est utile, d'abord en détruisant les insectes qui s'y trouvent enfouis à l'état de larves, ensuite en retournant la terre et en l'exposant ainsi à l'influence bienfaisante de l'air et du soleil, ce dont vous avez déjà pu vous convaincre ; car vous avez remarqué, sans aucun doute, que dans les prés l'herbe est plus verte, plus fournie, plus grande sur la terre des taupinières que partout ailleurs.

Émile. — J'ai lu aussi dans un journal d'agriculture, que le crapaud se nourrit d'insectes. Je ne l'aurais jamais cru.

Le Maitre. — Alors, racontez-nous ce que vous avez lu.

Émile. — Ce journal disait qu'en Angleterre les jardiniers achètent les crapauds quelquefois 25 centimes la pièce ; puis les placent dans les jardins qu'ils purgent d'insectes nuisibles.

Joseph. — Mais comment le crapaud peut-il s'emparer des insectes ? Ce n'est pas à la course, bien sûr ; car il est trop lourd.

Le Maitre, *en riant*. — Non, en effet, ce n'est pas à la course, et sa chasse n'en est pas moins curieuse. Il opère à peu près de la même manière que le pivert dont j'ai parlé dans mon ouvrage « *Les oiseaux et les insectes.* » Il se couche à plat ventre et attend patiemment et paisiblement. Qu'un insecte passe, et le crapaud, toujours dans une immobilité complète, ouvre la bouche, projette sa langue en avant et saisit l'insecte qui est entraîné ensuite dans la bouche, puis dans l'estomac. Pour bien comprendre la singularité de cette chasse, il faut savoir que chez les crapauds, la langue, au lieu d'être attachée au plancher de la bouche par la partie postérieure, est attachée, au contraire, par la partie antérieure, c'est-à-dire celle qui est en avant ; de sorte que par un effort d'expiration, par un souffle puissant, si vous aimez mieux, il jette pour ainsi dire la partie postérieure de sa langue sur l'insecte, la partie antérieure faisant comme l'office de charnière. La langue étant couverte de mucosités, l'insecte est accroché et ne peut fuir. — N'y a-t-il pas lieu ici encore d'admirer l'inépuisable puissance créatrice et la sage prévoyance de la nature, qui a su donner à un être mou, d'une lenteur étonnante, une arme spéciale appropriée aux allures et aux besoins du chasseur!... Le crapaud, je le sais, n'a pas un extérieur bien séduisant; mais il faut bien nous rappeler que, de même que la beauté n'est pas une vertu, la laideur n'est ni un vice ni un défaut.

— En Belgique, en Hollande, en Suisse, où il n'y a, pour ainsi dire, que des prairies, le cultivateur y donne tous ses soins, et alors au printemps et à l'automne, on s'occupe surtout de la destruction des mauvaises herbes, dont les vents, les inondations ou d'autres causes ont apporté les graines, et qui finissent par dominer les plantes fourragères. Au printemps, les femmes et les enfants sont chargés d'arracher ces plantes étrangères et nuisibles. A l'automne, on opère différemment. On fait pâturer d'abord les bêtes à cornes, puis les moutons, et enfin quand la prairie est tondue complétement, on y lâche de jeunes porcs à jeun, et qui, ne trouvant plus d'herbes, fouillent la terre, la retournent pour y trouver les racines des parasites, parce que ces racines sont plus grosses que les autres, et ils s'en repaissent avec délices. Alors la prairie semble avoir été bêchée dans tous les sens; on nivelle la terre; on y sème les meilleures graminées, et au printemps suivant le sol a repris sa luxuriante végétation.

Joseph, expliquez-nous comment se fait la récolte des prairies naturelles.

Joseph. — Il y a deux, et quelquefois trois récoltes, dans les prairies naturelles, mais la première est toujours la plus abondante. Les travaux de l'une et de l'autre sont les mêmes. La première précaution à prendre est de faucher juste au moment de la pleine floraison des herbes dominantes. En coupant trop tôt, la quantité de foin est moins grande, et en coupant trop tard, le foin est de mauvaise qualité et ressemble à de la paille. Aussitôt que l'herbe est fauchée, il faut la répandre afin de la faire sécher plus vite; mais si la pluie survient, il vaut mieux la laisser en andains. Quand le foin est bien sec, on le met en tas et on le rentre.

Le Maitre. — C'est bien là tout ce qu'il y a à dire sur ces travaux. Du reste, l'opération de la récolte du foin est si connue des cultivateurs, qu'il est inutile de nous en occuper davantage. J'ajouterai seulement que dans les grandes exploitations, on emploie aujourd'hui les *faneuses,* qui sont des instruments dont on se sert pour répandre et retourner le foin. La plus connue des faneuses est celle de l'inventeur anglais Sildfrank; mais le prix, qui est fort élevé, n'en permet l'emploi que dans les fermes d'une certaine importance.

Occupons-nous maintenant des prairies artificielles.

Émile. — Voulez-vous que j'en parle, Monsieur, je connais presque toutes les plantes qu'on y sème.

Le Maitre. — Non-seulement j'y consens, mais votre demande me fait un plaisir bien vif. Procédons dans un certain ordre, et commençons par les plantes qui sont les plus fréquemment cultivées, le trèfle, la luzerne, le sainfoin, la vesce, la lupuline, et nous terminerons par le ray-grass, et enfin le brôme de Schrader, récemment acclimaté dans nos provinces.

Émile. — Avant de parler du trèfle, je dois dire quelques mots des terrains qui lui conviennent le mieux, c'est-à-dire des sols calcaires. Lorsque la pierre à chaux est en trop grande quantité dans un terrain, les plantes y sèchent; mais lorsque cette substance est en petite quantité, elle rend la terre productive en l'ameublissant.

Les céréales ne donnent que de faibles récoltes sur les terres calcaires ; les plantes qui y viennent le mieux sont la luzerne, le sainfoin et surtout le trèfle. Chacun le sait, le trèfle est une plante fourragère. On en distingue quatre espèces : rouge, blanc, jaune et incarnat. Le trèfle ne dure que deux ans ; il se sème dans le blé et dans l'avoine. Il donne deux récoltes et quelquefois trois. Ce fourrage est excellent ; seulement, lorsqu'il est vert, il doit être mêlé à du foin ou du regain, autrement il produit la *météorisation*. — Quelques auteurs disent que la luzerne est une plante épuisante ; d'autres prétendent que c'est une plante améliorante, et les uns et les autres ont raison ; je vais le prouver : la luzerne exige un terrain riche, profond, meuble surtout, parce qu'elle a des racines très-longues, qui s'enfoncent quelquefois à plus d'un mètre dans la terre. Voilà pourquoi on dit que c'est une plante épuisante. Ces mêmes racines, en ramenant à la surface de la terre les aliments qu'elles vont chercher dans son sein, en augmentent nécessairement la fertilité ; voilà pourquoi on dit que c'est une plante améliorante.

La luzerne peut vivre de huit à dix ans sur le même terrain. Il y a même des luzernières qui n'ont jamais été renouvelées, mais ce sont là des exceptions. Avant de semer la luzerne, il faut bien défoncer le sol, afin de préparer une sorte de passage aux racines, puis planter des pommes de terre ou une plante sarclée, pour détruire les mauvaises herbes. On la sème ordinairement dans l'avoine en mars ou en avril ; elle ne produit guère que la troisième année ; mais alors ses récoltes dédommagent amplement le cultivateur. La luzerne verte météorise ou gonfle les animaux ; il faut donc veiller à ce qu'elle ne soit jamais donnée en fourrage sans être mêlée avec d'autres fourrages secs. Après la luzerne, on met de l'avoine et même du blé.

Le sainfoin. Cette plante n'est guère cultivée. On lui

préfère le trèfle et la luzerne. Cependant elle est bien plus avantageuse que ces deux dernières, parce qu'elle croît très-bien sur les terrains les plus légers, sur les côtes, et même dans les terrains pierreux, sujets à des éboulements. La terre exige à peu près les mêmes soins que pour la luzerne, et la plante dure aussi longtemps, c'est-à-dire environ dix ans.

La vesce. On en distingue deux espèces, celle d'hiver et celle de printemps. La première se sème au mois d'août et de septembre, et l'autre à la fin de mars. Cette dernière offre au cultivateur la ressource de pouvoir remplacer les trèfles détruits par l'hiver. Elle se plaît dans les terrains argileux. On en fait deux récoltes.

Le Maitre. — Ces deux dernières plantes sont peu cultivées ; cependant on en retire d'assez beaux bénéfices ; mais les cultivateurs leur préfèrent le trèfle et la luzerne.

Joseph. — La *minette* est appelée souvent *lupuline* ou trèfle jaune ; c'est une plante qu'on emploie pour fourrages, comme le trèfle ; elle a sur ce dernier l'avantage de croître dans les plus mauvaises terres. Le fourrage qu'elle produit est excellent et d'une digestion très-facile, et, à cause de cela, est assez recherché. On sème la minette comme le trèfle, dans le blé ou dans l'avoine, et on la récolte aux mêmes époques, c'est-à-dire vers la fin d'août ou en septembre. La minette peut donner deux coupes, mais cela arrive rarement, parce qu'elle repousse difficilement, à moins de petites pluies qui rafraîchissent le sol de temps à autre.

Le Maitre. — C'est très-bien, mon ami.

Le *ray-grass*, que vous connaissez très-peu, n'est autre chose que l'ivraie à petits épis, à crête sans barbe ; c'est un des meilleurs fourrages. On le sème sur un sol propre et auquel on a donné plusieurs labours pour le débarrasser des mauvaises herbes. Quelquefois on le mêle au trèfle, et l'on forme alors des prairies qui donnent un fourrage précieux et abondant.

Enfin, nous arrivons au *brôme de Schrader* (*bromus Schraderi*), introduit en Europe il y a dix années à peine, et venant du nord de l'Amérique, notamment de la Caroline et de la Californie. C'est une plante rustique, résistant à la gelée, d'une végétation vigoureuse, ne demandant que peu de frais de culture, et pouvant donner trois, quatre et parfois cinq coupes d'un excellent fourrage, très-nourrissant, surtout pour les vaches laitières, et très-apéritif. Un des caractères distinctifs du brôme, et auquel il doit en partie ses qualités nutritives, c'est de présenter à chaque coupe, et sur chaque tige, des grains arrivés à une demi-maturité, et qui, en séchant, donnent au foin cette qualité particulière qui fait que le bétail s'en montre si friand. Le brôme se plaît à peu près sur tous les terrains, mais il préfère les sols sablonneux aux sols humides. Dans ces derniers, le grain est moins abondant, plus petit et plus léger.

On sème le brôme, comme les céréales de printemps, vers le mois de mars ou d'avril. Les soins de culture sont presque nuls; ils consistent dans un simple roulage aussitôt qu'il est levé. La première récolte peut avoir lieu deux mois après la semaille, si la terre a été bien préparée et si la saison est favorable. La deuxième coupe est toujours plus abondante que la première; car le brôme talle, remplit les vides les plus petits et par sa puissance végétative détruit toutes les plantes étrangères: chardon, nielle, séné, chiendent. —Aussi l'emploie-t-on quelquefois comme plante étouffante, sur des terrains envahis par des herbes nuisibles; aucune ne lui résiste. — La quantité de semence peut varier entre 150 et 250 litres par hectare. Sur les bonnes terres 150 litres suffisent; sur les terres pauvres, légères, sablonneuses, il faut 200 litres; et enfin sur les terres sans consistance, on peut semer jusqu'à 250 litres. En général, plus on veut conserver longtemps le brôme sur le même terrain, plus les semis doivent être clairs. Quant à la récolte, aucune plante de notre ancienne culture n'arrive à des produits aussi abondants.

M. Rochelle, près de Château-du-Loir, est parvenu avec 100 graines à récolter trois à quatre litres. M. Proyart, dans le Pas-de-Calais, avec un seul kilogramme en a obtenu 74. Et enfin, M. le comte Benoît d'Azy a obtenu 175 litres de récoltes avec un litre de semence. Il y a donc lieu d'espérer que cette plante importée en partie de la Californie, sera pour l'agriculture française une mine d'or beaucoup plus précieuse que celles découvertes, dans la même province, par nos hardis et aventureux explorateurs.

Nous terminerons ici nos études sur les prairies artificielles, dont les récoltes n'offrent aucun intérêt, et se font comme celles des prairies naturelles.

Émile. — Y a-t-il longtemps, Monsieur, que l'on a inventé les prairies artificielles? Autrefois, on ne devait pas en créer ; car les peuples pasteurs se contentaient de changer de contrée, quand ils avaient épuisé les pâturages de celles où ils se trouvaient.

Le Maitre, *en riant*. — En matière d'inventions et de sciences, nous avons toujours la prétention de nous croire les maîtres. Ici, comme pour le drainage, pour la brouette, nous nous trompons singulièrement. En voici des preuves : Olivier de Serres, seigneur de Pradel, le plus illustre représentant de l'agriculture au xvi° siècle, donne dans son « *Théâtre d'agriculture et mesnage des champs*, » de longs et savants détails sur le sainfoin et la luzerne, et indique les procédés les plus pratiques pour faire une bonne luzernière. M. Quatremère, le célèbre orientaliste, parle dans un mémoire inséré au *Journal asiatique* de 1835, d'un traité d'agriculture nabathéenne, écrit vers le vi° siècle avant notre ère. Vous voyez donc, mes enfants, par ces citations, que bien des découvertes dont nous sommes si fiers sont dues à nos aïeux. *La nouvelle Maison rustique*, publiée en 1721, a été extraite en partie du *Théâtre d'agriculture*, d'Olivier de Serres. Un autre ouvrage, encore imprimé à Bruxelles en 1758 et intitulé : « *Prairies artificielles*, ou moyen de perfectionner l'agriculture dans les terrains secs et stériles de toutes les provinces, » renferme les mêmes idées et souvent les mêmes expressions que le *Théâtre d'agriculture*. Certes, c'est bien le cas ou jamais de dire avec une certaine restriction cependant : « Il n'y a rien de nouveau sous le soleil. »

Il ne nous reste plus qu'une question à traiter, mes enfants, celle des animaux utiles à l'agriculture. Je vous prierai donc de préparer toutes les questions que vous avez à me faire, avant que nous abordions la deuxième partie de notre programme : les jardins.

Allons, à demain.

TROISIÈME PARTIE.

Les Animaux.

CHAPITRE XIV.

25. Économie du bétail. — Principes généraux. — **26.** Espèces bovine, chevaline, ovine, porcine. — La trichine. — La gale. — Les bœufs sans cornes. — Les bêtes adorées. — Mon chien Ribaud.

Le Maitre. — « J'ai toujours fait des vœux pour que
» la Providence fît naître enfin un génie contemplateur,
» un prophète du monde animé, qui nous révélât l'har-
» monie divine dans l'âme comme dans les organes des
» animaux. » De Lamartine.

Si je commence cette causerie par une citation de notre grand poëte Lamartine, c'est parce que je veux d'abord, mes enfants, vous donner, des animaux, des idées plus grandes et plus nobles que celles que l'on professe généralement.

Émile. — N'y avait-il pas autrefois, dans l'antiquité, certains peuples qui adoraient des animaux, comme les Égyptiens, par exemple, qui rendaient aux crocodiles des honneurs divins?

Le Maitre. — Ce serait un chapitre bien long qu'il faudrait, pour nommer seulement les peuples qui avaient fait, de leurs animaux domestiques et même des animaux sauvages, leurs plus chères idoles.

Les Enfants. — Racontez-nous cela, Monsieur, puisque nous n'avons plus que deux causeries.

Le Maitre. — Émile a commencé par l'Afrique, je continue donc.

Les Égyptiens adoraient, non-seulement le crocodile,

parce qu'ils le redoutaient, mais encore le bœuf, à cause des services qu'il rend à l'agriculture, et qu'ils appelaient, suivant les lieux, Apis et Mevis; l'ibis, qui ressemble à notre cigogne, parce qu'elle détruit les serpents; les poissons *oxirinchus* et *lepidotus*, le bouc, la brebis, le *kéipos*, animal qui a la tête du satyre et le corps de l'ours et du chien; l'hippopotame, à qui ils attribuaient, et avec justice, l'invention de la saignée.

Les Enfants, *en riant.* —Est-ce qu'il serait médecin, par hasard?

Le Maitre.—Il n'est pas médecin; mais à lui, comme aux autres animaux, le Créateur a enseigné des secrets, que l'observation nous a dévoilés. Quand l'hippopotame est malade, c'est toujours parce que le sang surabonde dans ses veines. Alors il a comme le vertige, il tournoie, se heurte à tous les corps qu'il rencontre, se précipite dans les marais, cherche une plante fragile, un roseau le plus souvent. Il brise ce roseau, pose ensuite, sur le reste de la tige qui se termine en pointe par la cassure, une veine d'une de ses jambes, et appuie fortement. Le sang jaillit aussitôt comme d'une source. Quand l'animal est bien soulagé, il ferme avec du limon l'ouverture de la veine, va s'étendre au soleil, s'endort et se réveille complétement guéri.

Les Enfants. — Mais c'est admirable, Monsieur.

Le Maitre. — Ne vous ai-je pas dit souvent que tout est admirable dans les œuvres de la nature.

Les Égyptiens avaient surtout une prédilection particulière pour le chat, parce qu'il détruit le rat, très-commun dans la contrée. Quand un chat mourait dans une maison, tous les habitants de cette maison se rasaient les sourcils en signe de deuil. Ensuite on salait le cadavre et on le portait à la ville de Bubastis, où on lui rendait les honneurs funèbres, puis on l'enterrait dans le temple.

Les Babyloniens adoraient l'aigle, comme le roi des oiseaux.

Les Arabes adoraient le serpent, parce qu'il est le plus rusé des animaux; et les Judéens, l'âne, parce qu'il est le plus bête.

Les Romains adoraient le coq, à cause de sa vigilance; et les Hottentots adorent encore aujourd'hui, et à cause de sa nonchalance, le *stalo*, un insecte qui traîne sa vie dans les immondices des rues du Cap.

Au Bengale, la vache est la déesse de la sagesse, et on la nomme *Douroumadé*. Quand un paysan est à l'agonie, ses parents ou ses amis lui amènent une vache, qu'il saisit par la queue, et il meurt tranquille, sinon heureux, avec l'espoir que Douroumadé le conduira à la patrie céleste.

Les Mexicains, les Péruviens, les Patagons, adorent les sauterelles et les grillons, afin qu'ils ne détruisent pas les récoltes; en conséquence du même principe, ils ont une certaine vénération pour les puces et les moustiques, pour ne pas en être piqués. Enfin ils ont des temples dédiés à la grenouille, qu'ils appellent — contre l'opinion des naturalistes — la *déesse des poissons*, parce que, disent-ils, c'est le seul poisson qui ait de la voix.

Les Enfants, *riant aux éclats.* — Et une belle voix, surtout le soir.

Le Maître. — Je m'arrêterai là, et c'est assez, je pense, pour vous montrer que les idées des hommes varient suivant leurs besoins, les dangers qui les environnent, les circonstances climatériques, le milieu enfin dans lequel s'écoule leur vie. Cependant, nous ne devons pas crier à la folie; car le mot *adorer* n'a pas ici la même signification que chez nous; il signifie seulement « avoir un certain respect. » Ainsi, *adorer le feu* ne veut pas dire « *reconnaître le feu comme un Dieu,* » mais simplement avoir pour cette chose un profond res-

pect, parce que le feu est utile, indispensable à l'homme.
— C'est bien le vrai Dieu, créateur du monde, que tous les peuples adorent, mais sous des figures, sous des images, sous des attributs différents.

Revenons maintenant, non pas à nos moutons, mais à nos animaux domestiques.

Autrefois, le bétail n'avait qu'une bien minime importance; mais, aujourd'hui que les besoins de la société s'accroissent chaque jour, c'est peut-être le point capital pour le cultivateur; car la consommation de la viande augmente dans des proportions gigantesques, et les prairies artificielles, qui demandent des engrais que n'exigeaient pas les prairies naturelles, tendent à se multiplier de plus en plus. — Semez de la viande, disent les agronomes en parlant du trèfle, de la luzerne... et ils ont raison.

Commençons donc par la plus noble conquête de l'homme, suivant la fastueuse expression de Buffon, par le cheval.

Joseph, *en riant*. — Ce n'est pas semer de la viande que de semer du trèfle pour le nourrir, cependant...

Le Maitre. — Vous commettez une erreur bien grande. A Paris, à Lyon, à Nancy même, cette ville coquette et luxueuse, il y a aujourd'hui des boucheries de viande de cheval; et ces boucheries, je vous l'assure, sont fort achalandées. La viande de cheval est très-saine, très-nourrissante, j'en ai mangé plus d'une fois; et, dans quelques années, l'usage en sera aussi répandu que de la viande de bœuf.

Émile. — Je n'aurais jamais cru qu'on pouvait manger du cheval.

Le Maitre. — Eh bien! croyez, Émile, et vous serez dans le vrai.

Le cheval est un animal très-intelligent, qui s'attache à son maître, le reconnaît, vient à son appel et le suit. Il doit être traité avec bonté et douceur; alors ses qualités naturelles se développent, et il devient aussi docile que le chien. Nous en avons pour preuve les chevaux arabes, qui sont regardés à juste titre comme les modèles de l'espèce. Le cavalier arabe ne frappe jamais son cheval; il se contente de le gronder et de le priver de ses caresses. Chez nous, le cheval est employé surtout aux travaux de la culture. Il convient principalement pour les terres argileuses qui, dans les moments de pluie, forment comme une sorte de poix, où le bœuf, par sa pesanteur et sa marche lente, s'enfoncerait trop facilement. Il demande beaucoup de soins, une nourriture saine et abondante.

En été, les chevaux ont beaucoup à souffrir des *taons*, dites *mouches de cheval*, qui les harcèlent et se montrent souvent au nombre de plusieurs centaines. Voici, contre ce mal, un remède efficace et très-simple, que j'ai trouvé dans un journal agricole anglais.

On frotte, ou plutôt on lave le corps du cheval, principalement dans le voisinage de la queue, de la crinière, de la moustache du pied, avec une décoction très-concentrée de feuilles de noyer; et alors, non-seulement les mouches disparaissent, mais encore les œufs qui auraient pu être déposés, sont totalement anéantis. Plusieurs lavages successifs au printemps suffisent pour toute la saison.

Dans le midi de la France, surtout dans le Périgord, on se sert quelquefois de l'âne pour traîner la charrue, mais plus souvent la charrette du paysan qui va au marché. Souvent aussi, il sert de monture... L'âne est très-doux, très-patient, quelque peu entêté à de certains moments. Mais qui n'a ses défauts? Et avec de bons traitements, on le rend très-docile.

Le bœuf est le domestique par excellence du cultivateur. Son allure lente convient mieux que celle du cheval aux travaux du labourage. Sa chair plus recherchée assure en outre, à l'éleveur, des bénéfices plus considérables. Pour le bœuf uniquement destiné au trait, il faut une jambe sèche, un poitrail large; pour le bœuf de boucherie, les qualités consistent dans la finesse de l'ossature, dans l'aptitude à l'engraissement, et non dans l'énormité du poids, qui ne convient qu'aux sujets destinés aux promenades du carnaval.

Dans certains pays, on attelle le bœuf par la tête avec le joug; dans d'autres, par le poitrail avec le collier. Les expériences multipliées qu'on a faites à ce sujet ont démontré que la force de traction est exactement la même, seulement le joug rend la bête plus docile, mais la fatigue davantage.

Émile. — Le journal d'*Agriculture pratique*, que mon oncle reçoit, parlait dernièrement d'un bœuf sans cornes; n'est-ce pas une farce?

Le Maitre. — En Écosse, il y a une espèce de magnifiques vaches noires sans cornes, et appelées *angus*. En Angleterre, il y a également une race de vaches nommées race *suffolk*, et qui, non plus, n'a point de cornes. Enfin, en France, M. Dutrone, de Trousseauville-Dives (Calvados), possède une race particulière sans cornes, qu'il a désignée sous le nom de race *sarlabot*, du nom de son domaine de Sarlabot, en Normandie. En 1858, au concours des animaux de boucherie de Paris, M. Dutrone a obtenu la prime d'honneur pour Sarlabot Ier, un bœuf de cinq ans, sans cornes, qui a été reconnu de beaucoup supérieur aux autres concurrents, pour le rendement proportionnel de viande, pour la finesse de la peau, la légèreté du squelette ou charpente osseuse. Il y a lieu de croire que, dans quelques années, le bœuf à tête nue aura remplacé le bœuf à cornes dans toutes les exploitations agricoles.

Joseph. — Ne peut-on pas atteler la vache comme le bœuf; et, dans ce cas, continue-t-elle à donner du lait?

Le Maitre. — La vache se prête de la meilleure volonté du monde aux travaux de la culture, et son rendement en lait n'en souffre nullement. En Lorraine, dans la partie allemande, on voit fréquemment des attelages complets de vaches; mais cet animal a beaucoup moins de force que le bœuf. Sa mission, du reste, est plutôt de nous donner du lait que de traîner nos fardeaux. Il y a de bonnes vaches laitières dans tous les pays; mais les meilleures sont celles de la Suisse et de la Hollande. En Suisse notamment, il n'est pas rare de trouver de toutes petites vaches donnant jusqu'à trente litres de lait par jour; mais le pâtre suisse a pour elles les mêmes attentions que l'Arabe pour son cheval. « Ce n'est pas par le pis que les vaches font le lait, dit-il, mais par la bouche, c'est-à-dire grâce à une abondante nourriture : » et il dit vrai. En général, une bonne vache laitière a la tête petite, la peau fine, la physionomie douce. Il y a quelques années, un cultivateur nommé Guénon, des environs de Libourne (Gironde), a découvert un moyen très-simple de reconnaître une bonne laitière. Doué d'un grand esprit d'observation, Guénon remarqua que les vaches ont, à la partie postérieure des cuisses, des poils rebroussants, dirigés dans un sens opposé aux autres. Il remarqua ensuite que plus ces poils sont nombreux, c'est-à-dire plus les parties, que l'on appelle écussons, qui les produisent sont étendues, plus la vache produit de lait. Voilà tout le secret de Guénon, et c'est là une méthode infaillible.

Quant à la manière de préparer le beurre, vous la connaissez tous. Autrefois les ménagères le faisaient en broyant la crème avec leurs mains et pendant des heures entières. Aujourd'hui, on se sert généralement de la baratte de Girard, et on obtient le beurre après quelques minutes d'un travail qui consiste à tourner une manivelle.

Voici un procédé plus simple encore et que j'ai pris dans la *Gazette des campagnes*. On place la crème dans un sac de toile ordinaire, que l'on renferme dans un autre de toile grossière. On les met ensuite tous les deux en terre, dans un trou de trente à quarante centimètres de profondeur. On referme le trou avec de la terre, et, après vingt-quatre ou vingt-cinq heures, on retire le tout. On prend la crème qui s'est fortement durcie, on la broie dans un mortier ou pilon; la beurrée sort, et après avoir versé dessus un peu d'eau, le petit-lait se sépare et le beurre est fait. Cette méthode est la seule employée en Normandie, en Picardie et en Artois.

JOSEPH. — Mais en hiver, quand la terre est gelée, il doit être bien difficile d'opérer de cette manière?

LE MAITRE. — En hiver, on fait le beurre dans les caves avec du sable, et l'opération réussit parfaitement.

Les vaches qui mangent du fourrage vert, du trèfle surtout, sont exposées à la météorisation ou gonflement, occasionné par les gaz qui se dégagent dans l'estomac. Pour combattre la maladie, on fait avaler à la bête une certaine quantité de salpêtre en poudre délayé dans de l'eau-de-vie, ou encore de l'eau de javelle ou de l'ammoniaque étendu d'eau.

Si le gonflement s'accroît toujours, on emploie la sonde, un petit instrument formé d'un tube que l'on introduit dans le gosier de la bête, et que l'on fait descendre dans l'estomac. Les gaz s'échappent alors par ce tube, et l'animal est immédiatement soulagé et guéri.

Le porc. Le porc ou cochon est une ressource précieuse; c'est lui seul qui fournit de la viande aux habitants de la campagne. C'est l'animal le plus facile à élever. Il se contente de tout, et se fait un festin des débris de substances animales ou végétales, que les autres animaux ont laissées. Cependant on doit tenir sa loge aussi propre que possible, le laver souvent afin de le débarrasser de la vermine qu'il attire sur lui en se vautrant dans la boue. Ce sont là des soins qui sont amplement récompensés; car le cochon étant propre, profite beaucoup mieux, et par là s'engraisse beaucoup plus vite. Le pavé de sa loge doit être un peu incliné, afin de donner de l'écoulement aux urines.

Quoique nos heures soient comptées maintenant, car nous en sommes à notre dernière causerie, je dois vous dire quelques mots pourtant d'une maladie terrible, engendrée par un ver parasite et interne du porc, et dont je ferai l'histoire dans un ouvrage que je vais publier et intituler « *Les monstres du monde invisible.* » Cette maladie s'appelle la *trichinose*, et est produite par un ver appelé *trichine* de un à deux millimètres au plus, qui se loge dans les muscles ou la chair, et qui a été découvert par un savant anglais en 1835. Aussitôt se mirent à l'étude entomologistes, anatomistes et médecins. A Gœttingue, M. Herbst; à Berlin, M. Wischow; en France, plusieurs naturalistes firent de nombreuses expériences; puis la question fut abandonnée jusqu'au 12 janvier 1860, époque où une jeune paysanne mourut à l'hôpital de Dresde d'une maladie inconnue jusqu'alors, mais présentant tous les symptômes de la fièvre typhoïde. Le docteur Zenker fit l'autopsie de la jeune fille, et son étonnement fut grand, en trouvant tous les muscles de la pauvre paysanne envahis par des milliers de trichines. Il fit une enquête et apprit alors que la défunte, vingt-huit jours avant sa mort, avait mangé chez le fermier, son patron, de la viande d'un porc qui avait occasionné de fortes indispositions à tous ceux qui en avaient goûté. M. Zenker demanda de cette viande; il en restait encore; il l'examina au microscope : elle était remplie de trichines.

La question fut abandonnée encore.

Enfin, en 1865, un boucher de Habersleben, bourg situé à quelques kilomètres de Magdebourg, rappela le monde savant à l'étude de la trichine. Ce boucher tua deux porcs qui lui avaient été vendus par un inconnu, sur un marché d'une petite ville d'Allemagne. Le boucher et sa femme, qui s'étaient réservé les morceaux les plus friands sans doute, moururent quatre ou cinq jours après. Les voisins du boucher eurent leur tour ensuite, puis d'autres personnes ; enfin, en moins de trois semaines, plus de deux cents individus succombèrent, pour avoir mangé des deux porcs inconnus. On fit l'autopsie des morts, et l'on constata que leurs muscles étaient infestés de trichine, en quantité incalculable.

La question fut donc encore remise à l'étude, et cette étude n'est pas terminée ; car le monde des insectes pourrait bien être justement appelé le monde des mystères.

Je m'arrêterai là, mes enfants, et je n'ajouterai plus qu'un mot, c'est que la trichinose n'a pas encore fait son apparition en France. Notre préservatif, c'est surtout la précaution que prennent nos excellentes cuisinières de ne nous servir jamais nos mets que parfaitement cuits ; exposées à une température de soixante degrés, les trichines succombent. Voilà notre secret.

Pour terminer enfin, je vous dirai que les anciens, les Romains surtout, nourrissaient les porcs exclusivement avec le gland du chêne, qui donne au lard et à la viande cette teinte rosée si appréciée des gourmets. C'est pour cette raison encore, que les jambons de Mayence, de Strasbourg, de Nancy, ont une si haute réputation. Les Grecs mêmes faisaient un grand cas du porc ; dans leur rage de gourmandise, ils faisaient souffrir aux porcs des tortures inouïes : ils les tuaient avec des fers rougis au feu, afin que le sang s'épanchât dans les muscles et les rendît plus succulents, plus fins, plus délicats.

Je m'aperçois que j'ai fait jusqu'ici tous les frais de la causerie. Joseph ne pourrait-il pas m'aider un peu en parlant du mouton ?

Joseph. — Autrefois on élevait les moutons presque uniquement pour leur laine ; mais maintenant la vente de ces animaux est une source de profits considérables, depuis que la viande a doublé de prix. Le mouton exige peu de soins pendant la belle saison qu'il passe à la campagne; il en exige peu, même en hiver; car aussitôt qu'il y a un rayon de soleil et qu'il n'y a pas de neige, on peut le conduire pâturer. Dans le midi de la France, dans le Périgord, par exemple, les moutons pâturent toute l'année, conduits par des jeunes filles, des vieilles femmes ou des enfants.

LE MAITRE. —Il ne nous est pas possible d'entrer dans tous les détails qu'exigerait un tel sujet; je me contenterai donc d'ajouter à ce qu'a dit Joseph, que le mouton est d'un très-grand rapport, partout où il y a des terrains en friche, couverts d'une herbe trop courte pour qu'on puisse la faucher, et dont le mouton fait son profit.

Le mouton est assez fréquemment atteint de maladies, dont les principales sont :

1° La *pourriture*, occasionnée par les mauvais fourrages ou l'humidité. On ne peut sauver l'animal qui en est atteint; mais on préserve les autres, en mêlant à la litière, du vinaigre ou de l'eau salée.

2° La *clavelée* se déclare par de petites taches rouges qui se changent en boutons. L'animal alors paraît morveux et tousse continuellement. Cette maladie pardonne encore moins que la précédente.

3° Le *piétin* ou panaris, ou mal blanc, ou fourchet, que l'animal contracte dans les bergeries mal tenues. On guérit le piétin en nettoyant convenablement le pied avec un instrument tranchant, et en l'humectant ensuite avec de l'eau forte.

4° Le *tournis*, dont j'ai parlé dans mon ouvrage : *Les oiseaux et les insectes*, et qui est généralement occasionné par un insecte qui dépose ses œufs dans les naseaux du mouton. Voici un préservatif à peu près infaillible, découvert par un éleveur en 1860. Il consiste à donner pour litière aux moutons, un mélange de buis et de genièvre. L'odeur forte de ces deux plantes chasse au loin les insectes qui sont ainsi forcés d'aller déposer leurs œufs ailleurs.

5° Et enfin la *gale*, qui est produite, chez le mouton comme chez l'homme, par la présence d'un insecte appelé *acarus scabiei*. Dans l'*Abeille médicale* de 1864, M. le docteur Decaisne a indiqué le remède suivant, très-simple et d'une efficacité complète. Il suffit d'appliquer sur la peau du galeux, mais sans frotter ni frictionner, une légère couche d'huile de pétrole. L'insecte est foudroyé, et le malade est guéri en moins de vingt-quatre heures.

Il ne nous reste plus maintenant qu'à parler du chien, le gardien du troupeau.

ÉMILE. — Le chien du berger n'est-il pas la souche de toutes les autres espèces?

LE MAITRE. — Oui, on le pense, du moins, parce qu'il a dans le port, dans la démarche, dans toutes ses allures, quelque chose de rude, de sauvage ; c'est lui qui se rapproche le plus de l'état de nature. Il naît pour la vie des champs; partout ailleurs il semble déplacé, il paraît honteux et n'a plus cet air fier qui le distingue lorsqu'il conduit son troupeau.

ÉMILE. — Le chien du berger se dresse-t-il naturellement à la garde du troupeau?

LE MAITRE.— Non, mon ami. Quoique l'on ait dit que le chien de chasse, *chasse de race*, cela n'est vrai qu'à demi, pour le chien de berger comme pour le chien de chasse. L'éducation du chien de berger est lente, pénible, et ce n'est guère qu'à partir de la troisième année que le chien est *fait*.

Pour arriver à dresser un jeune chien, le berger se sert ordinairement de vieux serviteurs, roués dans le métier; ce sont eux qui conduisent le jeune élève; mais que de fois il faut répéter la leçon!

Le berger et son chien vivent en famille ; ce sont deux amis inséparables. Aussi voit-on souvent des bergers refuser de leur chien des sommes relativement considérables pour ces pauvres gens. Quant au chien, c'est l'être le plus soumis, le plus inoffensif. Compagnon d'hommes simples, paisibles, étrangers pour ainsi dire au monde entier, il n'a d'autre volonté que celle de son maître, d'autre bonheur que de lui sacrifier sa liberté, sa vie, s'il le faut.

Au mois de mars 1869, le *Journal de Seine-et-Marne* a rapporté le fait suivant. Un berger avait dans son troupeau une centaine de moutons gardés par deux chiens. Un soir, en rentrant au bercail, il s'aperçut qu'il lui manquait une brebis et son vieux chien. Voici ce qui était arrivé : la brebis avait mis au monde un petit agneau. Le chien avait cherché à ramener à la maison la mère et l'enfant ; mais celui-ci ne pouvant marcher, le chien s'était établi protecteur de la nouvelle famille. Après deux jours de recherches, le berger retrouva la brebis perdue, le petit agneau et le pauvre chien. L'agneau avait tété sa mère ; celle-ci avait brouté de l'herbe; seul le vieux serviteur avait jeûné quarante-huit heures, afin de ne pas quitter son poste et de servir son maître.

Mais l'heure est passée depuis longtemps, mes enfants, et nous sommes encore à causer...

Joseph. — Nous avons tant de bonheur à entendre parler du chien, que nous resterions volontiers en classe, si vous consentiez à nous raconter quelques traits d'intelligence ou de dévouement de ce fidèle ami de l'homme.

Le Maitre. — Joseph est un tentateur. J'acquiesce à sa demande; mais pour le punir un peu, c'est lui qui va parler. Il voudra donc bien nous lire un petit article que j'ai publié, il y a quelques semaines, dans le bulletin de la *Société protectrice*, de Paris. Il s'agit de mon chien Ribaud, que vous connaissez tous.

Les Enfants. — Et qui est intelligent, celui-là !...

Le Maitre. — Joseph, prenez donc ce bulletin n° 7, qui est dans notre bibliothèque scolaire.

JOSEPH. — Le voici, Monsieur.

LE MAITRE. — Lisez alors ! N'oubliez pas, mes enfants, que c'est moi qui parle.

JOSEPH. — Ribaud :

RIBAUD.

« Dans mon ouvrage « *Les Oiseaux et les Insectes,* »
j'ai fait mention quelque part de ma chienne Diane, qui
jadis servait de monture à un rouge-gorge qu'un heureux hasard avait amené chez moi. Ma pauvre Diane est
morte il y a longues années déjà ; mais j'ai conservé un
de ses descendants, aussi aimable et beaucoup plus intelligent qu'elle, et que j'appelle du nom historique de
Ribaud. En ce moment il est couché sur mes pieds, me
regarde de ses grands yeux presque humains et semble
deviner que je parle de lui. Ribaud est, comme sa mère,
la plus docile et la meilleure créature du monde ; c'est
un grand épagneul, à longs poils soyeux, d'une blancheur éblouissante, quelque peu tachetés de noir. Il a
six ans ; il est donc dans toute la force de la vie, dans
toute la splendeur de la beauté, dans toute la plénitude
de l'intelligence. Je ne dirai rien, ni de ses facultés physiques, ni de ses qualités morales : il ne manque pas de
chiens qui joignent la solidité du jarret à la grâce des
formes et à l'éclat de la robe ; il n'en manque pas non
plus qui pleurent leur maître, qui suivent son convoi
funèbre, qui meurent même sur sa tombe : depuis le
chien d'Aubry de Montdidier qui étrangla le chevalier
Macaire, jusqu'à celui de M. Pictet, qui parcourut huit
cents lieues de pays, tant en Russie qu'en Autriche,
en Pologne, pour retrouver son maître ; l'histoire four-
mille de ces traits d'attachement, de fidélité, de la race
canine. Je ne parlerai que de son intelligence dont je
citerai trois traits seulement entre mille.

En 1865, je demeurais au deuxième étage d'une grande
maison dont la porte principale restait toujours ouverte,

parce qu'un policeman occupait le rez-de-chaussée et entrait et sortait à toutes les heures. Ribaud m'accompagnait souvent dans mes courses en ville, portait parfois mes commissions, causait de temps à autre à un camarade qu'il rencontrait en chemin ; mais ne me quittait jamais des yeux, et savait toujours me rejoindre à l'entrée du logis. Or, un jour que nous avions parcouru ensemble une partie de la ville, et que nous rentrions fatigués l'un et l'autre, au moment d'ouvrir ma porte, je m'aperçus que j'avais oublié ma clé ; je sonnai, Joseph vint ouvrir et nous entrâmes. Le lendemain, j'étais occupé à écrire je ne sais quel conte bleu ou rose, je ne sortis pas de la journée ; Ribaud, lui, qui n'écrit pas, fit sa promenade habituelle et rentra à l'heure réglementaire du dîner. Comme toujours la porte était fermée ; mais au lieu de se coucher et de gémir pour se faire entendre, il se dressa contre le mur sur ses pattes de derrière, et, de l'une de ses pattes de devant, il tira très-délicatement le cordon. Joseph accourut, ouvrit et poussa un bruyant et immense éclat de rire en reconnaissant le singulier visiteur. Aux cris de Joseph, j'accourus à mon tour.

— Qu'y a-t-il, demandai-je précipitamment ?

— C'est... c'est Ribaud, bégaya mon brave Joseph en éclatant de nouveau... C'est Ribaud qui a sonné...

Je ris à mon tour et de grand cœur. Quant au chien, il courait, sautait, bondissait de joie, paraissant fier de sa prouesse, semblant se féliciter d'avoir réussi, et nous demandant nos félicitations.

On l'a dit avec raison : en bien et en mal, il n'y a que le premier pas qui coûte. Ribaud avait fait le premier pas, et, à partir de ce jour, il ne rentra plus sans sonner. Souvent même, lorsqu'il sortait avec moi, au retour il se précipitait sur l'escalier, courait à la sonnette et tirait le cordon. On a vu maintes fois des chiens et même des chats sauter sur le loquet d'une porte, le faire tomber et ouvrir la porte ; cela n'est que de l'esprit d'imitation ; mais dans l'acte accompli par mon épagneul, il y a certes une preuve irréfutable d'une grande intelligence unie à une certaine puissance de mémoire. Résumons les faits. Le chien rentre un jour avec moi ; je tire le cordon, le bruit de la sonnette retentit et Joseph ouvre la porte. Le lendemain, le chien rentre seul ; la porte est fermée, le cordon est là, immobile, inerte, mais il rappelle un souvenir, et l'épagneul se dit : quand on remue ce cordon, il fait du bruit et la porte s'ouvre ; c'est ainsi que mon maître a fait hier. Et, conséquent dans ses calculs, il tire le cordon, la sonnette fait le bruit désiré et la porte s'ouvre. Voilà certainement, en substance, le raisonnement que la vue du cordon a dû inspirer à mon chien... Est-ce là de l'instinct ? Non, c'est de l'intelligence la plus pure, et, je le répète, unie à une grande puissance de mémoire.

Voici un autre fait et d'un autre genre. Dans cette même maison, j'avais dans mon cabinet de travail une collection à peu près complète de tous les oiseaux de volière : depuis le moineau que l'on trouve partout et que chacun connaît, jusqu'aux bengalis et aux sénégalis que l'on ne rencontre que sous la zone tropicale ; depuis le prosaïque gros-bec qui se nourrit de noyaux de cerises, jusqu'au grimpereau-roitelet, dont le bec, aigu et fin comme la plus fine aiguille, va saisir les petits insectes cachés dans les aspérités de l'écorce des arbres ; depuis la veuve enfin, toute vêtue de noir, jusqu'au superbe cardinal à l'éclatante robe purpurine... Par une belle matinée de printemps donc, et dans ce cabinet où se trouvait un spécimen du monde ornithologique, j'étudiais longuement, patiemment, au microscope, un insecte très-rare, le *taupin*, qu'un bribeur des bois m'avait apporté. J'étais tout absorbé par le travail de l'observation, lorsque tout à coup le tocsin, annonçant un incendie, vint m'arracher aux rêveries poétiques

qu'inspire toujours l'étude des infiniment petits. Je me
levai en sursaut, je descendis dans la rue pour m'infor-
mer... Selon son habitude, mon épagneul était étendu à
mes pieds ; me voyant courir sans chapeau et sans canne,
ce qui m'arrivait quelquefois, il pensa que j'allais revenir et ne me suivit pas. Par mégarde, j'avais oublié
de fermer la porte du cabinet. Au moment où je m'élan-
çais dans la rue, le docteur Jean, un de mes vieux amis
et maîtres en entomologie, se rendait précisément chez
moi par une porte de derrière donnant sur mon jardin.
Comme il lui arrivait dix fois par jour de passer à la
maison, voyant toutes les voies ouvertes, il voulut entrer sans aucune formalité. Mais arrivé sur le seuil de
mon cabinet, il fut singulièrement étonné d'y trouver,
sous la forme de Ribaud, le dragon de la fable menaçant,
grognant, la gueule à demi ouverte et prêt à mordre, lui
toujours si calme, si débonnaire, si *bête*... Le docteur
connaissait le chien ; le chien connaissait le docteur qu'il
voyait, je l'ai dit, dix fois par jour, qu'il caressait, avec
qui il jouait. Je rentrai quelques minutes après, et je
trouvai les deux champions en présence, le docteur voulant entrer, l'épagneul voulant mordre. A ma vue, Ribaud se calma subitement, courut à moi, courut au docteur, lui lécha les mains, lui témoignant toute la joie que
l'on éprouve à la vue d'une personne aimée, et absente
depuis longtemps. Mon vieil ami était stupéfait.

— Mais qu'avait donc votre chien, tout à l'heure,
Maître ?

Je souris.

— Il n'avait rien, dis-je ; seulement il sait que mon
cabinet renferme ce que j'ai de plus précieux au monde,
et comme j'avais laissé imprudemment la porte ouverte,
il s'était constitué gardien de mes trésors.

Le docteur sourit à son tour, mais d'incrédulité, et il
partit.

C'est là mon second fait.

Ici ce n'est plus un souvenir qui agit sur la mémoire de la bête; c'est tout un calcul intelligent : faisons-en l'analyse. Le chien a vu tous les jours le maître s'occuper des oiseaux, les soigner, leur donner à boire, à manger, les caresser quelquefois. Il a vu maintes fois le maître écouter d'une oreille attentive et charmée, le ramage, le gazouillement, le chant des habitants des volières; il a remarqué que jamais la porte du cabinet n'est restée une seule minute ouverte. De ces données il a conclu que les oiseaux sont des êtres précieux, auxquels le maître tient énormément et qu'il a oubliés un instant. Alors lui, serviteur fidèle, se pose comme geôlier du cabinet du savant; il n'y laissera pénétrer personne, pas même les plus intimes de la maison; voilà pourquoi il montre les dents au docteur, qu'il connaît pourtant. Voilà pourquoi il s'apaise à l'arrivée du maître, parce qu'alors sa responsabilité est sauvée : il n'est plus gardien. N'est-ce pas là de la haute intelligence, aidée d'une logique serrée, mathématique, et, je puis l'ajouter, unie à un profond sentiment de reconnaissance et de dévouement.

J'arrive enfin à mon troisième et dernier fait.

A quelques kilomètres de Nancy, sur la route de Toul, se trouve une immense exploitation agricole appelée la *Ferme des Quatre-Vents*, parce que les bâtiments ruraux se trouvent placés sur une côte fort élevée, et par conséquent exposés à tous les vents. Dans mes promenades à la recherche des insectes, je passais très-souvent aux abords de cette ferme, mais sans m'y arrêter; d'abord parce que je n'y connaissais personne, ensuite parce que je n'avais rien à y faire; mais Ribaud, qui était toujours mon compagnon de voyage, y faisait de petites stations et liait connaissance avec deux de ses collègues, chiens de garde de la maison. La meilleure intelligence, qui semblait régner entre eux, fut troublée un certain jour à propos d'une carcasse de poulet ou de perdreau, que les gardiens de la ferme voulaient posséder à eux seuls, et dont lui voulait aussi avoir sa part. Il s'ensuivit tout naturellement une querelle, qui, tout naturellement aussi, fut suivie d'une bataille où le pauvre Ribaud fut mordu, blessé, écharpé, et d'où il me revint tout ensanglanté et tout penaud. Je ne dis rien : les chiens de garde étaient sur leur terrain, ils avaient été les plus forts; tant pis pour l'imprudent qui était allé leur chercher noise. Près de six mois s'étaient écoulés, j'avais oublié la défaite de mon épagneul, qui lui-même semblait ne plus y penser; car deux fois, en approchant de la demeure maudite et en voyant ses deux batailleurs, il s'était glissé près de moi, me suivant pas à pas, et avait *filé doux*, comme on dit vulgairement. Mais ce calme n'était qu'apparent : il couvait une effrayante tempête. Nous étions arrivés au printemps, et j'avais recommencé mes courses vagabondes... C'était le 1er mai, je me le rappelle, parce que j'ai inscrit la date sur mes notes... J'allais à la forêt; il était dix heures du matin et il faisait un soleil magnifique... L'épagneul me suivait à deux pas, rêveur, l'œil plongeant dans le lointain... Tout à coup il s'élance comme une flèche... je l'appelle... Ribaud, Ribaud, Ribaud,... je le siffle, je crie, je gronde, je menace,... et rien; il poursuit sa course folle, insensée, frénétique. Je l'ai dit, Ribaud est la bête la plus docile que je connaisse; sur un signe, il m'obéit sans hésitation, quelle que puisse être d'ailleurs la dureté de l'ordre. Je ne savais que penser de cette soudaine insubordination. Le mystère me fut bientôt expliqué; car il ne s'était pas écoulé deux minutes, que j'entendais des cris, des hurlements à effrayer les plus braves : Ribaud était de nouveau aux prises; mais cette fois avec un seul chien de la ferme, qu'il avait vu rôdant dans la campagne, et sur lequel il s'était précipité, malgré mes appels et mes menaces. La lutte ne dura pas longtemps, et bientôt le pauvre gardien fermier fut battu, mutilé, roué, haché, pour ainsi dire, et mis dans l'impossibilité de retourner au logis. Après s'être bien vengé, Ribaud s'en revint triomphant ; mais à mon regard sévère, il comprit sa faute, baissa la tête, suivit mes talons, honteux, sinon repentant. Je le laissai ainsi une demi-heure, pendant laquelle il n'osa lever les yeux ; puis, m'arrêtant subitement et fronçant les sourcils, je l'apostrophai ainsi : « Mauvais chien, mauvais serviteur, va-t'en, je te chasse et pour toujours. »

Ribaud s'était étendu à mes pieds, pleurant, gémissant, implorant mon pardon de ses yeux si expressifs, si doux. Je continuai alors ma promenade ; aussitôt le chien se mit à gambader, à folâtrer, à s'éloigner de moi en jouant, puis à revenir gai, joyeux, fou de bonheur.

Voilà mon dernier fait ; faisons-en l'analyse. Le chien a été battu par deux chenapans, selon lui. En mémoire de cet événement malheureux, il ne passe plus près de la ferme, parce qu'il ne peut lutter contre deux adversaires. Il rêve longtemps sans doute une vengeance cruelle ; une occasion se présente : il voit, seul, isolé, loin de tout secours, un de ses querelleurs. Il ne pense plus alors qu'à satisfaire sa haine ; il se précipite malgré les cris, les menaces du maître, qu'il aime pourtant ; il saisit son ennemi, le mord, le déchire, se venge enfin... puis il revient... alors il est honteux. Son maître se contente de le regarder, mais d'un regard méprisant... Il le suit, l'oreille basse. Le maître s'arrête, se fâche, tempête : tout est fini, la faute est expiée, le chien redevient gai, comme je l'ai dit, fou de bonheur...

Est-ce là de l'instinct? Pour moi c'est de l'intelligence pure, jointe à un profond calcul, et j'oserais presque dire à une certaine connaissance du cœur humain. Suivez ce raisonnement. « Le maître ne dit rien, ne disons rien, parce qu'il est en colère. Le maître crie, frappe du pied, me chasse ; donc tout est oublié... »

CHAPITRE XV.

27. Oiseaux de basse-cour. — Poulailler ambulant. — Les dompteurs de bêtes. — Van-Amburg. — Derniers conseils. — La marchande de bonheur. — La rage.

LE MAITRE. — L'histoire de Ribaud nous ayant entraînés un peu trop loin, à notre dernière leçon, il ne m'est plus resté de temps pour vous parler de la rage, cette effrayante maladie qui se développe fréquemment chez le chien, dans les moments de grande chaleur ou de grand froid.

La cause de cette maladie est restée inconnue, et malgré les immenses progrès que la science a faits dans ces derniers temps, elle n'a pu arriver encore à nous donner de remède certain contre ce fléau. Je vais vous indiquer cependant les préservatifs le plus généralement employés.

Aussitôt que l'on a été mordu par un chien enragé ou suspect de rage, on doit presser fortement la blessure dans tous les sens, afin d'en faire sortir le sang et surtout la bave, qui est le principe du mal. On lave ensuite la blessure, soit avec de l'alcali volatil étendu d'eau, soit avec de l'eau de lessive, de l'eau de savon, de l'eau de chaux, de l'eau salée, ou, à défaut, avec de l'eau pure. On applique enfin sur la blessure un fer chauffé à blanc, et l'on peut alors attendre l'arrivée du médecin. Ce moyen, du reste, est connu de tout le monde ; car, tous les ans depuis 1863, l'Autorité le fait publier dans tous les journaux.

En 1858, un garde forestier saxon, du nom de Gastell, arrivé à l'âge de quatre-vingt-deux ans, et ne voulant pas emporter dans la tombe un secret que lui avait confié son père, a publié dans le *Journal de Leipzig* une recette préservatrice de la rage, recette qu'il a employée pendant plus de cinquante ans et toujours avec succès.

Elle est des plus simples et consiste à laver immédiatement la morsure, avec du vinaigre et de l'eau tiède, à
la laisser sécher, puis à verser sur la plaie quelques
gouttes d'acide hydrochlorique. Cet acide détruit le ve-
nin de la salive, et tout danger est passé.

En 1860, la *Presse médicale belge* a publié aussi la
recette suivante, recommandée par le révérend Père Legrand de la Liray.

Faire bouillir une poignée de *datura stramonium*
dans un litre d'eau. Laisser réduire jusqu'à moitié du
liquide, et administrer le tout en une seule fois au patient. Il se déclare aussitôt un violent accès de rage,
mais de courte durée. Le malade est guéri en vingt-
quatre heures.

Le Père Legrand, qui a servi d'interprète à l'amiral
Rigault de Genouilly, est un des plus anciens et des plus
vénérables missionnaires du Tonquin et de la Cochinchine.

Enfin en 1868, dans le *Figaro* du 6 ou 7 juillet, on
lisait : « M. de Saint-Paul, directeur général au minis-
» tère de l'intérieur, fut mordu étant jeune par un chien
» enragé. Il eut le bras droit profondément labouré, les
» chairs furent mises à nu; deux autres personnes, mor-
» dues par le même chien, en même temps que lui, et
» soignées par les procédés ordinaires, moururent hy-
» drophobes.

» M. de Saint-Paul fut traité par des extraits de cer-
» taines plantes. Cette recette est un secret qui se per-
» pétue depuis des siècles, en Lorraine, dans la famille
» d'Ambois.

» Lorsqu'il devint préfet de la Meurthe, M. de Saint-
» Paul, d'accord avec l'évêque de Nancy, demanda et
» obtint de M. d'Ambois la formule de ce merveilleux
» remède.

» On y mit cependant une condition : on le pria de
» ne jamais la publier.

» Malheureusement, M. de Saint-Paul, lié par sa pro-
» messe, n'a pu permettre jusqu'à présent de la rendre
» publique. Sur les vives instances qui lui ont été adres-
» sées, il a écrit à la famille d'Ambois pour être autorisé
» à la livrer, par la voie de la presse, aux trop nom-
» breuses victimes de cette atroce maladie. »

Quelques jours après cet article, le même journal pu-
bliait la formule suivante de la famille d'Ambois. « *For-*
» *mule*. — Une poignée de ruë (galega officinal) ; une
» poignée de la seconde peau d'églantier, après avoir
» enlevé la première ; une poignée de grandes pâque-
» rettes, racines et feuilles bien lavées ; dix gousses d'ail ;
» dix blancs de fiente de poule ; une forte cuillerée de
» sel marin ; trois blancs de poireau.

» Piler le tout dans un mortier en pierre, ajouter
» vingt cuillerées de fort vinaigre de vin pur, et verser
» le mélange dans un bocal hermétiquement bouché.
» Laisser infuser à froid pendant vingt-quatre heures et
» passer dans un linge avec expression.

» Doses à donner à jeun : Pour un homme fort, cinq
» cuillerées ; un adulte, quatre ; une femme, quatre ; un
» enfant, trois, deux, ou une suivant l'âge.

» Quand le malade a absorbé le remède, il faut le faire
» courir pendant une demi-heure environ, et ne lui per-
» mettre de manger que deux heures au plus tôt après
» avoir pris la potion.

» On met le marc sur les plaies, quand elles sont en-
» core saignantes, et on les scarifie. Si les plaies remon-
» tent à une époque éloignée, on les saupoudre de can-
» tharides avant d'y appliquer le marc.

» Les personnes qui auront pris ce remède ne man-
» geront, dans ce jour, ni lait, ni fromage, ni crudité.
» Il est efficace, même après le second accès de rage.

 » *Signé :* le marquis de LASTIG-SAINT-JAL. »

Telle est la recette. Seulement je dois ajouter, pour
rendre justice à la vérité, que ladite recette, donnée avec

tant de mystère par le *Figaro* en 1868, avait été publiée dans le n° 52 de la *Science pour tous*, année 1859, par M. Vincent de la Croix, de Romans (Drôme). J'ai ce numéro chez moi, et je puis le montrer à qui désirera le voir. N'est-ce pas encore le lieu de dire : Il n'y a rien de nouveau sous le soleil.

Il nous resterait beaucoup à dire encore sur les chiens sauvages qui vivent en famille, dans les forêts vierges de l'Amérique ; sur les chiens sans poils, de la Nouvelle-Calédonie ; sur les chiens sans queue, des Nouvelles-Hébrides. Nous aurions également à parler de la chèvre, du chevrotin musqué ou porte-musc surtout ; mais nous ne pouvons nous arrêter davantage. Puis je traiterai longuement ces questions dans un ouvrage que je prépare, et que je vous donnerai pour livre de lecture : je l'intitulerai les *Bêtes curieuses*.

ÉMILE. — Est-il bien vrai, Monsieur, qu'il y a eu des hommes qui ont dompté les bêtes les plus féroces ?

LE MAITRE. — J'en ai vu un moi-même à Paris, en 1867, à l'Exposition universelle.

Mais dans le monde des cirques et des ménageries, le plus célèbre dompteur connu est Isaac Van-Amburg, né en 1811, dans une petite ville du comté de Duchess, dans le Kentucky. Van-Amburg était petit-fils de Vorboys Van-Amburg, dont le nom de guerre, *Tangborgon-d'Oon*, signifie, dans la langue du pays, *le grand roi des forêts*. Quant au père de Van-Amburg, il est peu connu ; tout ce que l'on sait de lui, c'est qu'il avait une horreur invincible ou plutôt une crainte puérile de toute espèce d'animal, et qu'il mourut subitement de la frayeur qu'il éprouva en apercevant, au détour d'une rue, l'image d'un sanglier peint sur une enseigne.

Le Kentucky est couvert en partie d'immenses pâturages, d'impénétrables forêts, et arrosé par le Mississipi, l'Ohio, le Kentucky, le Big-Sandy et plusieurs autres rivières.

ÉMILE. — Et le grand-père de Van-Amburg, était-il dompteur de bêtes ?

LE MAITRE. — Non ; il était chasseur et passait sa vie dans les immenses forêts vierges, ce qui lui avait valu son nom de *grand roi des forêts*. Isaac Van-Amburg, lui, tout enfant, méprisait les jeux de son âge, et les seuls objets qui pussent l'amuser, c'étaient les petits animaux, les hannetons, les araignées ; plus tard, les souris, les rats. A douze ans, il était le plus habile écuyer du pays, et de toutes les parties de la province, on lui amenait des chevaux vicieux à dresser. Mais son ardente imagination rêvait un champ plus vaste, et, quelques années après, il parcourait l'Amérique avec la ménagerie de Titus, la plus riche du monde entier, et se montrait, sans même une cravache à la main, entouré de panthères, de lions, de tigres prosternés à ses pieds et obéissant à un mouvement de ses sourcils.

ÉMILE. — C'était sans doute un homme grand et fort ?

LE MAITRE. — Van-Amburg était d'une taille moyenne, avait des traits d'une délicatesse presque féminine, mais était d'une grande vigueur physique. Sa puissance résidait surtout dans ses yeux, doués d'une expression extraordinaire.

CHARLES. — Des yeux étincelants...

LE MAITRE. — C'est tout le contraire. Ses yeux avaient un aspect froid, blanchâtre, comme ceux des cadavres ; mais ils avaient des prunelles très-saillantes, et paraissaient doués de la faculté bizarre de voir obliquement, comme ceux du caméléon. Aucune bête féroce n'osait soutenir son regard fixe, qui semblait produire sur elle un effet magnétique, irrésistible. Il domptait les tigres, les lions, presque toujours à la première entrevue, et de tous les animaux sauvages qui lui ont été présentés, aucun n'a pu résister à sa puissance fascinatrice.

Et pourtant cet homme si fort tremblait devant le plus petit reptile, le plus inoffensif lézard. « Chacun de nous a sa spécialité, disait-il. »

Il avait, du reste, sur les animaux, des idées absolument contraires à toutes les opinions admises par les savants et les naturalistes. Les moments les plus heureux de sa vie étaient ceux qu'il passait au milieu des bêtes féroces dont il avait fait ses fidèles esclaves. Cependant il établissait de grandes distinctions morales entre ses divers associés. Ainsi, il avait le plus grand mépris pour les hyènes, qu'il regardait comme les bêtes les plus lâches; au contraire, il professait une sorte d'admiration pour les loups. — « Quand j'y songe, répétait-il souvent, j'ai honte de l'humanité. Les loups sont les êtres les plus intelligents et les plus doux de la création... »

Émile. — Van-Amburg existe-t-il encore, Monsieur?

Le Maitre. — Il est mort en 1860, dans les pampas qui se trouvent au midi des Cordillières des Andes.

Émile. — Et a-t-il fait quelque travail sur l'art du dompteur de bêtes?

Le Maitre. — Il n'a laissé aucun ouvrage ; cependant il a essayé de fonder une école à Valparaiso, et il n'a pas réussi. Plusieurs hommes remarquables, et parmi eux le capitaine John Kean, ont écrit son histoire. Mais recueillît-on dix fois, cent fois, plus de documents, de faits, de témoignages, que l'on n'en possède sur cet homme, il restera toujours sur sa puissance magnétique, sur sa personne, sur ses opinions bizarres, mais qui font honneur à son cœur, et sur la plupart de ses actes, le voile du plus profond mystère.

Émile. — Une dernière question, s'il vous plaît, Monsieur. Vous avez dit que le nom de guerre du grand-père de Van-Amburg était : « *Le grand roi des forêts.* » Qu'est-ce qu'un nom de guerre?

Le Maitre. — C'est le nom qu'un guerrier, un savant, un artiste... s'est attribué ou a mérité par ses talents, sa science, ses exploits. Quand vous lirez, plus tard, les œuvres de l'Américain Cooper, vous trouverez ces noms de guerre.

Arrivons enfin à la basse-cour : je serais très-heureux, si l'un de vous pouvait nous indiquer les soins qu'exigent les poules, les canards, les dindons, les oies, les pintades même. On élève en effet la pintade dans quelques basses-cours.

Joseph. — Puis-je parler, Monsieur? c'est ma mère et moi qui sommes, à la ferme, chargés de cette besogne.

Le Maitre. — Alors, mettez un peu d'ordre dans votre leçon, et commencez par le poulailler.

Joseph. — Le poulailler doit être aussi vaste que possible. L'intérieur doit être garni d'un perchoir, c'est-à-dire d'une échelle très-large que l'on applique contre le mur, en l'inclinant fortement, afin que toutes les ordures tombent à terre. Une caisse, ouverte à la partie supérieure, et plus ou moins longue, suivant l'espace occupé par le poulailler, est fixée horizontalement au mur. Elle est divisée en plusieurs compartiments destinés à servir de nids aux pondeuses, et elles y arrivent par le perchoir ou par une planche inclinée, garnie de petits escaliers. C'est là tout le mobilier. Le poulailler doit être tenu toujours propre, sec et chaud, et les poules doivent avoir à leur disposition un bassin rempli d'eau.

Les poules demandent peu de soins, et on les nourrit de graines, de pommes de terre, de son humecté d'eau, de farine de sarrasin et de maïs.

Le Maitre. — Dans le département du Cher, il y a quelques années, un cultivateur intelligent s'est avisé de construire un poulailler ambulant, au moyen duquel il fait parquer ses poules, comme on fait parquer les moutons. Le poulailler est placé sur deux roues et est conduit dans les champs; au-dessous de la charrette se trouve un grand baquet d'eau, que l'on renouvelle tous les matins, en allant donner la liberté aux poules. Le soir, on distribue de la criblure de blé, de l'avoine, et toutes les poules rentrent au logis.

Non-seulement il y a, dans l'emploi de cette méthode, une grande économie de nourriture, et l'immense avantage de ne rien perdre en engrais, mais on y trouve encore cet autre avantage plus important : conduites sur une terre fraîchement labourée, les poules détruisent, en quelques heures, toutes les limaces et toutes les larves de hannetons, mises à découvert par la charrue. Mais vous comprenez parfaitement que le poulailler ambulant ne peut être employé que dans les grandes exploitations ; il devient impossible partout où la propriété est morcelée. Continuez, Joseph.

Joseph. — Le canard et l'oie exigent moins encore que la poule ; mais il leur faut toujours un bassin d'eau, pour le canard surtout.

Quant au dindon, il est aussi très-facile à nourrir ; mais les dindonneaux font le désespoir des ménagères.

Le Maitre. — C'est bien vrai. Cependant, en leur donnant une pâtée faite de jaunes d'œufs, de mie de pain et d'ortie hachée, on parvient à les sauver. L'époque la plus critique pour eux est le moment où ils *prennent le rouge*, c'est-à-dire ces excroissances rouges qui leur poussent sur la tête et à la partie supérieure du cou. On les préserve de la maladie qui les atteint à cette époque, en mêlant à leurs aliments, pendant quinze jours ou trois semaines, une petite quantité d'oignons hachés menu. Une fois le rouge arrivé, le dindonneau est sauvé et résiste à toutes les intempéries, au froid et au chaud.

La pintade, ou *poule de Numidie,* a une chair délicieuse et fort estimée des gourmets ; de plus elle pond beaucoup, quelquefois plus de cent œufs par an ; mais elle a un cri désagréable, et les jeunes pintadeaux sont plus difficiles à élever encore que les dindonneaux : c'est pour ces deux raisons qu'on la voit rarement dans les basses-cours.

Mes enfants, notre programme étant épuisé, nos causeries agricoles sont terminées. Je désire qu'elles laissent en votre âme des souvenirs aussi agréables que celui que j'en garderai moi-même. Vous avez apprécié combien la campagne est belle pour celui qui sait en comprendre les charmes ; combien le travail donne de bonheur à l'ouvrier laborieux, qui sait ne désirer que ce qu'il peut obtenir. Vous avez vu surtout combien l'étude est facile à celui qui sait régler son temps et donner une place à chaque occupation. Que rien de toutes ces choses ne s'oublie, mes enfants. Je vous l'ai dit, le travail et l'étude satisfont à tous les besoins de l'âme.

Maintenant, et avant de nous séparer, comme le Christ à ses disciples, je vous dirai : « Apôtres, allez, convertissez vos frères ; publiez, propagez nos préceptes ; mais n'essayez pas de les imposer : employez la persuasion, la bonté, la douceur... la douceur qui vous fera posséder la terre... la terre des vivants qui est le ciel, et la terre des cœurs, parce que vous serez appelés les enfants de Dieu. »

Les Enfants. — Oh ! Monsieur, combien il est triste de vous quitter ainsi pendant tout l'été... Nous avions tant de bonheur à vous entendre... Avant de nous séparer, dites-nous encore, nous vous en supplions, une petite histoire, un conte, une légende, ce que vous voudrez ; ce sera votre dernier souvenir.

Le Maitre, *en riant*. — Un conte alors, mais très-court et dont vous tirerez vous-même la morale.

LA MARCHANDE DE BONHEUR.

Jupiter, le puissant maître des dieux, fatigué des supplications et des plaintes des hommes, rassembla un certain jour la Cour Céleste.

— Cette race humaine m'ennuie de ses réclamations, dit-il, tout en colère, et en fronçant ses terribles sourcils ; je vais l'exterminer.

— C'est un projet dangereux, hasardèrent les dieux de second ordre.

— Que faire alors, dit le Souverain de l'Olympe ?

— Accorder aux réclamants ce qu'ils demandent, répondit Minerve.

—Eh, ils veulent tous être heureux ! continua Jupiter.

— Donnez-leur le bonheur alors, répliqua Minerve, et ils le refuseront.

Jupiter réfléchit longtemps. —Qu'il en soit ainsi, s'écria-t-il enfin. — Et appelant à lui une de ses déesses messagères :

« Descends sur la terre, lui ordonna-t-il; parcours toutes les provinces, et offre le bonheur à qui le voudra. »

La messagère obéit à l'instant, et, quelques secondes après, elle était au milieu de la grande ville de Babylone, parcourant les rues et criant :

« Qui veut du bonheur? achetez le bonheur, Messieurs, achetez le bonheur, Mesdames... »

A cette étrange annonce, le public accourut ; mais chacun fut bien désappointé, en voyant la marchande offrir pour marchandise, un petit paquet aux armes de Jupiter, et contenant ce seul mot : *travail...*

— Le bonheur, c'est la fortune, disaient les avares.

— Le bonheur, c'est la gloire, disaient les ambitieux.

— Le bonheur, c'est le plaisir, disaient les jeunes.

— Le bonheur, c'est la vie, disaient les vieux.

La pauvre marchande ne pouvait débiter sa marchandise.... et les badauds criaient : « Elle est folle ! Ohé, la marchande ! ohé, à l'Euphrate la folle, l'idiote ! »

La foule entourait la pauvre messagère et menaçait de la jeter à l'Euphrate. Jupiter et sa Cour s'égayaient de l'aventure.

La journée finit pourtant ; la foule se dissipa, et la messagère, n'ayant rien vendu, triste, désolée, la robe en lambeaux, les cheveux flottant en désordre sur ses épaules, allait par les quais et les rues, cherchant un abri, un refuge pour la nuit.

— Hé ! là-bas, cria tout à coup la voix forte d'un paysan retournant à la campagne, avec sa femme et sa jeune fille. Mais la messagère, à bout de forces, épuisée de fatigue, ne pouvait plus marcher.

— Qu'avez-vous donc ? dit, d'un ton radouci, le paysan qui avait arrêté sa charrette, en voyant que la marchande ne quittait pas le milieu de la rue.

— Je vends le bonheur, dit l'envoyée de Jupiter, en étouffant un soupir, je vends le bonheur, et personne n'en veut.

Elle est folle, pensa le paysan.

— Eh bien, venez chez nous, reprit-il de sa bonne voix ; et je vous achète toute la pacotille...

La messagère sourit d'un sourire d'ange, et suivit le paysan : elle grimpa sur la charrette à côté de la jeune fille.

Arrivé à sa maison, le paysan demanda où était ce bonheur que vendait la marchande.

— Le voilà, dit celle-ci, en donnant le papier aux armes de Jupiter et sur lequel était écrit ce seul mot : *travail*.

— Qu'en dis-tu, Jeanne ? interrogea le paysan, s'adressant à sa femme.

— Prenez sans crainte, dit d'un ton d'encouragement l'envoyée de Jupiter...

Le paysan prit le papier...

Et la messagère disparut...

Le papier ouvert contenait ces mots : *travail et espérance... C'est là le seul bonheur réservé à l'homme en ce monde...*

— Eh bien, nous travaillerons et nous espérerons, dit le paysan, et nous serons heureux!...

Il travailla, espéra, vécut heureux, en effet, et légua à ses enfants, qui le transmirent à leur tour à leurs descendants, le message de Jupiter.

Et c'est depuis cette époque que le bonheur habite la campagne.

QUATRIÈME PARTIE.

Les Jardins.

CHAPITRE XVI.

32. Division de l'horticulture en trois parties. — Clôtures. — L'aubépine. — Légende. — L'épine noire. — L'épine vinette. — Phénomène végétal. — Le troène. — Le fusain, ou bonnet de prêtre.

Le Maitre. — Par une belle matinée de l'automne de 1860, je me promenais dans la campagne, tout mélancolique, tout rêveur. Je pensais alors, avec un certain serrement de cœur, à l'été qui n'était plus, et qui me rappelait de si délicieuses promenades ; à mes vacances, dont les dernières heures s'enfuyaient, pressées, rapides, et comme emportées d'une course frénétique... Puis les feuilles des arbres, toutes jaunissantes, s'envolant dans l'espace à la brise la plus légère, me faisaient pressentir l'hiver avec son funèbre cortége de frimas, de glaces et de neige... Je me berçais philosophiquement dans cette poétique tristesse, lorsque, tout à coup, je me sentis frapper sur l'épaule par une main qui annonçait une force capable de lutter avec l'Hercule de la Fable. Je me retournai vivement sous le choc, pour connaître au plus vite le fâcheux qui liait conversation d'une façon aussi énergique. C'était le père George, un digne cultivateur, qui riait aux éclats de ma surprise, de mon étourdissement.

— Comment vous portez-vous, monsieur le Maître?

— Mais très-bien, monsieur George, et si j'en juge par la force de votre poignet, vous ne paraissez pas avoir souffert beaucoup non plus, depuis que je vous ai vu...

— Non, grâce à Dieu, je n'ai jamais été malade, et j'espère bien ne pas l'être de longtemps. Mais j'ai à vous parler d'autre chose...

— Parlez, parlez; vous savez que je vous écoute toujours avec plaisir.

— Je labourais sur la côte avec mon petit Franz, lorsque je vous ai aperçu. Comme nous avions à peu près terminé notre besogne du matin, j'ai laissé là la charrue et je suis venu. Avant tout, me permettez-vous une question?

— Dix, vingt, si cela peut vous être agréable.

— Est-il vrai que vous faites un ouvrage sur les oiseaux? Franz m'a dit cela, et je n'ai pas voulu le croire.

— C'est parfaitement vrai; et Franz aurait même pu ajouter que je l'ai mis plus d'une fois en scène. Mais savez-vous, monsieur George, que ce n'est pas très-flatteur, ce que vous me dites là.

— Oh! monsieur le Maître, si je dis que je n'ai pas voulu le croire, ce n'est pas que je doute de votre savoir; mais c'est que je ne sais pas comment vous pouvez trouver le temps d'étudier; votre classe vous prend toutes vos heures...

— Et les nuits, monsieur George, les nuits qui vont être si longues bientôt.

— Je vous disais donc, monsieur le Maître...

— Mais je crois que vous ne me disiez rien du tout...

— Ah! vous avez raison. Eh bien, je viens vous demander, s'il est vrai, comme le prétend Franz, que vous savez attirer les oiseaux dans les jardins, les *charmer?*

—Les charmer, non ; les attirer, oui ; et la chose n'est pas bien difficile.

— Oh ! que vous me rendriez service, si vous vouliez en amener quelques-uns dans le nôtre. J'aime tant leur gaieté ! A la campagne, je ne me lasse jamais d'entendre l'alouette...

— Comment, vous avez un jardin, monsieur George ? Vous ne m'en aviez jamais parlé.

— Le jardin du paresseux de l'Évangile, monsieur le Maître, où croissent les ronces et les épines.

— Et pourquoi ne le soignez-vous pas, vous qui soignez si bien vos champs ?

— Mais parce que je n'y connais rien, ni ma femme, ni mes enfants...

— Que ne me l'avez-vous dit plus tôt, je vous en aurais fait un véritable parterre. Voulez-vous me laisser carte blanche ?

— J'en serai heureux ; mais expliquez-moi votre plan, s'il vous plaît.

— Il est bien simple. Nous commencerons par le commencement, cela va de soi. Votre jardin est-il clos ?

Le père George riant à étouffer : — Il a même tous les genres de clôtures : ici, un mur qui tombe en ruines ; là, une haie de vieilles épines sèches ; ailleurs, des palissades vermoulues, pourries ; plus loin, quelques pieux plantés au hasard ; plus loin encore... rien, absolument rien ; de sorte que, bêtes et gens peuvent y pénétrer, et y pénètrent comme sur une place publique.

— Nous commencerons par les clôtures, que nous ferons en haie vive...

—Et si nous faisions un mur ? c'est plus solide et cela dure plus longtemps...

— A ce point de vue, c'est préférable ; mais je dois vous l'avouer, je n'aime pas les murs de jardin. Je suis un peu comme ce philosophe ancien, qui désirait avoir une maison en verre, afin que chacun pût juger sa conduite. Je suis heureux que les voisins, les passants, les curieux puissent voir mes légumes, admirer mes fleurs. Puis, un mur a quelque chose de triste, comme toutes les œuvres des hommes ; il sent la prison, tandis qu'une belle haie verte, parsemée de fleurs, a quelque chose, au contraire, de gai, de joyeux, qui réjouit le cœur, comme toutes les œuvres de Dieu.

— Vous avez toujours raison, monsieur le Maître ; nous ferons donc une haie ; mais en quoi ? en charmille ? elle poussera vite.

— Non ; la charmille nourrirait trop d'insectes, de chenilles, et c'est pour cela que nous n'en mettrons pas non plus dans la *loge*, dont je vous parlerai bientôt. Ensuite, si j'aime que les étrangers jouissent des beautés de mon jardin, je n'aime pas que les malfaiteurs, les animaux même puissent y pénétrer impunément. Nous composerons notre haie d'épines noires et blanches ; ou, si vous aimez mieux, d'*aubépines,* au milieu desquelles nous planterons ou nous sèmerons du liseron, de la pervenche, des églantiers, du troëne, du chèvre-feuille, du sureau, du fusain, de la vigne-vierge, de la bourdaine. Nous sommes d'accord sur ce point, je pense.

— Certainement, monsieur le Maître.

— Ce travail terminé, nous tracerons des sentiers qui diviseront notre terrain en trois parties, destinées :

La première à la culture des plantes potagères, c'est-à-dire aux plantes absolument nécessaires ;

La deuxième à la culture des arbres fruitiers, c'est-à-dire aux plantes seulement utiles ;

La troisième à la culture des fleurs, des arbres d'agrément, des vers à soie, des abeilles, et j'ajouterai même des oiseaux, puisque vous les aimez. Et nous les attirerons bien vite, au moyen d'un petit bosquet d'arbrisseaux, d'arbustes, où ils nicheront à loisir, et où ils nous réjouiront par leur intarissable gaieté.

— Et vous réaliserez tout cela, monsieur le Maître ?

— Doutez-vous encore de moi ?

— Non, mais ce serait presque un miracle.

—Vous savez fort bien, Monsieur George, que de même qu'on peut gagner le gros lot sans mettre à la loterie, on peut faire des miracles sans être saint. La puissance de Dieu est infinie. N'a-t-il pas permis que l'ombre du prophète Samuel répondît à l'appel de la pythonisse d'Endor...

Huit ou dix mois après cette conversation, nous avions un jardin de toute beauté, où légumes, fleurs, arbres croissaient à l'envi: nous possédions aussi un petit bosquet, dans lequel se livraient à leurs joyeux ébats, fauvettes, pinsons, chardonnerets.

Cette petite histoire, que je viens de vous conter, mes enfants, et qui est vraie en tous points, nous a tracé le programme de nos causeries pour cet hiver. L'hiver dernier, nous avons étudié l'agriculture, nous commencerons aujourd'hui notre cours d'horticulture. Procédons comme je l'ai fait, avec le père George, il y a dix ans.

Quoi que j'en aie dit au père George, les murs de clôture sont très-avantageux sous plusieurs rapports:

1° Ils mettent les plantes à l'abri des vents violents qui causent parfois de si grands dégâts ;

2° Ils reflètent les rayons du soleil et hâtent la maturité des fruits ;

3° Ils peuvent servir d'appui à la vigne, aux abricotiers, aux arbres palissés.

Leur construction est de la compétence du maçon et non de la nôtre ; laissons donc à chacun son œuvre.

La haie vive la plus solide, la plus durable, est celle qui est formée uniquement d'aubépine. Cependant, pour mettre un peu de variété, on peut y placer, et à de certaines distances les uns des autres, quelques pieds des plantes que j'ai indiquées dans mon histoire, et dont nous allons dire quelques mots, qui serviront d'introduction à l'étude des plantes de jardin.

L'AUBÉPINE.

> « S'éveillant avec la nature,
> » Le jeune oiseau chantait sous l'aubépine en fleurs.
> » Sa mère lui portait la douce nourriture,
> » Mes yeux se sont mouillés de pleurs.
>
> SOUMET (*La pauvre fille*).

Il y a des plantes qui rappellent des souvenirs si tendres, que leur nom seul porte à une rêverie douce, mélancolique : telle est l'aubépine, l'une des plus belles fleurs et aussi l'une des plus suaves. L'aubépine est une fleur charmante, modeste, dont l'apparition aux premiers beaux jours remplit l'âme d'une sainte joie, car elle annonce le printemps et ses charmes. Aussi les Grecs et les Romains en avaient-ils fait le symbole de l'espérance.

Les jeunes femmes grecques et les dames romaines portaient des rameaux d'aubépine aux noces de leurs compagnes d'enfance. En Grèce, aujourd'hui encore, les paysans ont conservé la coutume de suspendre des branches d'aubépine au-dessus du berceau de leurs nouveau-nés, afin d'obtenir que le ciel les protége.

Il y a une vingtaine d'années à peine, au premier jour du mois de mai, à Bordeaux, on suspendait dans les rues des couronnes faites de rameaux d'aubépine en fleurs ; et le soir, à la lueur de torches d'aubépine encore, on se livrait à toutes sortes de réjouissances, comme pour fêter le retour du printemps.

Dans les Basses et les Hautes-Pyrénées, au mois de mai, on plante dans les champs, les prés, la vigne, de petites croix que l'on surmonte d'un bouquet de fleurs d'aubépine, afin d'obtenir les bénédictions de Dieu sur les récoltes futures.

Enfin, en Lorraine, le 1er mai, les gens de la campagne ornent la tombe de leurs parents et de leurs amis de fleurs d'aubépine. Et cette touchante coutume vient, disent les vieillards, d'une légende que l'on se transmet d'âge en âge et qui m'a été contée par ma grand'mère, il y a bien longtemps. Votre histoire vous a fait connaître le massacre de la Saint-Barthélemy... Ma grand'mère me disait que, le lendemain de ce jour de douloureuse et éternelle mémoire, on avait vu sur la fosse commune du cimetière des Innocents, où avaient été jetées pêle-mêle les victimes de cette horrible trahison ; on avait vu, dis-je, une petite branche d'aubépine en fleurs. Ces fleurs, comme la branche d'olivier que rapporta la colombe à Noé, avaient paru être le symbole de la paix, que le Seigneur avait accordée aux martyrs du fanatisme. De là, l'habitude pieuse de parer de fleurs la demeure des morts aux premiers jours de la saison nouvelle.

Je tenais à vous dire ces choses, mes enfants, afin que vous connaissiez bien tous les souvenirs qui se rattachent à certaines fleurs, que nos ancêtres savaient, mieux que nous, apprécier et admirer.

L'aubépine, que l'on appelle vulgairement *épine blanche*, croît partout et n'exige aucun soin de culture. Elle se reproduit par des graines, que l'on sème en automne, après leur maturité complète, mais qui ne lèvent le plus souvent que la seconde année ; ou au moyen de pieds, que l'on arrache dans les forêts et que l'on transplante ensuite ; ou enfin au moyen de marcottes, dont j'ai déjà parlé, et qui sont simplement des branches que l'on a couchées en terre sans les détacher de la plante-mère, et qui ont donné des racines.

Livrée à elle-même, l'aubépine affecte toujours la forme d'un buisson ; mais soumise à une taille intelligente, elle se prête facilement aux formes les plus capricieuses comme les plus simples.

Le fruit de l'aubépine est rouge et porte le nom de *snèle*. Il reste attaché aux branches jusqu'à une époque fort avancée; et pendant une grande partie de l'hiver, il sert de nourriture aux merles, aux grives, aux bouvreuils, qui en font de véritables festins. Dans le Nord, on en extrait une liqueur, qui est âcre et sert de purgatif.

Ses feuilles flattent singulièrement le palais des chèvres, au grand désespoir des jardiniers. Enfin son bois, très-dur, est employé comme le buis, à la confection de jouets d'enfants.

ÉMILE. — L'épine noire est-elle de la même famille, Monsieur, et ne pourrait-elle pas aussi servir de clôture aux jardins? Je crois que vous l'avez dit.

LE MAITRE. — Je pensais nous terminerions ici cette causerie; mais puisque vous me parlez de l'épine noire, je vais entrer dans quelques détails qui sont indispensables pour la clarté de ce que j'aurai à dire plus tard.

En général, on donne le nom d'*épine*, à tout corps aigu, pointu, piquant, qui se produit chez les végétaux ou chez les animaux. Mais en histoire naturelle, il ne faut pas confondre l'*épine* avec l'*aiguillon* ou le *piquant*. L'aiguillon ou piquant n'appartient qu'à l'écorce sur laquelle il naît, et dont il se détache facilement, sans déchirure, comme chez l'églantier, la ronce. L'épine, au contraire, fait corps avec l'arbre, l'arbrisseau ou l'arbuste; et, par une culture savante et patiente surtout, elle se convertit en branche : le prunellier ou *épine noire* a des épines. Vous connaissez parfaitement cet arbrisseau, il serait donc superflu d'en faire la description. Il est de la même famille que l'aubépine, ainsi que l'épine-vinette. Ses fruits, appelés *prunelles*, sont d'abord verts, puis d'un bleu foncé à leur maturité. On en fait une eau-de-vie excellente, dite *esprit de prunelle*.

On peut très-bien, ainsi que je l'ai dit au père George, l'employer pour clore les jardins.

L'épine-vinette est ainsi nommée à cause de ses épines et de la saveur *vineuse* de ses fruits. On ne doit pas s'en servir dans la plantation des haies, parce que ses épines occasionnent des piqûres extrêmement dangereuses et très-difficiles à guérir. Si j'en ai parlé, c'est parce que ses fleurs présentent une particularité bizarre et que l'on peut citer comme l'un des phénomènes les plus remarquables du règne végétal.

Vous savez tous que le *pistil* est ce petit filet qui produit la graine et qui est ordinairement au centre de la fleur ; que les *étamines* sont aussi de petits filets, mais qui entourent le pistil ; que les *pétales* sont les parties colorées de la fleur, ou la fleur proprement dite ; et enfin, que le *pédicule* est la partie qui soutient la fleur, la *queue* de la fleur, si vous le voulez.

Eh bien, voici le phénomène que présente l'épine-vinette. Si l'on touche avec une épingle le pédicule de ses étamines, elles s'inclinent, ainsi que les pétales, du côté du pistil, et la fleur est fermée.

Les feuilles de l'épine-vinette ont quelque chose de piquant, qui plaît au palais ; aussi dans certaines provinces, on les mange comme l'oseille ; et les chèvres, les moutons et les vaches s'en régalent. Ses fruits sont employés en médecine. Ils sont rouges et rougissent le papier bleu. Les teinturiers se servent de son écorce pour teindre en jaune les étoffes de coton, de fil, de laine ; et enfin les cordonniers se servent de ses épines pour faire des chevilles.

Je ne pense pas qu'il soit nécessaire d'entrer dans de longs détails sur les autres arbrisseaux que j'ai indiqués, comme pouvant être plantés d'espace en espace au milieu de notre haie d'aubépine ou d'épines noires, et l'un de vous pourra fort bien terminer notre première leçon. Je dois en effet, mes enfants, vous faire remarquer que, jusqu'ici, c'est toujours moi qui ai parlé. Émile, indiquez-nous, mon ami, comment nous procéderons à l'égard de l'églantier, du troëne?

ÉMILE. — L'*églantier* n'est autre que le rosier sauvage, que l'on appelle vulgairement « gratte-cul. » Il vient partout, et sa culture est des plus faciles. Il suffit d'en arracher quelques pieds dans la forêt et de les transplanter.

Le *troëne* s'appelle aussi « fraisillon. » Il donne des grains noirâtres, dont les bouvreuils sont très-friands, je me rappelle que vous l'avez dit.

Le Maitre. — Et les grives et les merles aussi. Les oiseleurs le savent bien, car ils se servent de ces fruits comme d'appâts en hiver.

ÉMILE. — Le *sureau* est connu de tout le monde et ne demande aucun soin. Quant au *fusain,* je ne le connais pas.

Le Maitre. — C'est l'arbrisseau plus connu sous le nom vulgaire de *bonnet de prêtre :* il est ainsi nommé parce que ses fruits ressemblent assez au bonnet carré des prêtres. Sa tige est d'un vert foncé admirable; elle présente quatre faces nettement coupées, et aux quatre angles, un petit liséré rouge, qui semble tracé au pinceau. On l'appelle *fusain,* parce que son bois est employé pour faire des fuseaux, et aussi les crayons appelés *fusains,* dont les dessinateurs se servent pour leurs esquisses.

Enfin nous n'avons rien à dire non plus de la *bourdaine,* ou *aulne noir,* qui croît surtout dans les lieux humides, et dont le bois très-tendre est employé à la fabrication des allumettes.

Quant au chèvre-feuille et aux autres plantes que j'ai mentionnées, nous nous en occuperons lorsque nous parlerons de notre loge.

Avant que nous nous quittions, je dois vous dire, mes enfants, que l'étude des plantes est l'une des plus vastes que puisse embrasser l'intelligence humaine ; car plus de deux cent mille espèces végétales se partagent la surface du globe terrestre, et l'imagination la plus puissante recule épouvantée au nombre incalculable des variétés que présentent ces espèces. Et pourtant, tout est admirable dans ces œuvres, tout est grand, tout est beau, tout montre une sagesse, une bonté, un génie créateur infinis. Que l'on étudie les arbres géants de l'Australie, dont la hauteur dépasse celle des monuments les plus élevés du monde et dont la tête se perd dans les nues, ou l'imperceptible cryptogame dont le microscope seul peut découvrir l'existence et pour qui un grain de poussière est un monde; les saxifrages qui ne peuvent vivre que sur les sommets alpestres, à la limite des neiges perpétuelles, ou les aloès, à qui il faut les rayons brûlants du soleil des tropiques... que l'on étudie le règne végétal enfin dans ses saules rabougris qui couronnent les pics de la Cordillière des Andes; ou dans ses algues marines, qui décorent les profondeurs de l'Océan... tout est grand, tout est sublime, tout est divin.

CHAPITRE XVII.

Distribution géographique des plantes sur le globe. — 34. Le jardin potager. — Sentiers. — Plates-bandes. — Le buis. — Légende. — Le fraisier. — Propriétés des fraises. — L'Indien et le dattier. — Voyages des plantes. — Respiration des plantes. — Sommeil des plantes.

Le Maitre. — Un jeune Indien, venu des sables brûlants de la zone torride à Paris, dépérissait, se mourait d'ennui. La grande ville même ne pouvait le distraire. Sa pensée s'envolait sans cesse vers les paysages si riches et si féconds des terres équatoriales : il se mourait d'ennui. Perdu au milieu de la moderne Babylone, errant souvent au hasard, un jour il arrive, — Dieu le guidait sans

doute, — à l'entrée du Jardin des Plantes. La porte
était ouverte. Mêlé aux curieux et aux amateurs, l'Indien
se promène tristement, regardant d'un œil distrait, d'un
œil éteint, les richesses naturelles accumulées dans la
vaste enceinte et venues de tous les points du monde où
l'homme a pénétré. Tout à coup son œil brille... Il a
aperçu un dattier, il traverse la foule, court, s'élance
vers l'*habitant du désert*, comme l'appelle l'Arabe, le
serre dans ses bras, le caresse, les yeux baignés de
larmes, en s'écriant : « *Arbre de ma patrie ! arbre de
ma patrie !* » Dès ce moment, le jeune Indien fut guéri.
Il redevint gai, heureux, mais chaque jour il retournait
voir le dattier, le regardait des heures entières, l'admi-
rait, lui parlait... doux souvenir de sa patrie absente !

J'ai commencé notre causerie par cette historiette,
parce que je veux d'abord vous faire remarquer, mes
enfants, que ce sont les plantes surtout qui, en donnant à la contrée, à la province, au coin de terre que
nous habitons, une physionomie spéciale, caractéris-
tique, originale, influant le plus puissamment sur notre
esprit, sur nos souvenirs. Les pierres, les rochers, les
montagnes, gardent la même forme de l'équateur aux
pôles. Les animaux eux-mêmes, malgré leurs innom-
brables variétés, conservent leurs mêmes traits généraux. Les végétaux seuls donnent aux paysages, aux
scènes de la nature, un cachet particulier, typique,
toujours subordonné à la latitude ou à l'altitude des
lieux, car c'est la loi universelle de la chaleur solaire ou
de la température, qui régit le partage de la surface terrestre en zones végétales. Je vais me faire comprendre
plus clairement. A l'équateur, les rayons du soleil arrivent verticalement, et c'est là, par conséquent, le point
où la chaleur est le plus intense. A mesure que l'on s'a-
vance vers les pôles, les rayons du soleil devenant de
plus en plus obliques, la chaleur diminue dans la proportion de cette obliquité. C'est cette chaleur décrois-

sante qui préside à la distribution géographique des plantes. Dans les zones tropicales, croissent les géants de la végétation : les baobabs, les palmiers, les hautes fougères... Puis, plus loin, viennent les oliviers, les bambous; plus loin encore, les châtaigniers, les cotonniers. Si nous continuons notre course vers le pôle, nous rencontrerons le chêne, le bouleau ; puis le sorbier, le sapin. Arrivés au 60ᵉ parallèle, nous ne trouverons plus que le peuplier, le noisetier; au 70ᵉ degré, quelques saules rabougris seulement ; et enfin au 75ᵉ degré, il n'y a plus ni arbre, ni plante : c'est la nature morte. La végétation a complétement disparu.

Eh bien, cette distribution géographique, que je vous marque à grands traits seulement, de la ligne équatoriale aux cercles polaires, se reproduit exactement avec les mêmes lois thermométriques, du pied à la cime des montagnes, et vous allez le comprendre parfaitement. Vous savez que plus on s'élève dans l'atmosphère, plus le froid augmente; or, comme le même fait s'observe si l'on va de l'équateur aux pôles, on peut donc justement comparer les deux hémisphères à deux immenses montagnes soudées l'une à l'autre par leur base, qui serait dans ce cas représentée par le cercle de l'équateur. Comprenez-vous ?

Les enfants. — Très-bien, monsieur.

Le Maitre. — Alors vous devez comprendre aussi que les lois de température, les divisions végétales géographiques, ne peuvent être qu'identiques. C'est-à-dire que si, au point A de la surface terrestre, par exemple, où le thermomètre marque 15 degrés, l'arbre x croît naturellement au point B d'une montagne quelconque, où le thermomètre marque aussi 15°, l'arbre x pourra s'acclimater également, si les conditions de terrain le permettent, quoique cependant la base de ladite montagne ne se trouve pas dans un milieu qui présente les mêmes conditions de température que le point A. Comprenez-vous encore ?

Les enfants. — Très-bien, monsieur.

Le Maitre. — Alors, Émile, donnez-nous un exemple.

Émile. — Une montagne située à l'équateur pourrait avoir à son pied des plantes des régions équatoriales, et à son sommet d'autres plantes des régions polaires.

Le Maitre. — Sans doute; et sur ses flancs toutes les variétés de plantes que l'on rencontre de l'équateur aux pôles, toujours, cela s'explique, si le terrain le permettait.

Puisque vous avez saisi parfaitement cette loi thermométrique, nous allons reprendre notre leçon d'hier et continuer le tracé de notre jardin; nous nous occuperons de la loge, quand nous parlerons de la culture des arbres. Notre terrain est divisé en trois parties par de larges allées, que nous couvrirons de sable, pour plus de propreté et d'élégance. En effet, par les plus grandes pluies, le sable est toujours propre, puisqu'il ne fait jamais pâte avec l'eau.

Le carré, ou le carré long que nous avons réservé au jardin potager, devra être divisé lui-même en sillons plus ou moins larges, suivant la surface et la disposition du terrain. Il faut alors nous occuper des bordures; car sans elles la plus petite pluie entraîne la terre et salit les sentiers. La bordure la plus belle, parce qu'elle est toujours verte, la plus commode et la plus simple, est celle qui est formée de buis, arbrisseau ou buisson que vous connaissez. Comme je tiens à faire de vous, non pas seulement des jardiniers, mais encore des hommes instruits, je vous dirai d'abord que le buis est l'emblème de la fermeté, parce qu'il reste éternellement vert et brave les chaleurs de la canicule aussi impunément que les froids les plus rigoureux de l'hiver. Les Orientaux racontent qu'à l'heure de la mort de Notre-Seigneur, un vent frais passa entre les rameaux d'un buis séculaire qui se trouvait sur le Golgotha : c'était le dernier soupir du Fils de Dieu. L'arbre s'inclina en signe de deuil, ses fleurs se fanèrent, ses feuilles prirent la teinte vert-sombre qu'elles ont conservée, et depuis ce moment il choisit pour demeure les lieux incultes, solitaires, sauvages, et les tombeaux. Le buis se reproduit de graines et de boutures ; mais en général, pour former les bordures, on en transplante des pieds dont on a ménagé quelques racines, et il reprend facilement. Il ne demande aucun soin, sinon ceux de la taille.

Dans le midi, il prend souvent les proportions d'un arbre de hauteur ordinaire, et on en fait des haies. Les naturalistes citent même un buis de deux mètres de circonférence, et qui se trouve dans les environs de Genève. Quand il acquiert de certaines dimensions, son bois est très-précieux, et il est employé par les tourneurs, les tabletiers, les graveurs sur bois, les faiseurs de peignes, et pour divers autres usages où il remplace l'ébène, qui est rare et très-cher. C'est l'Espagne et la Champagne qui produisent les buis les plus estimés.

La feuille du buis est vénéneuse. Les brasseurs l'emploient quelquefois dans la fabrication de la bière, et c'est là un crime de lèse-humanité, car ces falsifications peuvent donner lieu aux résultats les plus désastreux pour les consommateurs.

Joseph. — J'ai vu plusieurs jardins qui avaient des bordures d'allées en fraisiers. Ne serait-ce pas plus avantageux que le buis, Monsieur, car les fraisiers donnent des fruits abondants et ne tiennent pas beaucoup de place?

Le Maître. — Les fraisiers sont, en effet, d'un meilleur rapport ; mais, je le répète, le buis forme la bordure la plus propre. Les fraisiers jettent de longs fils qu'on appelle *coulants*, qui s'étendent au loin, traînent dans les sentiers et les salissent. Cependant je me garde bien de les exclure de notre jardin ; d'abord, parce que

la fraise est un fruit délicat, délicieux, exquis, très-ra-
fraîchissant, d'une digestion facile ; ensuite, parce qu'elle
possède certaines propriétés médicinales que l'on connaît fort peu et que je vais vous signaler.

Les fraises dissipent la bile, éclaircissent le sang ;
par conséquent les personnes à tempérament faible, lym-
phatique, à l'estomac paresseux, froid, ne doivent en
user qu'avec la plus grande modération, et mêlées avec
du sucre, du vin, du kirsch, qui en hâtent la digestion ;
mais jamais avec de la crème, qui refroidit et que l'estomac supporte plus difficilement.

Le célèbre naturaliste suédois, Linnée, était fort sujet
à des accès de goutte. Il raconte lui-même que, pendant
l'été de 1750, il était cloué sur son lit de douleur depuis
quinze jours, lorsqu'on lui apporta des fraises. Il en
consomma une quantité considérable, dormit très-bien
la nuit suivante, et se leva le lendemain, sinon complétement guéri, au moins soulagé au point de pouvoir reprendre et continuer son travail interrompu depuis plusieurs semaines.

L'année suivante, la terrible maladie fit une réappa-
rition. Le savant employa le même remède et fut guéri.
Enfin, pendant 4 ou 5 années de suite, ayant observé
rigoureusement le même régime des fraises, il fut débarrassé radicalement de ses épouvantables souffrances,
et vécut encore plus de vingt ans. Il mourut en 1778.

D'autres auteurs conseillent l'usage des fraises comme
purgatif et comme vermifuge. Je ne puis vous affirmer
que ces fruits produisent des effets merveilleux ; mais
ce que je puis assurer en toute sûreté de conscience,
c'est que le remède n'est pas dangereux, qu'il est même
très-agréable, et le malade ne court aucun risque à en
user, vous le savez tous.

La fraise se reproduit par graines, et par les *coulants*
et les rejetons. On se sert de la graine pour propager ou

pour conserver les bonnes espèces, parce que les fraisiers doivent être renouvelés tous les trois ou quatre ans au moins; mais ces plantes ne donnent des fruits qu'après deux ans. Quant aux coulants et aux rejetons, il suffit de les placer en terre; ils prennent immédiatement des racines.

Je ne puis trop vous recommander de laver avec soin les fraises avant de les manger, parce que les crapauds, qui en aiment l'odeur, élisent souvent domicile dans les fraisiers, et jettent leur salive ou leur bave sur les fruits. — Un seul fraisier ne coule pas, c'est le fraisier des Alpes, appelé *fraisier-buisson*.

Enfin, on peut faire des bordures tout simplement avec l'herbe des prés; mais alors il faut en avoir un soin continuel, l'arroser souvent, car elle exige beaucoup de fraîcheur; et par là on obtient un gazon toujours vert et très-agréable.

Dans les plates-bandes, il est d'usage de placer des fleurs et des espaliers. Nous en parlerons quand nous traiterons la question des arbres fruitiers et des jardins d'agrément.

Comme l'heure est déjà avancée, et que nous ne voulons pas commencer aujourd'hui nos études sur les plantes potagères, je vais, pour terminer notre leçon, vous entretenir un peu des voyages, de la respiration et du sommeil des plantes.

Vous avez remarqué plus d'une fois sans doute, sur les vieux édifices, sur les tours des églises, sur les débris de monuments anciens, des plantes croissant, fleurissant et portant des graines ou des fruits, comme dans un jardin entretenu par un jardinier soigneux et intelligent. Comme vous êtes observateurs, vous vous êtes demandé quelle main cachée, inconnue, mystérieuse, avait pu aller jeter des semences fécondes sur ces débris et ces ruines du passé... Puis, après cette question, continuant vos réflexions, vous vous êtes répondu à vous-mêmes : c'est le vent qui, dans ses courses rapides, frénétiques et vagabondes, a ensemencé ces champs de l'air. Vous avez été logiques, vous avez deviné juste, mais pour certains cas seulement; car comment admettre, par exemple, que le vent transporte au sommet d'une haute muraille, des groseilles, des fraises, des mûres sauvages, des poires, des pommes! Cette fois vous n'avez pas cherché la cause : je vais vous la dire, ou la principale du moins, car il y en a plusieurs, dont quelques-unes nous sont encore inconnues. Ce sont les oiseaux à graines, que la Providence a chargés du soin de créer, d'entretenir, d'orner ces jardins aériens, qui décorent d'une manière si gracieuse, si pittoresque, si poétique, ces derniers souvenirs d'un autre temps. Sur le seul Colisée, à Rome, un botaniste, Sébastiani, a compté 261 espèces de plantes, dont les semences n'ont pu être apportées que par les oiseaux ; car il faut que vous sachiez que des graines avalées par ces petits voyageurs peuvent parfaitement être rejetées avec les excréments sans avoir perdu leurs facultés germinatives. Des expériences répétées l'ont démontré surabondamment. Le naturaliste Darwin s'avisa un jour de recueillir, dans son jardin, des excréments d'oiseaux granivores. Il plaça ces excréments en bonne terre avec les graines qu'ils pouvaient renfermer : douze plantes différentes sortirent de cette semence d'un genre tout nouveau. L'ornithologiste Audubon rapporte, dans son histoire des oiseaux, qu'ayant tué des pigeons dans les environs de New-York, il trouva leur jabot rempli de riz. Et pour expliquer comment des semences peuvent, en quelques heures, être transportées à de grandes distances, il faut remarquer : 1° que chez les pigeons la digestion est très-rapide et se fait en moins de 10 heures; 2° que ces pigeons ne pouvaient s'être gorgés de riz que dans les plaines de la Caroline ou de la Géorgie — lieux les plus rapprochés — éloignés de 500 à 600 kilomètres de New-York; 3° qu'un pigeon avait dû franchir cette distance en six heures au plus, et par conséquent avait dû voyager avec une vitesse de 90 à 100 kilomètres à l'heure. Comprenez maintenant comment tant d'espèces végétales naissent, croissent et mûrissent, à des distances étonnantes des lieux de leur naissance.

Bien d'autres causes, ai-je dit, contribuent à cette dissémination des végétaux sur la surface terrestre. Les eaux des mers, des fleuves, des rivières, des torrents, charrient au loin des graines qui germeront et se multiplieront ensuite, comme sur leur terre natale. Les vaisseaux qui traversent l'Océan emportent et rapportent une foule de semences : l'homme lui-même, sans s'en douter, est souvent le messager que la Providence commet à ce transport. En 1815, après le départ des alliés, on remarqua avec surprise, en France, dans les plaines où avaient été établis les bivouacs des Russes et des Cosaques, la présence de plantes qui ne croissent que sur les bords du Dniéper et du Don.... Comment les graines de ces plantes avaient été semées, on n'en sait rien; c'est là un mystère.

Enfin, il n'est pas même jusqu'aux insectes qui n'aient fait parfois de ces voyages au long cours. Ainsi le papillon que vous connaissez tous sous le nom vulgaire de *sphinx tête de mort*, est originaire des Indes, des îles Malaises et de l'Afrique. Il vit sur les feuilles des pommes de terre, et n'a fait son apparition en Europe qu'au siècle dernier, à l'époque de l'introduction de cette plante dans la culture. Comment est-il venu? on l'ignore; car il ne vit que quelques jours — deux ou trois — et peut à peine voler. Il n'a donc pu parcourir la distance qui nous sépare de l'Afrique, ou de l'Inde, ou des îles Malaises.

Les plantes respirent. Je ne citerai qu'un seul fait à l'appui de ce principe, fait qui ne sera pas une démonstration, mais seulement une vérification expérimentale.

Priestley, chimiste anglais, qui s'occupait aussi d'histoire naturelle, fit, en 1772, l'expérience suivante.

Il prit deux souris, les plaça sous une cloche en verre exposée aux rayons du soleil, et dont l'air n'était pas renouvelé. Après huit heures, les souris moururent. Sans renouveler l'air, le savant remplaça les souris par une plante verte, une menthe. La plante vécut parfaitement. Enfin il retira la menthe et introduisit de nouveau deux souris sous la cloche. Ces souris s'accommodèrent très-bien de leur séjour et respirèrent, à pleins poumons, l'air que la menthe avait purifié. L'expérience était concluante : elle démontrait, de plus, que la plante avait aspiré les principes corrompus de l'air, avait purifié l'air, en un mot.

Émile. — Alors les plantes, par leur respiration, purifient l'air vicié?

Le Maitre. — C'est là un principe que l'on a admis très-longtemps ; mais des expériences répétées ont démontré qu'il n'est vrai que dans un cas, précisément celui que je viens de citer ; c'est lorsqu'elles sont exposées à l'action directe du soleil, comme sous la cloche de Priestley. Dans tous les cas, comme les animaux, elles vicient l'air par leur respiration ; et nous avons des milliers d'exemples de personnes trouvées mortes dans leur lit, pour avoir couché dans une chambre remplie de fleurs ou de plantes seulement.

Les plantes sommeillent. C'est Linnée qui a découvert ce phénomène.

Un de ses amis, botaniste célèbre, lui envoie un jour des graines d'un lotus très-rare, appelé *pied-d'oiseau*. Le savant prépare lui-même sa terre, sème les graines et attend l'œuvre de la nature. L'œuvre s'accomplit, les graines germent, donnent des feuilles, des tiges, des rameaux, des boutons, et enfin des fleurs. Aussi combien le naturaliste est heureux ! Il étudie ces fleurs, les contemple, les admire vingt fois par jour. Non content, la nuit il rêve de ses lotus étrangers, puis s'éveille, prend une lanterne, parcourt son jardin et va les revoir.... Mais quelle effrayante surprise, ils ont disparu ! Il ne retrouve que les tiges et les rameaux. Le savant appelle ses jardiniers, ses aides-naturalistes, les menace, les accuse de vol et se recouche enfin, tout attristé, tout désespéré.

Le lendemain, longtemps avant l'aurore, il se lève, parcourt les allées de son jardin, mais évite de passer auprès des fleurs préférées, qu'il ne pense plus revoir. Cependant, après maintes hésitations, il s'approche... Surprise nouvelle, ses lotus sont bien là, toujours plus frais, plus beaux, plus resplendissants de beauté. Il se retire alors à son cabinet d'étude, réfléchit, médite longuement, attend impatiemment la nuit pour avoir le secret du mystère. Et longtemps avant le crépuscule, il est près de ses fleurs, ne les quitte pas des yeux, et à mesure que la nuit s'avance, il les voit s'incliner, se cacher sous les feuilles... Cette fois encore, il appelle ses jardiniers et ses aides-naturalistes, les rend témoins de ce fait ignoré jusqu'alors : « *Mes plantes sommeillent,* » leur dit-il. Ces mots répétés passent de bouche en bouche, et le curieux phénomène est désigné en histoire naturelle sous le nom de : *Sommeil des plantes.*

CHAPITRE XVIII.

Choux. — Choucroute. — Chou du palmier. — Artichaut. — Asperge. — Salades : Laitue, chicorée, pissenlit. — Les Empoisonneuses. — Céleri. — Persil. — La Ciguë. — Socrate.

Le Maitre. — Tous les traités de jardinage que j'ai dans ma bibliothèque s'occupent d'une manière très-longue, très-étendue, des travaux de labours, de défoncements, de binages, de repiquages, d'arrosages, de sarclages. Ils donnent également une description très-détaillée des instruments employés en horticulture : la bêche, la houe, le béchard, le râteau, le plantoir, la brouette, les châssis, les cloches, les paillassons.... Je ne pense pas qu'il soit nécessaire, pour nous qui habitons la campagne, qui savons ce que c'est que *cultiver*, de gaspiller notre temps à des futilités, à des niaiseries semblables.

Les enfants, *en riant aux éclats*. — Oh ! certainement, Monsieur, aucun de nous ne s'avisera jamais de semer des raves ou des oignons dans une terre qui n'est ni bêchée, ni fumée ; et nous savons tous ce que c'est qu'une bêche, un plantoir...

Le Maître. — Passons donc condamnation. En horticulture, — comme nous l'avons vu en agriculture, — certaines plantes donnent des produits à peu près analogues, employés aux mêmes usages, et par conséquent demandent des soins qui ont une grande similitude, une grande ressemblance entre eux. Conséquents dans nos principes, et pour économiser le temps, nous établirons donc des divisions de plantes, divisions basées sur cette analogie de caractères. Nous mettrons dans une 1re série les plantes à feuilles et à fleurs comestibles, telles que les laitues, les choux-fleurs. Dans une 2e série, nous comprendrons les plantes à graines comestibles, comme les pois, les haricots. La 3e série embrassera les plantes à fruits comestibles : le melon, la tomate, par exemple. Pour la 4me série, il nous restera les légumes-racines, où les carottes, les poireaux prendront des places importantes. Et enfin, dans une 5e série complémentaire, nous nous occuperons de quelques plantes médicinales, où nous ferons figurer la mauve, la douce-amère, la camomille. Ainsi, notre programme est tout tracé ; nous n'avons pas à hésiter, à tâtonner ; nous n'avons, au contraire, qu'à parcourir un chemin connu, où il est impossible de s'égarer.

Commençons par l'un des légumes les plus importants du jardin potager : le *chou*. Il serait bien difficile, sinon impossible, de fixer l'époque à laquelle sa culture a été introduite dans le jardinage ; car longtemps avant l'ère chrétienne, les Romains s'en servaient, en tisane, dans presque toutes leurs maladies.

ÉMILE. — Mais aujourd'hui, on ne l'emploie plus ainsi.

LE MAITRE. — Les chanteurs, les orateurs, les avocats, les prédicateurs, en un mot les personnes qui parlent habituellement à haute voix, boivent encore de la décoction du chou rouge avec des raisins secs. Ce sirop a la propriété de conserver la voix pure, fraîche, timbrée, et de guérir l'enrouement qui survient souvent quand on a beaucoup parlé.

Le chou appartient à la famille des *crucifères*, plantes ainsi nommées, parce que leurs fleurs affectent toujours la forme d'une croix.

Il se reproduit au moyen de graines, que l'on sème en automne ou au printemps. Les jeunes choux que produisent ces graines sont appelés *cabus*, et doivent être repiqués, sans quoi ils ne *pomment* pas.

Les cabus repiqués ne demandent que des soins de propreté. C'est peut-être la plante qui attire le plus de chenilles, surtout la petite chenille verte du papillon blanc ordinaire appelé *piéride*. Il est cependant un moyen bien facile d'en préserver les jardins, et ce moyen, donné en 1858 par le journal d'horticulture de Hambourg, a été découvert par M. Cramer, jardinier à Kiel. Il suffit de semer des pieds de chanvre géant, distancés de 4 à 5 mètres, parmi les plants de choux. L'odeur forte du chanvre éloigne les papillons et les empêche de déposer sur les choux leurs œufs, d'où sortiraient des chenilles.

LES ENFANTS. — Et ce préservatif est infaillible ?

LE MAITRE. — Je ne puis pas l'affirmer ; mais lorsqu'un

journal sérieux comme *l'Horticulteur de Hambourg* le signale et le recommande aux jardiniers, il y a lieu d'en faire l'essai. Ajoutons que la pratique de ce moyen n'offre aucune difficuté, car elle est peu coûteuse, et chacun peut en faire l'expérience chez soi.

La nature elle-même a formé cinq espèces de choux, complétement différentes les unes des autres, et par leurs formes et par les usages auxquels l'homme les emploie dans la cuisine.

Voici ces divisions :

1° Les vrais choux pommés ou cabus, qui servent, ou du moins peuvent tous servir à faire la choucroute, si chère aux Allemands, aux Alsaciens et aux Lorrains.

JOSEPH. — Voudriez-vous, Monsieur, nous expliquer comment on fait la choucroute. Nous en avons mangé et nous savons qu'elle venait de Strasbourg, mais aucun de nous ne sait quels procédés on emploie pour sa préparation.

LE MAITRE. — Autrefois, chaque paysan de l'Alsace et de la Lorraine faisait sa choucroute lui-même. Mais depuis que les communications sont devenues plus faciles; depuis l'établissement des routes et des chemins de fer, on vend ses choux et l'on achète de la choucroute de Strasbourg ou plus justement des environs; car on n'en fait pas un seul kilog. à Strasbourg. A l'automne, quand les choux sont complétement pommés, c'est-à-dire mûrs, on les coupe et on les rentre à la maison. Les enfants ou les femmes enlèvent ensuite les feuilles extérieures qui sont jaunies. On met la tête des choux dans une grande cuve; sur cette cuve on place le *couteau à choucroute*, et l'on opère. Le couteau à choucroute se compose de cinq ou six lames, adaptées à un châssis de 1ᵐ,20 à 1ᵐ,50 de longueur, et sur lesquelles glisse, au moyen de rainures, une sorte de boîte en bois, sans couvercle, et dans laquelle on place les têtes de choux à convertir en choucroute. L'opération est des plus simples. Les choux hachés menu, sont réduits en longs fils comme ceux du vermicelle, et ensuite placés dans une tonne par couches de 5 à 10 centimètres. Entre chaque couche on met une certaine quantité de gros sel de cuisine. Lorsque la tonne est remplie ou à peu près, on y verse de l'eau jusqu'aux bords. Sur les choux hachés et ainsi entassés, on met un couvercle pouvant parfaitement entrer dans la tonne ; et sur ce couvercle on place d'énormes pierres, qui *tassent* les choux, et l'on se repose. Tous les quinze jours, on enlève l'eau sale, jaune, qui se trouve à la surface supérieure. Après quelques mois, la choucroute est faite ; seulement, on ne la transvase pas, parce qu'elle deviendrait aigre ou pourrirait ; on n'en prend qu'au fur et à mesure des besoins du ménage. Dans les grandes fabriques de choucroute, on a d'immenses cuves, dans lesquelles on entasse des milliers de choux hachés ; et au lieu de pierres pour la pression, on emploie des corps de menuiserie fonctionnant au moyen de vis et de manivelles.

Parmi les variétés de cette première division, je dois vous mentionner particulièrement le *chou rouge*, que les savants appellent *brassica purpurea* : il doit son nom à une matière colorante d'un beau rouge-pourpre, que renferme l'épiderme de ses feuilles. Il est d'un rouge violet et se mange en salade : on le hache comme la choucroute, au moyen d'un petit couteau de cuisine ou d'un simple couteau de table. La salade de chou rouge se prépare comme la laitue, le pissenlit, au moyen d'huile et de vinaigre.

2° Les choux de Milan ou pommés-frisés. Le plus remarquable de cette section est le chou de Bruxelles, que l'on appelle aussi *chou à jets*. Loin de former une seule tête, une seule pomme, cette plante en fournit un grand nombre qui naissent dans les *aisselles* de ses feuilles ; leur goût est agréable et ces choux constituent un excellent aliment. Le chou de Bruxelles possède de plus la propriété de pouvoir résister à des froids assez vifs, de sorte que l'on peut, même à une époque avancée, le conserver dans les jardins.

3° Les choux verts, qui ne pomment pas. On les mange à toutes les époques de l'année. Certaines variétés croissent au printemps, en été, en automne, et d'autres semblent se complaire dans nos jardins au milieu des neiges, des froids les plus piquants de l'hiver ; aussi les appelle-t-on généralement *choux d'hiver*. C'est la nourriture la plus précieuse pour les habitants de la campagne ; mais nous devons avouer que pour digérer ces choux, il faut être doué du robuste estomac des paysans : les estomacs débiles des citadins supporteraient mal une telle alimentation.

4° Les choux à racine charnue. Cette série comprend les choux-raves, les choux-navets et les choux-turneps, que l'on emploie dans la cuisine et pour la nourriture du bétail.

5° Et enfin les choux-fleurs, qui ne réussissent parfaitement que dans les terres riches, légères et bien exposées au soleil. Ici ce ne sont plus les feuilles ni la racine qui sont destinées à la cuisine, mais bien les fleurs, d'où la plante a pris son nom.

Émile. — Dans le *Robinson suisse*, qui fait partie de la bibliothèque scolaire, je me rappelle avoir lu un passage où l'on parle du chou du palmier. Comme je n'ai trouvé dans le texte aucune note explicative, je n'ai pas compris ce que voulait dire l'auteur. Voudriez-vous nous parler de cette variété de choux ?

Le Maitre. — Le chou du palmier, ou *chou-palmiste*, n'appartient pas à la famille des plantes dont nous nous occupons en ce moment. Ce n'est pas le fruit, mais le couronnement, la *tête* du palmier, arbre magnifique qui croit particulièrement en Amérique, sous les tropiques. Le palmier porte à sa partie supérieure une sorte de chapiteau végétal formé de feuilles, longues quelquefois de 4 à 5 mètres et larges de 2 mètres à $2^m,50$. Avant de se développer ainsi, de sortir des bourgeons, ces feuilles sont blanches, tendres, délicates, et ont un goût qui ressemble à celui de l'artichaut; elles forment alors ce qu'on appelle le « chou du palmier. » On mange le chou du palmier en salade; ou bien on le fait bouillir dans l'eau avec du sel, puis on le prépare à la sauce.... C'est un mets excellent et d'une digestion très-facile.

ÉMILE. — Alors les Indiens sont bien heureux, ils n'ont besoin ni de bêcher la terre, ni de semer, ni d'arroser leurs choux; ils viennent d'eux-mêmes.

LE MAITRE, *en riant*. — Seulement je dois ajouter que l'arbre ne produit ce chou qu'une fois en sa vie; car aussitôt la récolte faite, le palmier souffre, se dessèche et meurt.

Nous nous sommes arrêtés bien longtemps sur ce sujet, mes enfants; si nous continuons ainsi, il faudra une autre année encore pour achever nos études d'horticulture. Il est vrai que nous passerons rapidement sur quelques autres légumes, qui ont une aussi grande importance peut-être, mais dont la culture ne demande qu'un peu de pratique et un peu d'intelligence. Chacun de vous connaît sans doute une plante légumineuse, puisque vous avez tous des jardins; que chacun de vous nous fasse donc la leçon à son tour.... Émile, vous aviez la parole, voulez-vous commencer? choisissez dans notre première division le sujet que vous connaissez le mieux. Si vous commettez des oublis ou des erreurs, je vous écoute, et je viendrai à votre aide.

ÉMILE, *en riant*. — Je choisis l'artichaut, Monsieur, parce que je l'aime beaucoup.

LE MAITRE, *en riant*. — Vous avez raison : on accomplit mieux une tâche, lorsqu'on y travaille avec plaisir.

ÉMILE. — Ce sont les fleurs d'artichaut, cueillies avant

d'être complétement ouvertes, que l'on mange crues, avec de l'huile et du vinaigre, ou cuites, avec une sauce blanche.

Le Maitre. — Je dois d'abord vous dire que l'artichaut est un véritable chardon, qui croît à l'état sauvage dans la partie méridionale de la Grèce, de l'Italie et de l'Espagne. C'est de l'Espagne que nous sont venus les premiers plants, qui ont produit les variétés que nous possédons aujourd'hui.

Émile. — L'artichaut se reproduit par graines et au moyen de rejetons, appelés *œilletons*, et qui poussent sur les vieux pieds. On sème les artichauts sur couche au mois de février ou de mars; puis on repique les plants.

La reproduction par les œilletons est bien plus simple. Vers la mi-avril, on enlève la terre qui couvre les vieux pieds; on détache ensuite les rejetons, en ayant soin toutefois d'en laisser trois ou quatre des plus forts, pour conserver la souche. On repique ces œilletons, et si la saison est favorable, ils donnent des fruits à l'automne de la même année. En hiver, il faut couvrir les plants avec de la terre et du fumier, parce qu'ils craignent la gelée et surtout l'humidité.

Le Maitre. — En 1864, le journal de Coutances a publié un procédé très-simple pour obtenir de grosses *têtes* d'artichaut. Lorsque l'artichaut est arrivé aux dimensions d'un œuf de poule, il suffit de pratiquer à la tige une incision profonde, qui empêche la séve de s'élever au fruit. L'artichaut prend alors des proportions énormes, et arrive quelquefois à mesurer de 15 à 20 centimètres de diamètre. Et pour obtenir que toutes les feuilles deviennent tendres, savoureuses, comme les feuilles intérieures, il faut couvrir la tête d'artichaut avec une étoffe, une sorte de bonnet noir, qui absorbe les rayons solaires. C'est, du reste, le procédé que l'on met en pratique pour obtenir de la salade blanche en automne,

en liant les feuilles et en les préservant de l'action
du soleil. Joseph, voulez-vous nous entretenir de la culture des asperges ; car je sais que vous en avez un carré
dans votre jardin. Je dirai seulement que l'asperge croît
à l'état sauvage dans les forêts de la Lorraine. Les bri-
beurs des bois le savent parfaitement et en font des festins au printemps.

JOSEPH. — La culture de l'asperge exige beaucoup de
soins et beaucoup de frais, parce que la récolte a lieu au
cours de la troisième année seulement.

La création d'une planche d'asperges se fait de deux
manières : par les graines, ou par les griffes. La première
n'est guère employée que par les jardiniers. Quant à
l'autre, voici comment on procède. Les griffes ou pattes
ne sont que les racines qui produisent tous les ans de
nouvelles tiges. On place donc ces griffes dans une bonne
terre, que l'on a soin de tenir très-propre. Dès la
deuxième année elles donnent quelques produits ; mais
il vaut mieux attendre, pour récolter, une année de
plus ; l'aspergière est alors en pleine portée.

Les asperges se récoltent au printemps, aussitôt que
les tiges naissantes sortent de terre. C'est là tout ce que
je puis dire, Monsieur.

LE MAITRE. — Qui va nous parler des autres plantes ?

CHARLES. — Moi, monsieur ; notre jardin est très-
grand, et souvent j'y travaille.

LE MAITRE. — Eh bien ! nous vous écoutons.

CHARLES. — La salade. — Les plantes principales que
l'on met en salade, sont : la laitue, la chicorée ou *endive*,
la mâche ou *doucette*, la raiponce, le céleri et le pisseu-
lit. Je pourrais nommer aussi le cresson de fontaine,
mais il ne croît que dans les ruisseaux à eau courante,
et on ne le cultive pas dans les jardins.

La laitue est la vraie salade. Elle se sème au printemps,
dans une terre propre, et se récolte aussitôt que ses
feuilles sont assez développées.

La chicorée se sème au mois de mai ou de juin. On en repique les plants à la fin d'août et de septembre. Quand elle est arrivée à toute sa croissance, on lie ses feuilles ensemble avec un brin de paille ou de jonc. La salade *blanchit* alors ; on la récolte à la fin de l'automne et on la conserve pendant tout l'hiver.

La doucette doit être semée au mois de septembre; elle passe l'hiver sous la neige et on la récolte aux premiers jours de printemps.

La culture de la raiponce est tout à fait la même.

Le céleri compte deux espèces principales appelées le *céleri-tige* et le *céleri-rave.*

Le premier se cultive comme la salade ordinaire; seulement, lorsque les tiges déjà grandes sont devenues mangeables, on les couche en terre, où elles deviennent blanches et tendres. Cette variété n'est cultivée que dans le midi de la France.

Le céleri-rave se sème sur couche ou en pleine terre. On le repique ensuite, on l'entretient proprement, et la racine, qui devient grosse comme un œuf, est très-bonne en salade.

Le Maitre. — Ce n'est réellement pas la racine, mais le collet de la racine qui acquiert ce volume. La véritable racine, ce sont les petits fils qui partent du collet.

Charles. — Quant au pissenlit, on le cultive rarement dans les jardins, parce qu'on le trouve en grande abondance dans les champs.

Le Maitre. — Cela est vrai; aussi, au printemps, il sert de purgatif aux moutons, qui en sont très-friands; et en été, les petits oiseaux se nourrissent de sa graine. Il croît partout, dans les champs, les prés, les vignes, les forêts, dans les cours des maisons, sur le chaume de la cabane du paysan, et jusque sur les tours du château seigneurial. C'est la salade du pauvre. Son nom véritable est *dent de lion,* parce que les dentelures de ses feuilles ressemblent assez aux dents aiguës du roi des animaux.

On a dit et répété souvent que les extrêmes se touchent; en voici une preuve. La dent de lion est l'une des productions de la nature les plus utiles à l'humanité; mais à côté d'elle, et croissant dans les mêmes terres, vivant de la même vie et ayant les mêmes formes, les mêmes couleurs, on rencontre une autre plante dont les effets sont si terribles qu'on l'a classée parmi les *empoisonneuses* les plus redoutables, les plus puissantes ; c'est la *jusquiame noire* ou « herbe aux chevaux. » La jusquiame se reconnaît à son odeur fétide, à ses fleurs qui sont jaunes comme celles du pissenlit, mais veinées de rouge. C'est un des poisons les plus actifs; ses émanations seules peuvent produire la stupeur, les tremblements et le délire.

Les personnes empoisonnées par la jusquiame éprouvent d'abord une grande lourdeur à la tête, puis une ivresse furieuse, qui les rend comme folles ; et enfin à ces symptômes succède un abattement complet, une sorte de paralysie de tous les membres : ce sont là les signes précurseurs de la mort.

On raconte qu'un jour tout un couvent de moines bénédictins fut empoisonné pour avoir mangé une salade de pissenlits, auxquels se trouvaient mêlés par hasard quelques pieds de jusquiame. Une heure après le repas, les bénédictins furent saisis d'un tremblement nerveux, joint à un violent mal de tête qu'accompagnait une soif brûlante. A minuit, au moment de se rendre à l'église pour chanter l'office des matines, l'un des religieux était complétement fou et tellement malade, qu'on lui administra les derniers sacrements. Un autre sautait, dansait, gambadait, pour se débarrasser des fourmis, qui, disait-il, allaient le dévorer. Un troisième se roulait à terre comme un forcené; le frère tailleur s'efforçait en vain d'enfiler son fil dans la multitude d'aiguilles qu'il voyait sautiller devant ses yeux. D'autres pères enfin, mêlaient aux chants sacrés des paroles sans suite, accompagnées de gestes bizarres.... Ce n'est que deux jours plus tard, et après avoir consommé tout le lait de la marcairerie, que les malheureux bénédictins revinrent à la santé.

A ce cas d'empoisonnement, je pourrais ajouter bien d'autres exemples, mais ce serait prolonger inutilement notre leçon. Je vous dirai seulement que le lait, le lait caillé et le petit-lait sont les meilleurs contre-poisons de la jusquiame.

Terminons par quelques mots relatifs aux plantes de notre première division.

L'oseille hachée et cuite sert d'assaisonnement. Sa culture ne demande aucun soin particulier. Il en est de même de l'épinard, du cerfeuil, de la civette, et de l'estragon qui sert à la préparation des cornichons confits.

Quant au persil, je signalerai seulement sa ressemblance avec la ciguë, une autre empoisonneuse célèbre dans l'histoire par la mort du sage Socrate, appelé par la postérité *le juste d'Athènes*. Les symptômes de l'empoisonnement par la ciguë sont tout à fait différents de ceux de la jusquiame : *elle empoisonne sournoisement*, dit-on. Et en effet, Platon raconte que la mort de Socrate fut douce et tranquille. On reconnaît la ciguë aux taches noirâtres, sales, qui sont sur ses feuilles, et à son odeur, qui ressemble à celle de l'urine du chat. Le persil, au contraire, est d'un beau vert, et ses feuilles ont une odeur aromatique très-agréable.

Allons, à demain, notre 2ᵉ division.

CHAPITRE XIX.

Haricots. — Fèves. — Pois. — Tomate. — Melon. — Cornichon. — Carottes. — Ail. — Les mangeurs d'ail. — La mauve. — La guimauve. — La sauge. — Légende.

Le Maitre. — Vous vous êtes si bien acquittés de votre tâche à notre causerie d'hier, mes enfants, que je vous prierai aujourd'hui encore de recommencer, attendu que les sujets que nous avons à traiter vous sont familiers. Émile nous dira quelques mots de la 2e division de nos légumineuses.

Émile. — Cette division ne comprend que trois plantes : le haricot, la fève, le pois. Nous en avons déjà parlé l'année dernière, dans nos classes d'agriculture. Il y a deux sortes de haricots : les haricots à rames, et les haricots sans rames ou haricots nains.

Le Maitre. — Le haricot a été apporté des Indes. Aujourd'hui, et en France seulement, on en cultive plus de trois cents variétés.

Émile. — Ils se plantent au printemps. Quelques-uns se mangent frais et on les récolte à mesure des besoins. D'autres sont cultivés pour leur grain sec; on les cueille à l'automne et on les conserve en hiver.

On compte aussi deux espèces de fèves : la fève de marais ou grosse fève, et la fève de vigne, ou fève rampante.

Elles se sèment plus tôt que les haricots. La culture en est facile.

Le Maitre. — La fève nous vient d'Égypte, où elle était fort répandue.

Émile. — De même que les haricots, les pois sont dits à rames, ou sans rames, c'est-à-dire nains. Les variétés les plus estimées sont le pois mange-tout, dont les cosses sont mangeables, et le pois chiche, qui ne réussit parfaitement que dans le midi de la France; on le consomme sec, sous forme de purée.

LE MAITRE. — Nous avons parlé du fraisier à l'occasion des bordures de nos sentiers : nous n'avons donc plus à y revenir. J'ajouterai seulement qu'il est l'image de la bonté; d'abord, parce que ses fruits peuvent le disputer en fraîcheur et en parfum aux plus charmants boutons de rose; ensuite parce que ces mêmes fruits sont d'une douceur, d'une bonté infinie. Il ne nous reste à étudier, dans notre 3ᵉ série de plantes, que la tomate, le melon, le concombre et la citrouille.

La tomate nous vient du Mexique, où elle porte le nom de *pomme d'amour*, à cause de sa couleur d'un rouge vif.

On la mange coupée en tranches et mêlée avec des oignons; ou bien on l'emploie comme assaisonnement dans les sauces.

On sème la tomate au mois de mars, et on la repique dans le courant de mai. Elle craint le froid ; aussi on la cultive de préférence le long des murs exposés au midi.

On a plusieurs fois essayé de conserver fraîches et succulentes, durant la saison d'hiver, les tomates récoltées en automne ; rarement on a réussi. Je vais vous indiquer un procédé infaillible pour la conservation de ce fruit. Ce procédé a été publié en 1864 par le journal le *Sud-Est*.

On choisit dans la récolte, des tomates de grosseur moyenne, bien mûres. On les place avec précaution dans un vase en grès, en terre ou en verre. On remplit ce vase avec de l'eau, salée au point qu'un œuf puisse y surnager. On met ensuite sur les tomates une petite planche, sur laquelle on place un poids assez lourd pour les obliger à rester immergées dans le liquide.

Dans cette eau salée, les tomates se conservent durant

des années entières sans rien perdre ni de leur couleur, ni de leur forme, ni de leur saveur.

Lorsqu'on veut s'en servir, il suffit de les plonger quelques heures dans de l'eau fraîche, pour les dessaler.

Le melon exige beaucoup de chaleur ; aussi ne peut-il être cultivé en plein air que dans le midi de la France, où il ne demande pas plus de soins qu'une plante ordinaire. Partout ailleurs, et à partir de la vallée de la Loire, en allant vers le Nord, il ne mûrit que sur couches.

Quant au concombre, quoiqu'il soit assez sensible au froid, il est cultivé avec succès dans toutes les provinces de la France. Cependant on ne doit le semer que vers le 15 mai, de crainte que les gelées tardives qui sévissent assez souvent à la fin d'avril, ne portent atteinte aux jeunes pousses.

Le cornichon est une variété de concombre à petits fruits qui s'accommode à peu près de tous les terrains. Il n'exige aucun soin particulier. — Il en est de même de la citrouille ou potiron, ou courge, dont la culture n'a aucune importance.

Joseph voudra bien reprendre la parole, et nous entretenir des plantes légumes-racines, qui forment notre 4ᵉ subdivision.

Joseph. — Les carottes, les navets et les radis ne sont pas des plantes exigeantes ; elles ne demandent qu'une terre propre. On les sème au printemps, à l'été ou à l'automne ; car elles viennent et produisent à toutes les époques.

Le Maitre. — Cela est vrai ; je vais seulement ajouter un mot à ce qu'a dit Joseph. — Pour obtenir des radis noirs d'une grosseur énorme, il faut introduire la semence dans du crottin de lapin, puis planter à 2, 3 ou 4 centimètres de profondeur. On obtient également des raves qui parviennent à des proportions étonnantes, en plaçant la semence dans du crottin de mouton. Vous voyez que le secret n'est ni difficile ni compromettant.

Joseph. — Nous avons parlé de la pomme de terre en agriculture; il est inutile de revenir sur ce sujet. La ciboule et le poireau, que les cuisinières emploient comme assaisonnement, se sèment en mars ou avril. Lorsque le plant a la grosseur d'un crayon d'écolier, on le transplante; on place les pieds en lignes, espacés de 5 à 7 centimètres.

Les racines de scorsonère et de salsifis sont une excellente nourriture. — On sème ces deux plantes au printemps; les pieds fleurissent à l'automne et portent des graines dès la première année.

Le Maitre. — Oui; et de plus ces deux plantes présentent un phénomène de végétation unique parmi les plantes légumineuses. Les tiges ont porté des graines, a dit Joseph; on coupe ces tiges à l'automne pour recueillir la semence. Au printemps suivant, elles fleurissent de nouveau, et portent de nouvelles graines, tandis que leurs racines sont seulement propres à être employées comme aliment. Les carottes, les navets, au contraire, deviennent durs, coriaces, aussitôt qu'ils ont donné des graines.

Joseph. — Enfin l'oignon, l'ail et l'échalote, qui sont de la même famille, se cultivent sur les mêmes terres et par les mêmes procédés. L'oignon est un véritable comestible; l'ail et l'échalote ne servent qu'à l'assaisonnement des mets.

Le Maitre. — Et leur culture est tellement connue qu'il serait inutile de nous y arrêter. Il faut cependant que je vous signale quelques-unes des propriétés de l'ail, propriétés qui étaient déjà connues des anciens; car, vous devez vous le rappeler, l'histoire sainte dit que les Égyptiens adoraient l'ail, le poireau et l'oignon. Les Athéniens étaient grands mangeurs d'ail, et Aristophane, poëte grec, contemporain de Socrate, et qui vivait dans le v⁰ siècle avant Jésus-Christ, rapporte que les lutteurs, pour avoir plus de force et de courage, mangeaient quelques gousses d'ail avant de descendre dans l'arène. Ils avaient remarqué sans doute, dit-il ironiquement, que les coqs se battent avec plus d'ardeur, quand on leur a donné de l'ail.

Chez les Romains, le peuple, les soldats, les moissonneurs faisaient une grande consommation de cette plante. Ils prétendaient même que l'ail avait la vertu d'éloigner les maléfices, les *sorts*, auxquels bon nombre de paysans croient encore aujourd'hui.

L'ail est un excitant, un stimulant précieux, surtout pour les tempéraments lymphatiques, pour les estomacs froids, paresseux, qui digèrent difficilement.

Dans le midi de la France, à Marseille, à Montpellier, à Toulouse, c'est l'assaisonnement indispensable de la salade d'endive. En Gascogne, il n'y a pas de salade sans une croûte de pain frottée d'ail, et qui prend alors le nom de *chapon de Gascogne*.

La médecine domestique prescrit aux enfants tourmentés par les vers intestinaux, deux ou trois bulbes d'ail, infusées dans du bouillon, dans du lait ou dans une tasse d'eau sucrée. Mais les habitants de la campagne, les marins, les soldats, les ouvriers soumis à des travaux rudes, pénibles, exigeant une grande dépense de force musculaire, se bornent tout simplement à manger quelques tartines de pain sec, bien frottées d'ail.

Le fameux *vinaigre des quatre voleurs*, dont l'emploi comme désinfectant est si général, est un composé de jus d'ail et d'autres ingrédients.

Enfin, l'odeur forte de l'ail est utilisée comme épouvantail pour les oiseaux, sur les arbres à fruits. Quelques gousses d'ail suspendues aux branches d'un cerisier, suffisent pour éloigner les moineaux, les gros-becs et tous ces parasites, au palais si délicat et si friand.

Charles, durant cette leçon, n'a rien dit encore; voudra-t-il nous parler des plantes médicinales de notre

5ᵉ et dernière série?... Voyons, Charles, possédez-vous quelques-unes de ces plantes dans votre jardin?

CHARLES. — Nous avons de la guimauve, de la mauve et de la bourrache.

La guimauve se multiplie par les rejetons, et nous ne lui donnons aucun soin parce qu'elle repousse toujours au printemps. Cependant, quand on n'a pas encore de plante-mère, il suffit de prendre quelques-uns de ces rejetons, avec un peu de leurs racines, et de les transplanter.

LE MAITRE. — On pourrait, il est vrai, obtenir des plants au moyen de semis; mais ce serait perdre beaucoup de temps sans aucun avantage.

CHARLES. — Nous arrachons toujours les tiges principales à l'automne.

LE MAITRE. — On peut également les arracher au printemps, car elles ne redoutent pas le froid; mais le mois de septembre ou d'octobre est préférable.

CHARLES. — Ce sont surtout les racines qui sont précieuses. On les récolte aussi à l'automne; on les lave proprement, on les écorce, puis on en fait des bottes, que l'on suspend au grenier pour les faire sécher.

La mauve est cultivée principalement pour ses fleurs, dont on fait des tisanes contre le rhume.

LE MAITRE. — On se sert aussi de ses feuilles pour des cataplasmes ou pour des bains.

CHARLES. — La récolte des fleurs se fait tous les deux ou trois jours, et pendant plusieurs semaines que dure la floraison.

La bourrache se reproduit d'elle-même par les graines. On emploie ses feuilles en salade avec la laitue ou la chicorée. Sa tige et ses feuilles desséchées servent également à la préparation d'une tisane, dont je ne connais pas les effets.

LE MAITRE. — Cette tisane est employée dans les cas de rougeole chez les enfants. La bourrache est l'emblème de la *brusquerie*, ce qui s'explique quand on touche ses feuilles rudes, hérissées de pointes imperceptibles, mais dures cependant. Ses fleurs d'un bleu céleste sont admirables. Les anciens lui attribuaient jadis la propriété de ranimer les forces et de rappeler la joie dans le cœur des malades. C'est même de cette précieuse vertu que lui est venu son nom latin *corago*, formé de *cor*, cœur, et *ago*, je fortifie, puis *borago*, d'où l'on a fait ce vers passé en proverbe :

» Dicit borago : gaudia cordis ago.
» La bourrache dit : je fais la joie du cœur. »

Les Anglais écrasent les feuilles de bourrache et en font une liqueur rafraîchissante.

La menthe est encore une plante avec laquelle on fait une tisane précieuse dans les cas d'indigestion ; aussi les habitants de la campagne, qui en font une grande consommation, la désignent sous le nom flatteur de *baume*. Elle croît de préférence sur le bord des ruisseaux, des mares, des étangs, et dans les jardins dont le sol est humide. Elle donne beaucoup de rejetons, qui en perpétuent indéfiniment la race. On la récolte au moment où les fleurs apparaissent à la sommité des tiges.

Les fleurs de la camomille ont aussi une haute réputation — méritée du reste — dans les cas d'indigestion. Ces fleurs sont d'un joli blanc mat. On doit les récolter tous les deux jours pendant tout le temps de la floraison, qui dure trois mois.

Et enfin les deux sauges, la grande et la petite, appelée *saugette*, sont douées de propriétés calmantes ; aussi doit-on leur consacrer un petit coin du potager. Les sauges choisissent de prédilection les terrains secs, bien exposés aux rayons du soleil. Les anciens, qui la nommaient *herbe sacrée*, en avaient fait l'emblème de l'estime et racontaient à ce sujet une légende gracieuse, touchante, empreinte de cette poésie religieuse des premiers peuples de l'Orient.

Saint Joseph, averti pendant la nuit par un ange envoyé de Dieu, du dessein homicide d'Hérode, fuyait en Égypte avec la Sainte Vierge et l'enfant Jésus. Arrivés à la nuit tombante auprès d'une bourgade de la Judée, ils cherchaient un abri, quand, dans la plaine, ils aperçoivent les soldats envoyés à leur recherche. Saint Joseph revient sur ses pas et s'avance vers ces hommes, pour les conjurer de ne pas faire mourir le fils de Dieu. Pendant ce temps, Marie se sauve, cherchant partout un refuge contre les sicaires d'Hérode. Soudain, elle s'arrête, heureuse ; elle aperçoit une rose épanouie.

— Charmante fleur, lui dit-elle, élargis tes pétales, ouvre tes feuilles, cache mon fils que les soldats veulent tuer.

— Folle, répond la rose orgueilleuse, penses-tu donc que je veuille m'exposer à être effeuillée, brisée par des soldats furieux. Va, poursuis ta route, ou adresse-toi à cet œillet que tu vois dans la vallée.

Marie courut à l'œillet :

— Charmant œillet, lui dit-elle, élargis tes pétales, ouvre tes feuilles, cache mon fils que les soldats veulent tuer.

— Folle, répond le superbe œillet, penses-tu donc que je veuille m'exposer à être effeuillé, brisé par des soldats furieux. Va, poursuis ta route, ou adresse-toi à cette sauge qui fleurit sur ce rocher.

Marie courut sur le rocher, auprès de la petite fleur, emblème de la pauvreté :

— Sauge, bonne petite saugette, lui dit-elle, élargis tes pétales, ouvre tes feuilles, cache mon fils que les soldats veulent tuer.

La sauge eut pitié de la pauvre mère : elle s'épanouit tellement, ouvrit si bien ses feuilles, que la Sainte

Vierge et l'enfant Jésus purent s'y cacher et se dérober aux recherches des soldats.

Quand le péril fut conjuré, et que les soldats eurent disparu, la sainte mère abandonna son asile, et s'adressant à la petite fleur : « Bonne sauge, bonne petite saugette, dit-elle, fleur des pauvres, je te bénis. »

Et la sauge, plante bénie par la Sainte Vierge, fut douée de propriétés bienfaisantes.

Ici s'arrêtent nos causeries sur les plantes potagères. Demain nous aborderons l'étude des arbres fruitiers.

CHAPITRE XX.

33. Jardin fruitier. — 20. 21. 22. 23. 24. Végétaux ligneux. — Boutures. — Marcottes. — Greffes. — Plantation. — Conduite des arbres. — Les arbres historiques. — Napoléon Ier. — L'arbre du Diable. — Les mousses.

LE MAITRE. — Nos pères, moins savants que nous, mais quelquefois plus sages, parce qu'ils étaient profondément religieux, aimaient à perpétuer le souvenir des grands événements de la patrie et de la famille; mais au lieu d'avoir recours à la pierre, au marbre, au bronze, ils produisaient des monuments plus durables : ils plantaient des arbres. L'arbre, en effet, survit aux révolutions des empires, et souvent il brave celles de la nature.

A Fribourg, on voit encore le fameux tilleul qui fut planté en 1476, le jour de la bataille de Morat.

Versailles possède un oranger, surnommé le *Grand Bourbon*, planté en 1411 par une aïeule de Jeanne d'Albret, la mère de notre bon Henri IV.

Le chêne d'Allouville (Seine-Inférieure), dans lequel on a creusé une chapelle, date de l'an 1000.

Le chêne de Montravail, dans la Charente-Inférieure, célèbre par ses proportions colossales, ne l'est pas moins par son grand âge : les couches du tronc font estimer qu'il a, à peu près, 2,000 ans. Dans l'intérieur, et en vidant le bois mort, on a pratiqué une sorte de niche, avec un banc circulaire. Cette cavité peut contenir une table ronde, autour de laquelle s'assoient à leur aise une douzaine de personnes.

Charles II, roi d'Angleterre, fils de l'infortuné Charles Ier, ne dut son salut, après la bataille de Worcester, qu'à la protection que lui procura le branchage d'un chêne qui, depuis cette époque, porte le nom de chêne royal.

Nous avons encore dans la grande forêt de Réchicourt (Meurthe) le fameux « chêne des partisans, » sous lequel se réunissaient les *écumeurs de terre,*—c'est ainsi qu'on appelait les partisans — qui allaient piller les fermes du voisinage au moment de l'invasion.

Et enfin les cèdres du Liban, les baobabs du Cap-Vert, les oliviers sous lesquels se reposa Jésus-Christ, reportent la pensée aux premiers jours de la création.

Émile. — C'était aussi sous un chêne que saint Louis rendait la justice.

Le Maitre. — Certainement. Et nos ancêtres, les Gaulois, célébraient les mystères de leur religion sous les chênes de nos grandes forêts.

Les Goths eux-mêmes, ces peuples barbares, avaient le chêne pour symbole de la force et de la vie.

Chez les anciens, le chêne était l'arbre royal. A Dodone, en Epire, un chêne désigné sous le nom d'arbre *fatidique* rendait des oracles. La Sibylle consultait le chant des tourterelles qui nichaient dans ses branches, ou le bruissement du vent à travers le feuillage.

Il y a, mes enfants, une sorte de poésie tendre, mélancolique, dans les souvenirs qu'évoquent ces arbres historiques.

Tenez, aux vacances dernières, j'ai été passer quelques jours dans le village où je suis né, et où j'ai encore quelques amis. Mes visites faites, je me suis hâté de courir à un petit jardin que possédait autrefois mon père, et qui a passé à des mains étrangères. En revoyant ce coin de terre, les haies que mon père avait plantées, les groseilliers, les rosiers que j'avais cultivés, ma pensée s'est reportée aussi aux jours de mon enfance. Et alors, plus heureux que Châteaubriand devant Sparte, j'ai revu en souvenir mon bon père, ma vieille mère, mes frères, mes sœurs, qui semblaient me dire : « Enfant, frère bien-aimé, nous sommes toujours ici, nous t'aimons toujours... pourquoi donc viens-tu si rarement nous voir? »

Alors j'ai pleuré, et ces larmes m'ont soulagé.

Enfin, mes enfants, et pour terminer ce long préambule, je vous citerai encore quelques paroles de Napoléon Ier... de celui que la renommée avait appelé le *Géant des batailles*, qui avait fait trembler sur leurs trônes tous les souverains de l'Europe, et qui, exilé, avait été relégué dans une île meurtrière et déserte, perdue au milieu de l'Océan.

Le *martyr de Sainte-Hélène* disait un jour à un de ses fidèles compagnons, M. de Las-Cases : « Que ne sommes-» nous libres au bord de l'Ohio ou du Mississipi, entou-» rés de nos familles et de quelques amis! Sentez-vous » quel plaisir nous aurions à parcourir sans fin, et de » toute la vitesse de nos chevaux, ces vastes forêts d'A-» mérique? Mais ici, sur ce rocher, c'est à peine s'il y a » de quoi faire un temps de galop; je ne puis que tour-» ner dans mon cercle d'enfer ! »

Puis, rentrant au moment où les rayons du soleil tropical brûlaient son front, il se réfugia sous la tente que lui avait fait dresser sir Malcolm ; mais sous cette ombre sans charme : « Un chêne! un chêne ! s'écria-t-il. » Et il demandait avec passion qu'on lui rendît le feuillage de ce bel arbre de France.

Pour ne pas être obligés de revenir sur la route déjà parcourue, je crois, mes enfants, qu'il vaut mieux que nous commencions nos études par les différents modes de reproduction des arbres, dont je vous ai déjà dit un mot dans notre première leçon d'agriculture : la bouture, la marcotte et la greffe.

La bouture, vous devez vous le rappeler, a pour but de reproduire la plante au moyen d'une branche que l'on détache de la plante-mère, et que l'on place en terre pour lui faire pousser des racines.

Il y a plusieurs sortes de boutures :

1° *La bouture simple*. Elle se pratique en grand. Vers la fin de février ou les premiers jours de mars, on coupe, sur l'arbre dont on veut multiplier l'espèce, des branches encore jeunes, mais cependant bien *aoûtées*, c'est-à-dire dont le bois est complétement formé. On lie ces branches en bottes, et on les enterre verticalement, jusqu'au tiers de leur longueur, dans du sable frais, à l'abri du froid. Dès les beaux jours d'avril, on repique ces branches, une à une, dans une terre préparée et que l'on a soin de tenir toujours humide. Les racines poussent bientôt et le succès de la plantation est assuré.

2° *La bouture en plançon*, qu'on emploie surtout avec les arbres à essence tendre, comme les saules, les peupliers, les trembles. Elle diffère peu de la bouture simple. Ici, on place immédiatement les branches en terre, après les avoir taillées en pointes, et lorsqu'on a préparé le trou destiné à les recevoir. Autour de la bouture, on tasse soigneusement la terre, afin que l'air extérieur ne puisse parvenir jusqu'à la partie écorcée qu'il dessécherait.

3° *La bouture avec bourrelet*. — Dans le courant de l'année, vers le mois de juin, à l'époque où la végétation est dans toute sa puissance, on entoure avec un fil de fer ou de laiton, — et en serrant fortement — la branche que l'on se propose de bouturer l'année suivante. On a bien soin de placer la ligature à l'endroit où l'on veut obtenir des racines. Cette ligature a pour effet d'arrêter la séve descendante et, par conséquent, de former un bourrelet d'où sortiront les racines, aussitôt que la bouture sera placée en terre.

4° *La bouture à talon*. — Elle ressemble à la bouture simple, mais elle a ceci de particulier, qu'au lieu de couper simplement la branche, on l'arrache de haut en bas, de sorte qu'elle entraîne avec elle une partie de l'écorce et du bois de la plante-mère. Cette partie s'appelle talon, et pousse des racines aussitôt qu'elle est placée en terre.

5° *La bouture sur vieux bois* ou *crossettes*. — Elle ne diffère de la précédente qu'en ce que les branches à bouture doivent avoir deux ou trois ans. C'est celle qui est le plus fréquemment employée pour la reproduction de l'olivier.

6° Et enfin *la bouture de feuilles*, usitée seulement dans les serres et pour les plantes d'ornement.

Il y a entre la bouture et la marcotte cette différence, que par ce dernier mode de reproduction, la branche qui doit donner des racines n'est pas détachée de la plante-mère.

Il y a également plusieurs manières de marcotter. On distingue :

1° *La marcotte simple*, qui est d'un usage général pour la vigne : elle est appelée *provins*. Pour opérer, on choisit la branche la plus rapprochée de la terre, dans laquelle on la couche à une profondeur de dix à douze centimètres, en laissant son extrémité végéter hors de terre.— Les racines ne tardent pas à se montrer : mais il ne faut détacher la branche que petit à petit, insensiblement, afin de l'habituer à se passer de la nourriture que lui fournit le pied auquel elle appartient.

2° *La marcotte par torsion*. — On couche également

la branche en terre, mais après l'avoir tordue au point où l'on veut obtenir des racines. Cette torsion arrête la séve descendante et hâte l'émission des racines.

3° *La marcotte par strangulation*. Ici on fait la même opération que dans la bouture en bourrelet : on ligature la branche pour arrêter encore la séve descendante et former un amas de substance séveuse, d'où sortiront les racines.

4° *La marcotte par incision*, qui consiste à enlever un anneau circulaire d'écorce, ou encore à faire une incision, une fente à la branche.

5° Et enfin *la marcotte par cépée*, par laquelle on coupe l'arbre au niveau du sol. — De la souche s'échappent bientôt des rejetons, que l'on transplante et qui repoussent facilement.

Quelquefois, et lorsqu'on veut opérer sur des arbres, des arbustes ou des arbrisseaux, dont les branches sont assez éloignées de terre, on a recours à un sixième genre de marcottes, que l'on appelle *marcotte en l'air*.

On laisse suivre à la branche sa direction naturelle; mais à une certaine hauteur, on la fait passer dans un pot rempli de terre, que l'on a soin de tenir constamment fraîche. — On place sous ce pot un support quelconque ; la nature agit, et la marcotte prend racine comme dans le sol.

La greffe n'est autre chose que la bouture; seulement au lieu du sol qui nourrit la branche, c'est la plante elle-même, le *sujet* qui remplit cette fonction.

Les branchettes destinées à servir de greffe doivent être coupées plusieurs mois avant l'opération de la greffe, et placées dans une terre fraîche. Cette espèce de sommeil qu'on leur impose les prépare singulièrement à aspirer avec plus de force la séve ascendante, au moment de leur transplantation sur le sujet.

Dans certains cas, et lorsqu'il faut assujettir la greffe, on se sert de laine grossière. Et pour cicatriser les plaies qu'on est obligé de faire au sujet lorsqu'on veut introduire la greffe, on se sert d'un mélange de terre argileuse et de bouse de vache, connu vulgairement sous le nom d'*onguent de Saint-Fiacre*.

ÉMILE. — Quel rapport peut-il y avoir entre ce nom et la greffe ?

LE MAITRE. — Des rapports très-directs. — Vous savez que saint Fiacre est le patron des jardiniers. Ses malades sont donc ses arbres, et il est très-logique qu'on ait donné son nom à l'onguent journellement employé pour les guérir.

ÉMILE, *en riant*. — Je comprends très-bien maintenant ; mais je n'avais pas fait cette remarque.

LE MAITRE. — Depuis quelques années, et pour les arbres délicats, comme les espaliers, on se sert d'une composition toute préparée, qui se vend chez les épiciers : elle porte le nom de *cire à greffer*.

Enfin M. Favre Bellanger, horticulteur à Nantes (Loire-Inférieure), a inventé un mastic liquide, de la préparation la plus facile et qui, depuis 1860, est chaudement recommandé par toutes les *Revues horticoles*.

Ce mastic s'obtient en mélangeant du goudron noir liquide avec de la terre glaise, en quantité nécessaire pour former, au moyen de ces deux matières, une pâte demi-liquide. — On renferme ce mastic dans un pot en grès que l'on recouvre hermétiquement, afin que le contact de l'air ne le durcisse pas.

Les principales espèces de greffe sont :

1° *La greffe en fente*. — On coupe horizontalement le sujet ; on pratique ensuite une fente diamétrale dans laquelle on introduit la greffe, que l'on a préalablement taillée en biseau.

2° *La greffe en couronne*. — Au lieu de fendre le sujet, on détache seulement l'écorce du bois et, dans dans l'intervalle, on place la greffe, taillée en bec de plume.

3° *La greffe en écusson*, qui se pratique le plus souvent sur les rosiers. On fait simplement dans l'écorce du sujet deux fentes, l'une horizontale, l'autre verticale, et formant un T ou un T renversé (⊥). On détache l'écorce et, dans l'ouverture ainsi faite, on place un *écusson*, c'est-à-dire un fragment d'écorce pourvu d'un œil, et qui fait alors l'effet de greffe.

4° Et enfin *la greffe en approche*, dont on ne fait usage que sur les espaliers ou les arbres palissés, auxquels on veut donner certaines formes, ou régulières ou bizarres. Elle consiste à rapprocher deux branches à peu près de la même grosseur, et à faire à chacune d'elles une entaille dans l'écorce, de manière à pouvoir les souder ensemble.

Nous connaissons maintenant toutes les opérations qui ont rapport à la multiplication des arbres. Il ne nous reste donc plus qu'à étudier les travaux d'entretien qu'ils réclament du jardinier.

Pour plus de clarté et de méthode, nous adopterons les deux grandes divisions que la nature a établies elle-même, et qui comprennent : l'une, les arbres à fruits *à pepins;* l'autre, les arbres à fruits *à noyau.*

La première série ne compte que deux sujets principaux : le poirier et le pommier.

Le pêcher, l'abricotier, le prunier et le cerisier forment la deuxième série.

Parmi les travaux d'entretien, la taille est le plus important. Voici, en résumé, le but auquel elle doit atteindre.

1° Donner et conserver aux arbres une forme telle que la séve soit également répartie entre toutes les branches;

2° Faire fructifier ceux qui y paraissent naturellement peu disposés;

3° Les maintenir en bon état de production ;

4° En obtenir les fruits les plus beaux, les meilleurs et les plus précoces;

5° Les faire vivre le plus longtemps possible.

Or, ces conditions ne peuvent pas être remplies de la même manière sur les arbres à fruits à noyaux, que sur les arbres à fruits à pepins; de là la nécessité de nos deux divisions.

Le poirier et le pommier cultivés en plein vent ne demandent que des soins de propreté, qui consistent à les débarrasser des insectes nuisibles et de la mousse. — Je vous ai donné plus d'une fois déjà les préservatifs en usage contre l'invasion et les ravages des insectes. Je vais vous donner également les moyens réputés les plus efficaces pour la destruction des mousses, des lichens, des champignons.

En vieillissant, les arbres perdant de leur vigueur, n'ont plus l'écorce lisse, comme aux jours heureux de leur jeunesse. Leur tronc et leurs branches présentent des rugosités, des interstices dans lesquels l'eau des pluies séjourne et contribue à la production de ces mousses, qui empêchent les parties ainsi recouvertes d'absorber l'air nécessaire à leur développement. Les arbres alors, attaqués par ces redoutables ennemis, dépérissent et succombent bientôt, si le jardinier n'est là, attentif, toujours prêt à remédier au mal.

Voici l'un de ces remèdes :

Avec un hectolitre d'un lait de chaux un peu épais, on mélange deux kilogrammes de soufre en poudre et dix litres de brou de noix. Puis avec un gros pinceau trempé dans le liquide ainsi obtenu, on étend une couche sur le tronc et les branches envahis par les mousses. En peu de temps, l'arbre, débarrassé de ses parasites, revient à la vie et reprend une vigueur nouvelle.

Une dissolution de cendres de lessive, répandue à profusion sur les arbres, produit également un effet salutaire. — Quelques jours après l'opération, le tronc prend une nuance vert foncé et la végétation acquiert une activité nouvelle.

A défaut de cendres de lessive, on peut employer la potasse du commerce, dissoute dans l'eau ; les résultats sont aussi satisfaisants.

Cultivés comme espaliers dans les plates-bandes, le poirier et le pommier se prêtent à toutes les formes sous la main d'un savant horticulteur.

Nous ne pouvons entrer ici dans tous les détails relatifs à la taille de ces arbres fruitiers ; car chaque variété a ses exigences spéciales, pour l'époque à laquelle il convient d'opérer, pour la longueur à laquelle on doit tailler, la proportion des rameaux qu'il faut dresser, les procédés et les soins particuliers qui doivent préparer une bonne et abondante production. Ces connaissances si précieuses ne s'acquièrent que par le temps, l'expérience et la pratique.

Parmi les arbres à noyaux, le pêcher et l'abricotier seuls se cultivent en espaliers. Comme ils exigent une température assez chaude, on les place le plus souvent contre les murs exposés au midi, et alors on les palisse, afin que les rayons solaires les frappent plus directement.

Il faudrait plusieurs volumes pour traiter des variétés des cerisiers et surtout des pruniers : c'est par centaines qu'on les énumère. Le premier principe à observer dans le choix des espèces, c'est d'arriver à obtenir des fruits à petits noyaux, à chair tendre et sucrée.

Quelques arbustes à fruits, comme le groseillier, le framboisier, peuvent aussi garnir les plates-bandes ; ils ne réclament aucun soin, ne demandent que de l'espace pour se développer et produire.

Le noyer est encore un arbre précieux, et par ses fruits et par son bois. — Dans le midi de la France, notamment dans le département de la Dordogne, on le cultive, ou plutôt on le laisse croître partout. Ses fruits servent à la préparation d'une huile excellente et d'une liqueur appelée : *eau de noix*. Son bois est employé par les ébénistes, les menuisiers, les tourneurs. Les teinturiers se servent de la racine, de l'écorce et du brou des noix, pour teindre les étoffes en couleur fauve, café, ou noisette.

ÉMILE. — J'ai lu, Monsieur, que dans le nord de la France, on ne boit que du cidre; cette boisson n'est-elle pas préparée avec une espèce de pommes?

LE MAITRE. — Avec une pomme amère, blanchâtre, appelée *pomme de Normandie*. L'arbre qui la produit est répandu dans toute la campagne, où il vient à peu près sans culture, comme les mauvaises herbes viennent chez nous : les routes et les chemins en sont bordés.

Notre leçon touche à sa fin ; si quelqu'un parmi vous a des observations à faire, qu'il se hâte, parce qu'une fois à une autre question, nous ne reviendrons plus sur nos pas.

JOSEPH. — L'année dernière, lorsque M. l'inspecteur est venu, il nous a dit que s'il en avait le temps, il nous parlerait de l'*arbre du diable;* voudriez-vous nous en faire la description, Monsieur; vous nous feriez un bien grand plaisir; car aucun de nous ne sait même où cet arbre se trouve.

LE MAITRE. — Comme vous, Joseph, je me rappelais parfaitement ces paroles de M. l'Inspecteur, et je m'étais promis d'aborder demain ce sujet et de vous donner quelques détails, non-seulement sur l'arbre du diable, mais encore sur l'arbre à huile et l'arbre à cire, que M. l'Inspecteur a également cités. Je me borne donc, pour aujourd'hui, à l'arbre du diable.

Il croît en Amérique et son port n'offre rien de remarquable. C'est son fruit qui présente un phénomène unique parmi les végétaux et qui lui a valu son nom. Parvenu à sa maturité, ce fruit, qui est fort élastique, se dessèche, se fendille, se gerce, jette au loin ses graines avec un bruit semblable à celui d'une centaine de fusées détonant successivement. Placés dans un endroit sec, avant leur maturité, ces fruits offrent le même phénomène bizarre.

Demain nous ferons un petit voyage dans le Nouveau Monde, dans l'Australie même; et nous verrons combien les œuvres de la Nature sont parfois fantastiques, mais combien est grande, admirable, infinie, sa puissance de création.

CHAPITRE XXI.

28. Abeilles. — Vers à soie. — L'arbre à cire, à huile, à suif, à caoutchouc, à baume, à encens, aux pois, aux poissons. — L'arbre triste, puant, à liége, du paradis terrestre. — Les arbres géants.

LE MAITRE. — La liste des insectes nuisibles est innombrable; celle des insectes que l'homme a su élever en domesticité et dont il a su utiliser les produits, est bien courte; elle ne comprend que la cochenille (dont nous avons parlé longuement), le ver à soie et l'abeille.

A l'occasion de la culture du mûrier, je vous ai dit quelques mots seulement des vers à soie; je n'en dirai pas davantage de l'abeille. Pour avoir des notions exactes sur ces deux insectes, il faut consulter les traités spéciaux faits à ce sujet. Une année entière de nos causeries serait à peine suffisante pour étudier dans tous ses détails une seule de ces questions.

L'abeille est le plus curieux peut-être des insectes de la nature, tant par son intelligence que par ses travaux, et il est bien regrettable qu'à la campagne, où l'espace et les fleurs abondent, on rencontre si peu de jardins possédant un rucher. — Une ruche, dans notre climat, donne ordinairement de 10 à 15 kilogrammes de miel.

Or, le miel se vend de 2 francs à 2 fr. 50 le kilogramme, ce qui fait, par ruche, un rapport annuel de 20 à 30 francs et plus. Vous voyez, par ces chiffres, qu'un petit rucher de 15, 20 ou 25 ruches, peut donner un revenu net de 4 à 500 francs, sans aucuns frais. Car les abeilles ne coûtent rien, et n'exigent de surveillance qu'au moment des essaims et aux approches des pluies d'automne, et des grands froids de l'hiver.

A part le miel et la cire, les abeilles rendent de tels services à l'agriculture et à l'horticulture, qu'il y aurait encore intérêt à en favoriser la multiplication, lors même que leur produit serait nul.

Vous le savez, elles volent de fleur en fleur pour recueillir leur miel. Or, tout en butinant ainsi sur les plantes, elles emportent de l'une à l'autre et distribuent le *pollen*, la poussière fécondante qui prépare le fruit. Elles contribuent ainsi à la fécondation d'un nombre prodigieux de plantes qui, peut-être, seraient demeurées stériles, et qui, au contraire, devenant fécondes, donnent elles-mêmes naissance à un nombre incommensurable de graines. C'est là encore, mes enfants, un des bienfaits de cette Providence, que nous ne devons cesser de bénir.

Le miel est la douceur par excellence : aucun être de la création ne le produit que l'abeille, quoique cependant certaines espèces de fourmis du Nouveau-Monde préparent une substance qui en approche par le goût et la bonté.

Quant à la cire, la Guyane française, la Caroline, le Japon, la Chine, la Louisiane et l'Amérique du Nord, dans leurs végétations multiples, variées à l'infini, comptent un végétal dont les baies fournissent une cire qui a toutes les qualités de la cire animale.

Dans la Guyane, l'arbre à cire porte le nom de « guingamadou, » ou cirier de Cayenne; dans la Louisiane et dans la Caroline, on l'appelle *myrica;* et dans toutes les autres contrées où il croît, on lui donne le nom vulgaire de *cirier*.

Au siècle dernier, il y avait à Trianon plusieurs ciriers qui portaient des fleurs et des fruits : ils n'existent plus aujourd'hui.

En 1859, le gouvernement français a essayé d'acclimater en Algérie le cirier de Cayenne. Les efforts tentés à cet égard ont parfaitement réussi, et notre colonie africaine possède aujourd'hui plusieurs centaines de ces arbres précieux, dont quelques-uns donnent annuellement de 20 à 25 kilogrammes de cire.

La culture de cet arbre est d'autant plus facile et d'autant plus avantageuse, qu'il vient dans les plus mauvais terrains, sur le bord des routes, des chemins, partout enfin où ne croissent que des plantes nuisibles, ou tout au moins inutiles. Il se reproduit par les graines ou par des boutures.

L'arbre à l'huile ne se trouve qu'en Chine, il y a tout lieu de le croire ; car les voyageurs n'en ont fait mention que dans cette contrée. Les Chinois le nomment *ton-chu*, mot qui signifie *graisse* ou *vernis*. Il ressemble au noyer de France et appartient probablement à la même famille, car ses fruits ressemblent aux noix ; seulement au lieu d'être remplis d'une pulpe huileuse comme les nôtres, ils renferment une huile véritable, un peu épaisse, il est vrai, mais qui s'éclaircit aux rayons du soleil ou à la chaleur d'un poêle.

Enfin, on rencontre, en Chine encore, un autre arbre qui produit une espèce de suif propre à la fabrication d'excellentes chandelles. Ce végétal a la taille d'un cerisier ordinaire. Ses fruits, renfermés dans une écorce comme la châtaigne, sont blancs, de la grosseur d'une noisette et ont toutes les propriétés du suif de mouton.

ÉMILE. — Je sais que la gomme élastique, ou caoutchouc, est produite aussi par un arbre ; mais j'ignore comment on la récolte. Nous serions heureux, Monsieur, de l'apprendre.

Le Maitre. — L'arbre à gomme est encore un habitant de la Guyane et des environs, quoiqu'on le trouve quelquefois vers la zone torride, aux Indes orientales et en Afrique. En Amérique, il est désigné sous différents noms : *seringa*, *pao seringa*, *ievé*, *hévé*, et enfin *caoutchouc*, par les habitants de la province d'Esmeraldas, aux environs de Quito.

Il porte fièrement la tête, s'élève à une hauteur de 15 à 20 mètres, et arrive assez fréquemment à trois mètres de circonférence. Son écorce est grise, peu épaisse, écailleuse. Ses fruits ont une saveur agréable comme celle de la noisette; les naturels en sont très-friands, les mangent avec plaisir et en conservent pour les besoins de leur cuisine. Alors ils les pilent dans un mortier, les font ensuite bouillir dans l'eau et en retirent une huile épaisse avec laquelle ils préparent leurs aliments.

Mais ce n'est pas par ses fruits que le seringa a acquis la célébrité dont il jouit: c'est son suc laiteux qui lui a valu sa réputation. Pour recueillir ce suc, on pratique dans l'écorce des incisions longitudinales ou obliques. Immédiatement au-dessous des ouvertures, on colle avec de la terre glaise une large feuille qui conduit ce suc à un vase placé au pied de l'arbre. Il ressemble assez à un lait épais et gluant. Ce n'est là qu'un caoutchouc impur; pour le clarifier, on verse dans le vase une quantité d'eau double ou triple du suc recueilli. Vingt-quatre heures après, le caoutchouc, comme la crème du lait, se trouve à la partie supérieure du vase, dont on fait alors écouler l'eau au moyen d'un robinet placé à la partie inférieure.

C'est l'illustre voyageur La Condamine qui, en 1736, appela le premier l'attention du monde savant sur le produit du *seringa elastica*.

On a essayé aussi d'acclimater l'arbre à caoutchouc, et on y est arrivé ; mais élevé chez nous, dans nos serres chaudes, il ne produit, au lieu de gomme, qu'une substance semblable à de la glu, et dont on ne peut tirer aucun parti avantageux.

La consommation de caoutchouc qui se fait aujourd'hui menace de transformer en forêts d'arbres secs, les forêts verdoyantes du seringa; l'Angleterre seule en use près d'un million de kilogrammes par année

Cette extension est due surtout à l'invention du caoutchouc *vulcanisé*, c'est-à-dire qu'on a privé de son élasticité par une opération chimique. En cet état il résiste à une chaleur de 150 degrés et au froid le plus violent; il est employé à la fabrication de ces charmants objets de bijouterie, de marqueterie, qui ont la légèreté et la dureté du bois, le poli et le noir de l'ébène.

Vous n'avez plus de questions à faire, mes enfants?

Les enfants. — Continuez, s'il vous plaît, Monsieur, à nous parler des arbres curieux des pays étrangers. Cela nous amuse et nous instruit en même temps.

Le Maître. — En ce cas, je vais vous énumérer seulement, avec quelques mots explicatifs, les arbres remarquables par leurs produits. Et d'abord vient se placer tout naturellement l'arbre à *baume*, qui peuple les forêts des Antilles. Ses feuilles sont semblables à celles de la sauge, et couvertes de petites graines rouges. Quand on détache violemment une de ces feuilles du rameau, la blessure laisse découler une liqueur jaune-pâle, sans odeur. Cette liqueur, conservée dans des fioles bien fermées, a la propriété de cicatriser les plaies, comme le baume du commandeur.

Dans les environs de Cayenne, croît l'arbre *à encens*, dont la séve durcie et placée sur des charbons ardents a l'odeur de l'encens que nous brûlons dans les églises.

L'arbre aux *poissons* est commun à la Guadeloupe. Ses baies d'un rouge foncé servent d'appâts aux pêcheurs. On prend ces fruits, on les place dans de petits sachets que l'on jette dans les eaux que l'on veut explorer à l'aide de filets. Ces graines se dissolvent dans l'eau ; l'eau enivre les poissons, qui sautillent, bondissent, perdent insensiblement leurs forces, nagent sur le dos et finissent inévitablement par aller se heurter aux mailles des filets.

Qui le croirait, les rivages glacés de l'Obi, de la Léna, les parties les plus septentrionales même de la Sibérie ont aussi leurs merveilles végétales : *l'arbre aux pois.*

Comme tous les arbres de cette région désolée, l'arbre aux pois n'atteint, dans toute sa croissance, que la hauteur de nos arbustes de France. Son port est gracieux, son feuillage verdoyant, et ses fleurs d'un magnifique jaune-orange ; quant aux fruits, ce sont de véritables pois dont les malheureux exilés font leurs délices, comme nous des pois de nos jardins.

Des terres polaires, transportons-nous par la pensée à la côte de Coromandel ou au cap de Bonne-Espérance ; là, nous trouverons l'arbre puant, qui exhale une odeur insupportable de chair pourrie ; mais dont le bois d'un beau grain bien nuancé, sans odeur, est employé à la fabrication des petits meubles de salon.

A côté de l'arbre puant, doit prendre rang *l'arbre triste,* qui est un des principaux habitants de Malabar, de Sumatra et de Goa. Il a le port et la taille de nos pommiers ordinaires. Il doit son nom à un bizarre caprice de la nature : ses fleurs, semblables à celles de l'oranger, ne s'épanouissent que la nuit et paraissent craindre la lumière.

ÉMILE. — Alors on pourrait les appeler des belles-de-nuit.

LE MAITRE. — Oh! parfaitement, attendu que la fleur de l'arbre triste offre exactement les mêmes phénomènes végétaux que la belle-de-nuit proprement dite.

ÉMILE.— Il est un arbre qui produit le liége... où croît-il, Monsieur, et comment opère-t-on la récolte du liége?

Le Maitre. — Oh! celui-là est pour ainsi dire un compatriote; car l'Algérie possède des forêts de chênes-liéges qui occupent plus de 300,000 hectares.

Le chêne-liége peut être exploité dès l'âge de vingt à vingt-cinq ans. On commence par enlever la partie extérieure de l'écorce, qui donne alors du liége commun appelé *faux liége*, et qu'on emploie à des usages grossiers : pour les filets de pêche, pour entourer les jeunes arbres que l'on veut préserver de la dent des rongeurs, pour faire du noir de fumée, etc. Cette opération s'appelle *démasclage*, et elle est nécessaire pour la qualité des récoltes suivantes. Lorsque la nouvelle écorce a repris toute sa force et son épaisseur, la récolte se fait périodiquement tous les huit ou dix ans, et voici comment a lieu l'opération.

L'écorceur pratique au-dessous de la naissance des premières branches une incision circulaire; mais il a bien soin de ne pas toucher au bois, et pour cela, il faut une certaine adresse de main et une longue expérience.

Il fait ensuite une longue incision dans le sens de la verticale; et enfin, au bas du tronc, une seconde incision circulaire, qui isole complétement la couche d'écorce à détacher. Par la fente verticale, il introduit avec précaution un instrument *en bois,* à lame tranchante, et il soulève doucement l'écorce, qui se détache facilement du tronc.

D'autres fois la récolte se fait par *plaques* ou carrés seulement; le travail est le même et beaucoup plus facile. — L'écorce ainsi obtenue est soumise à des préparations qui sont du domaine de l'industrie.

Et enfin, au Canada, au Brésil et dans l'Asie Mineure, croît l'arbre trop fameux, dont le fruit a perdu nos premiers parents. Son nom scientifique est *thuya*, mais on le connaît plus généralement, à cause des souvenirs bibliques qu'il rappelle, sous le nom d'*arbre de vie* ou *arbre du paradis terrestre.*

Les enfants, *en riant*. — Alors ses fruits doivent être doux comme du miel.

Le Maitre. — L'arbre de vie n'est remarquable, ni par sa taille, ni par son port, ni par ses feuilles, ni par ses fleurs, ni par ses fruits ; seulement il reste éternellement vert. Il a avec le prunier une vague ressemblance. Ses fleurs sont blanchâtres, comme celles du cerisier, et ses fruits oblongs, couverts d'écailles, mais assez agréables au goût cependant, n'ont réellement pu séduire nos premiers parents que par les attraits du fruit défendu.

J'aurais encore à vous faire l'histoire du cocotier, qui produit en même temps de l'eau, du vin, de l'eau-de-vie, du vinaigre, de l'encre...

Les enfants. — Oh ! Monsieur, nous vous en supplions, parlez-nous de cet arbre ; nous avons le temps encore, et ce sera si intéressant.

Le Maitre. — Soit ; puisque vous le désirez si ardemment, je vous en parlerai. Je vais vous lire quelques passages d'un curieux récit, relatif au cocotier, et dont l'auteur est M. Boniface Guizot, voyageur et naturaliste :

« Un voyageur parcourait ces pays situés sous un ciel brûlant, où la fraîcheur et l'ombre sont si rares, et où l'on ne trouve qu'à des distances considérables quelque habitation où l'on puisse goûter un repos, que la fatigue de la route rend si nécessaire.

» Accablé et haletant, ce pauvre voyageur aperçoit une cabane entourée de quelques arbres au tronc droit, élevé et surmonté d'un gros bouquet de feuilles très-grandes, dont les unes relevées et les autres pendantes, avaient un aspect élégant et agréable. Rien d'ailleurs, autour de cette cabane, n'annonçait un terrain cultivé. A cette vue qui ranime ses espérances, le voyageur rassemble ses forces épuisées et bientôt il est reçu sous ce toit hospitalier. Son hôte lui offre d'abord une boisson aigrelette qui le désaltère et le rafraîchit. Lorsque l'é-

tranger eut pris quelque repos, l'Indien l'invita à parta-
ger son repas; il servit divers mets contenus dans une
vaisselle brune, luisante et polie; il offrit aussi un vin
d'une saveur extrêmement agréable. Vers la fin du repas,
il présenta à son hôte des confitures succulentes, et lui
fit goûter d'une fort bonne eau-de-vie. Le voyageur
étonné demanda à l'Indien qui, dans ce pays désert, lui
fournissait toutes ces choses :

« Mes cocotiers, lui répondit-il. L'eau que je vous
ai offerte à votre arrivée, est tirée du fruit avant qu'il
soit mûr, et il y a quelquefois des noix qui en contiennent trois ou quatre litres. Cette amande d'un si bon
goût est le fruit de sa maturité; ce lait que vous trouvez
si agréable, est tiré de cette amande; ce chou si délicat
est le sommet du cocotier; mais on ne se donne pas souvent ce régal, parce que le cocotier dont on a ainsi coupé
le chou, meurt bientôt après. Ce vin dont vous êtes si
content, est également fourni par le cocotier; on fait
pour cela des incisions aux jeunes tiges des fleurs; il en
découle une liqueur blanche, qu'on recueille dans des
vases, et qui est connue sous le nom de vin de palmier.
Exposée au soleil, elle s'aigrit et donne du vinaigre. Par
la distillation, on en obtient cette bonne eau-de-vie que
vous avez goûtée. — Ce même suc m'a encore fourni le
sucre pour ces confitures que j'ai faites avec l'amande.
Enfin toute cette vaisselle et ces ustensiles qui nous servent à table, ont été faits avec la coque des noix de coco.
Ce n'est pas tout : mon habitation elle-même, je la dois
tout entière à ces arbres précieux; leur bois a servi à
construire ma cabane; leurs feuilles sèches et tressées
en forment le toit; arrangées en parasol, elles me ga-
rantissent du soleil dans ma promenade; ces vêtements
qui me couvrent sont tissus avec les filaments de ses
feuilles; ces nattes qui me servent à tant d'ouvrages différents, en proviennent aussi. Les tamis que voilà, je
les trouve tout faits dans la partie du cocotier d'où sort

le feuillage ; avec ces mêmes feuilles tressées, on fait des voiles de navires ; l'espèce de bourre qui enveloppe la noix est bien préférable à l'étoupe pour calfeutrer les vaisseaux ; elle pourrit moins vite, et se renfle en l'imbibant d'eau. On en fait aussi de la ficelle, des câbles et toute sorte de cordages. Enfin, je dois vous dire que l'huile qui a assaisonné plusieurs de mes mets, et qui brûle dans ma lampe, s'obtient par l'expression de l'amande fraîche. »

» L'étranger écoutait avec étonnement et admiration, comment ce pauvre Indien, n'ayant que des cocotiers, avait néanmoins par eux tout ce qui lui était nécessaire. Lorsque le voyageur se disposait à partir, son hôte lui dit : « Je vais écrire à un ami que j'ai à la ville ; vous vous chargerez, je vous prie, de mon message.

— Oui, et sera-ce encore le cocotier qui vous fournira ce qu'il vous faut ?

— Justement, reprit l'Indien. Avec de la sciure des branches, j'ai fait cette encre ; et avec les feuilles ce parchemin ; autrefois on en faisait toujours usage pour les actes publics et les faits mémorables. »

Les enfants, *étonnés*. — Mais c'est donc une merveille, que cet arbre ?

Le Maitre. — Pas précisément ; mais ce récit vous montre combien l'homme laborieux, patient, persévérant, peut tirer de ressources d'une simple plante.

Les Indiens, dans leur style poétique et imagé, appellent le cocotier, *le roi des oasis, le roi du désert.* « Il ne peut croître, disent-ils, que les pieds plongés dans l'eau et la tête dans le feu du ciel. »

Pour terminer enfin et pour vous donner une idée de la puissance de végétation de la nature tropicale, je vais vous citer quelques arbres géants, auprès desquels nos chênes et nos sapins les plus élevés ne paraîtraient que comme des nains.

Sur la Sierra-de-la-Madre, vers les sources d'un grand

fleuve, à une altitude de 1700 mètres, se trouve un arbre géant appelé *le mammouth.*

Il atteint parfois la hauteur de 60, 80 et 100 mètres; et sa circonférence mesure de 6 à 10 mètres.

Le baobab du Sénégal, du Soudan et de l'Abyssinie, n'arrive qu'à une hauteur de 10 mètres au plus; mais son tronc énorme a parfois une circonférence de 15 mètres. C'est incontestablement le patriarche de la nature animée; car les calculs et les observations du célèbre voyageur Adamson démontrent que quelques-uns de ces géants du Sénégal comptent plus de 5,000 années d'existence. Ils remonteraient donc à la création du monde.

Aux environs de San-Francisco, on voit d'immenses plateaux couverts du *Sequoia gigantea.* Dans une seule forêt de quelques hectares, on en compte 600, dont le tronc s'élève comme une colonne, sans rameaux, aux deux tiers de la hauteur totale, c'est-à-dire à 80 mètres. Le fruit de cet arbre est si petit, qu'il faut environ 100,000 graines pour le poids d'un kilogramme.

Et enfin l'Australie, aux productions originales, excentriques, possède des arbres aux proportions plus merveilleuses encore. Sur les rives des deux fleuves le *Yarra* et le *Latrobe,* les *Eucalyptus amygdalina* arrivent à la hauteur prodigieuse de 150, 160 et même 170 mètres, de sorte que leur cime dépasserait de 26 mètres le sommet du clocher de la cathédrale de Strasbourg, et de 24 mètres la pyramide de Chéops, les deux monuments les plus élevés qu'aient pu édifier l'art et le génie humains.

CHAPITRE XXII.

35. Jardins d'agrément.— Considérations générales sur les odeurs des fleurs. — Le porte-musc. — La rose. — Légende. — Les fleurs des jardins. — Les plantes parasites. — 36. Végétaux parasites des jardins.—Animaux nuisibles. — Dernière histoire. — Dernier conseil. — Trois heures avec le Diable.

Le Maitre. — Vous rappelez-vous la première violette que vous avez cueillie au dernier printemps? Dites-moi, mes enfants, cette simple fleur, cette vieille amie, toujours jeune, toujours avidement recherchée, si modeste, mais exhalant une odeur si suave, ne vous a-t-elle pas paru un charmant petit ange, envoyé du ciel pour dire à l'homme que la Nature s'est ranimée de son long engourdissement, et qu'elle va renaître, plus que jamais riante de verdure et de beauté?

J'ai bien souvent comparé la violette au rossignol de nos bosquets. Le rossignol a des couleurs sombres, tristes, il se cache au fond des fourrés épais ; et seuls, les sons enchanteurs de son inimitable organe trahissent sa présence et nous portent à la rêverie. — La violette aussi a une robe sans éclat, et croît dans la solitude et dans l'ombre ; seuls, ses balsamiques parfums révèlent sa présence à la jeune fille, qui en pare ses cheveux, à l'enfant, qui en fait un bouquet pour sa mère, au penseur, au philosophe, qui contemplent en elle un des effets les plus saisissants des harmonies de la nature. Car ces lois immuables que nous avons vues présider à la distribution des divers attributs des oiseaux, nous les retrouvons aussi chez les fleurs.

Le colibri est le chef-d'œuvre de la beauté ornithologique, mais il ne produit aucun son agréable ; la tulipe, la pensée, sont vêtues des plus riches couleurs, mais là se borne leur mérite.

Le merle qui, tout de noir habillé, semble condamné

à un deuil perpétuel, fait, par ses savantes roulades, les délices du promeneur matinal et du promeneur du soir. Le réséda, qui croît et se confond avec l'herbe de la prairie et le gazon du chemin, n'a point de rival dans le monde des plantes pour l'agréable et la richesse des parfums.

De ces principes, qui admettent pourtant des exceptions, on peut tirer comme conséquence cet autre principe : que chez les êtres animés, y compris l'homme lui-même, les qualités morales sont souvent en raison inverse des qualités physiques.

Émile. — Toutes les fleurs n'ont pas le même parfum; ne pourrait-on pas arriver, Monsieur, à classer ces parfums, en prenant pour point de départ des fleurs connues de tout le monde, comme la rose?

Le Maitre. — On a essayé maintes fois de classer méthodiquement les odeurs, non-seulement des plantes, mais des animaux; l'infinie variété qu'elles offrent a fait surgir des difficultés tellement grandes, que les naturalistes eux-mêmes y ont renoncé. Cependant, on adopte généralement aujourd'hui le système d'après lequel toutes les odeurs sont comprises dans sept classes assez naturelles. Le moment le plus favorable de la journée pour apprécier ces différences de parfums, est le soir après le coucher du soleil; car alors les particules aromatiques, que la chaleur avait fait élever pendant le jour, retombent à la hauteur de notre odorat.

Voici ces sept divisions établies par les savants :

1° L'odeur aromatique, qui est celle des lauriers, de l'oranger;

2° L'odeur suave, qui est extrêmement douce, comme celle du tilleul, du jasmin, de la belle-de-nuit, de la rose;

3° L'odeur ambrée ou musquée, qui est celle des géraniums;

4° L'odeur alliacée, qui appartient à l'ail, à l'assa-fœtida ;

5° L'odeur de bouc, qui est celle du millepertuis, du henné, qui croît dans la Haute-Égypte, et dont les Arabes tirent une matière rouge-orangé, avec laquelle ils se teignent les cheveux, la barbe, les ongles ;

6° L'odeur stupéfiante, qui est celle du pavot, du sureau ;

7° L'odeur nauséabonde ou cadavéreuse, qui est d'une fétidité révoltante ; telles sont les fleurs du *dracuntium* d'Amérique, qui a une odeur de cadavres putréfiés si marquée, que les mouches elles-mêmes, trompées par ces vapeurs répandues par la plante, vont souvent déposer leurs œufs sur ses pétales épanouis.

Émile. — Vous avez dit l'odeur musquée, c'est sans doute celle du *musc*, que l'on vend chez les parfumeurs. Voulez-vous nous expliquer comment on obtient cette substance, Monsieur ?

Le Maitre. — Le musc est une substance onctueuse, extrêmement odorante, et que l'on trouve dans un organe spécial, situé sous le ventre d'un petit animal de la grandeur du chevreuil, et appelé *chevrotin musqué* ou *porte-musc*.

Le mâle seul possède une poche à musc.

Le porte-musc est doux comme la gazelle, mais extrêmement timide et craintif. Il vit isolé, parmi les rochers escarpés, dans les bois épineux, voisins des glaciers. La chasse au chevrotin musqué se fait en hiver ; les chasseurs, pour attirer l'animal, imitent la voix des petits, en se servant d'un morceau d'écorce qu'ils s'appliquent contre la bouche. Dans certains États, le chevrotin est regardé comme propriété royale, et au Thibet on ne peut le chasser qu'avec une autorisation spéciale du gouvernement.

Émile. — Y a-t-il encore d'autres animaux odorants,

Monsieur? Je me rappelle que vous avez dit : *les odeurs des animaux...*

Le Maitre. — Il y a encore la civette, le bouc, et surtout des insectes, les *cicindèles*, entre autres, qui ressemblent aux carabes dorés et exhalent une forte odeur de rose ou de jasmin. Il en est de même des *longicornes,* ces grands coléoptères dont les larves rongent le bois et qui répandent autour d'eux le parfum pénétrant de la fleur du tilleul, arbre sur lequel ils élisent fréquemment domicile.

Tous ces préliminaires bien compris, arrivons enfin à notre jardin d'agrément ou, si vous le préférez, jardin anglais.

Ici, nous n'avons pas de principes à établir; c'est le goût ou plutôt le caprice, qui préside à la distribution des massifs, des sentiers, des bancs rustiques, des loges de verdure, du rucher...

Joseph. — Quels sont les arbres qui conviennent le mieux pour la loge, Monsieur ?

Le Maitre. — La vigne-vierge et le chèvre-feuille, d'abord parce qu'ils croissent très-vite, ensuite parce qu'ils exhalent un parfum délicieux, le chèvre-feuille surtout. Autour de cette loge, on sème des liserons, de la pervenche, des capucines, de la glycine, et quelques-unes de ces jolies plantes grimpantes qui embellissent tous les lieux qu'elles habitent...

Dans les massifs nous mettrons des lilas, des acacias, des cytises, des noisetiers, des arbres de Judée, des framboisiers, parmi lesquels nous placerons des fleurs : le muguet des bois, la violette, la marguerite champêtre, le bouton d'or, le fraisier sauvage, le genêt, la pensée, la pivoine, le réséda....

Je le répète, c'est le caprice de l'amateur qui préside à ces combinaisons; il en est de même des fleurs que nous devons placer dans les plates-bandes. Renoncule, tulipe, anémone, jacinthe, œillet, dahlia, balsamine, belle-de-jour, belle-de-nuit, bluet, clématite, clochette, coquelicot, giroflée, hyacinthe, iris, jasmin, lis, primevère, pâquerette, narcisse, perce-neige, rose, souci, volubilis.... toutes ces admirables individualités du monde des fleurs enfin, ont droit de cité chez nous, mais inspirent plus ou moins de sympathie ou d'indifférence, quelquefois même d'antipathie. N'avons-nous pas eu en France une reine, Marie de Médicis, qui avait des attaques de nerfs à la vue d'une rose, même en peinture ; et le chevalier de Guise, qui tombait en syncope en apercevant un rosier....

CHARLES. — C'est cependant la reine des fleurs, Monsieur, car à la beauté elle joint le parfum le plus agréable.

LE MAITRE. — Oui, mon ami, reine par la beauté, reine par le parfum, et dont l'empire aussi vaste que le monde, n'a d'autres bornes que celles du globe terrestre. Il y a même, à ce sujet, une légende que je puis vous raconter, car nous touchons à la fin de nos causeries.

Le Christ allait mourir. Au pied de la croix étaient la Sainte Vierge et les saintes femmes de Jérusalem. Les bourreaux, pour ajouter encore aux souffrances de leur innocente victime, tressèrent une couronne avec des rameaux et des épines d'un églantier qui croissait sur le Golgotha, et la placèrent ironiquement sur la tête du Sauveur. L'églantier, dit la légende, versa des larmes de douleur. En ce moment, une petite fauvette appelée en Palestine *l'oiseau des buissons*, ou la *buissonnière*, et qui avait son nid dans le buisson d'églantier même, alla se poser doucement sur la tête du Fils de Dieu et arracha une à une les épines meurtrières. Tout à coup, un cri se fit entendre : Élie, Élie... appela le divin Maître, puis il expira. Alors une goutte de son sang, la dernière qu'il eut versée, tomba sur la gorge du bon petit oiseau. C'est depuis cette époque qu'il porte sur la gorge et la poitrine ce plastron rouge qui lui a valu le nom de rouge-gorge.

Au même instant le ciel s'ouvrit, et un ange fit entendre ces paroles : « Petit oiseau des buissons, je te bénis... tu seras le consolateur du pauvre. Églantier, je te bénis, ton empire s'étendra jusqu'aux extrémités de la terre. »

La légende ajoute encore qu'un bourgeon ayant demandé de ne point porter d'épines, l'ange lui dit : « Le Seigneur exauce ta prière; mais pour punir ton orgueil, tu ne croîtras que sur les montagnes arides, et tu ne seras connu que des bergers. »

Émile. — Je me rappelle, en effet, que vous avez dit qu'il y a un rosier sans épines.

Le Maitre. — Oui, mon ami; et ce rosier ne se trouve que sur les sommets les plus élevés des Alpes. Cultivé dans nos jardins, il s'arme d'épines comme ses confrères. Et c'est depuis cette époque que le rosier croît et fleurit sous toutes les latitudes, sous tous les climats, à toutes les températures, et à toutes les époques de l'année. De sorte que, par cet admirable effet de la bonté de Dieu, toute créature humaine peut jouir de la beauté incomparable et du ravissant parfum de la reine des fleurs : le Groënlandais, dans sa hutte souterraine, comme l'Indien des provinces brûlantes du Mexique; le bandit des Abruzzes, dans sa caverne, comme le cénobite dans sa cellule du désert; le montagnard sur son pic de glace, comme le Hollandais dans ses plaines limoneuses; le pauvre enfin dans sa chaumière, comme le riche dans son palais.

Émile. — Les peuples anciens connaissaient-ils la rose comme nous, Monsieur?

Le Maitre. — Ils ne l'aimaient pas moins que nous. Voici ce que dit l'histoire :

Les jours de solennité, le grand-prêtre des Hébreux ceignait son front de roses, pour entrer dans le Saint des Saints.

Chez ce même peuple, l'époux, comme la fiancée, portait une couronne de roses.

Lorsque la reine de Saba vint visiter Salomon, après s'être assurée que la réputation de sagesse du roi d'Israël était méritée, elle voulut aussi avoir une preuve de la perspicacité, de la sagacité de son esprit. Elle plaça à une certaine distance du jeune roi deux roses, dont l'une naturelle, et l'autre artificielle, mais si parfaitement imitée, que l'œil le plus fin, le plus subtil, n'eût pu distinguer l'œuvre de Dieu de l'œuvre de l'art. Le sage roi sourit, et se fit apporter une abeille qui se précipita sur la rose naturelle.

La reine sourit à son tour, et admira le moyen ingénieux qu'avait su employer ce souverain, adolescent à peine, et qui, plus tard, devait être appelé le grand Salomon.

Chez les païens, la rose aussi était en honneur. Vénus, la déesse de la beauté, était représentée couronnée de roses.

Une couronne de roses ornait la tête de Flore, la déesse des fleurs. Aglaé, la plus jeune des Grâces, était figurée un bouton de rose à la main, comme un attribut de la beauté et de la jeunesse.

Les Muses recevaient en hommage des couronnes de roses, et leurs autels étaient décorés des guirlandes de ces fleurs.

La première heure du jour, disaient les anciens, semait des roses sur le passage de l'Aurore qui, à la vue du Soleil, son père, versait des larmes de joie sur ces fleurs. Les poëtes de l'antiquité expliquaient ainsi les gouttes de *rosée* que nous voyons le matin trembler et scintiller sur une rose. C'est ainsi que, baignée de rosée, elle était l'emblème de la piété filiale.

Les Romains ne rendaient pas moins d'hommages à la rose. Ils changeaient jusqu'à trois fois de couronne dans un festin, prétendant que les roses rafraîchissaient la tête.

En mourant, Marc-Antoine demanda à ses amis de répandre des parfums sur sa tombe, et de la couvrir de roses.

Le cruel empereur Héliogabale trouva le moyen de rattacher un épouvantable souvenir à l'une des plus charmantes productions de la nature. Ayant réuni à un banquet, et dans une même salle, un grand nombre d'hommes et de femmes, il fit tomber sur eux une pluie de pétales de roses, qui ne cessa que lorsque les malheureux convives furent étouffés sous des monceaux de fleurs.

« *Et moi, suis-je sur un lit de roses?* » disait l'infortuné empereur du Mexique, Guatimozin, à son favori, couché comme lui sur des charbons ardents, par l'ordre du conquérant espagnol Aldérète, pour n'avoir pas voulu révéler où étaient les trésors de l'Empire.

Dans l'histoire du Mogol, on lit que Nourmahal, princesse célèbre par sa beauté et par son esprit, fit remplir d'eau de rose un canal, sur lequel elle se promena avec l'empereur. La chaleur du soleil dégagea, de l'eau de rose, l'huile essentielle qui surnagea à la surface de l'eau, et c'est ainsi qu'on découvrit l'*essence de rose*.

A Salency, département de l'Oise, une couronne de roses est donnée, comme prix de vertu, à la jeune fille que ses compagnes désignent comme la plus sage. Cette coutume, ou plutôt cette fête, a été établie par saint Médard, évêque de Noyon, et né à Salency. Le vénérable prélat eut le bonheur, en 532, de couronner sa sœur comme première rosière.

Enfin, le quatrième dimanche de carême, appelé dimanche des roses, le pape bénit à Rome un rosier fleuri, tout en or, qu'il envoie à quelque souverain, ou qu'il donne à la personne la plus qualifiée qui se trouve à Rome.

Vous voyez, Émile, que partout et à toutes les époques, la rose a été entourée des justes hommages que méritent et sa beauté et son parfum.

Je ne puis vous nommer toutes les espèces de roses connues; le nombre en est trop grand. Cependant je vous en citerai une qui a droit à une mention spéciale, à cause des merveilleuses facultés qu'elle possède : c'est la *rose de Jéricho*, que les savants appellent *Jerore hygrométrique*, et que l'on connaît encore sous le nom de *Anastatique* (plante qui ressuscite).

Elle est assez commune dans les régions sablonneuses de l'Arabie, de l'Égypte et de la Syrie. Voici le phénomène qu'elle présente.

Le soleil darde ses rayons perpendiculaires; la terre se crevasse, la rose de Jéricho se fane, ses pétales tombent inertes... la plante est morte, pensez-vous! Erreur... plongez dans l'eau l'extrémité de ses racines, les couleurs de la vie végétale reprennent leur pureté et leur fraîcheur, les boutons se gonflent, s'ouvrent, s'épanouissent dans toute leur ampleur. Enlevez l'eau, la rose pâlit, se referme, se dessèche; et, de nouveau, vous assistez à son agonie et à sa mort.

Depuis quelques années, cette variété de roses est cultivée en Europe, à cause de ses bizarres propriétés hygrométriques. Vous vous rappelez que l'hygromètre est un instrument destiné à mesurer le degré d'humidité de l'air.

Quoique dans nos causeries sur les insectes nuisibles, je vous aie signalé les moyens connus d'en préserver ou d'en débarrasser les jardins, il faut pourtant que nous revenions succinctement à cette question, ne fût-ce que pour nous remémorer un peu nos souvenirs de l'an passé. Seulement, c'est l'un de vous qui va faire les frais de la leçon, ou plutôt de la répétition. Émile, voulez-vous vous charger de cette tâche?

Émile. — Je le ferai avec plaisir, Monsieur. Les insectes nuisibles dont nous avons parlé autrefois sont : l'altise, les chenilles, la courtilière, les fourmis, le hanneton, le perce-oreille.

L'*altise* est aussi appelée « puce de terre. » Elle se tient ordinairement sur les choux, les choux-fleurs, les navets, les raves. Aussitôt que les plantes ont acquis un certain développement, l'altise ne peut plus les attaquer, parce que la faiblesse de ses mâchoires ne le lui permet pas. Les cendres non lessivées, semées à la main sur la rosée ou après une petite pluie, ont la propriété de faire périr la puce de terre.

Pour détruire les chenilles, il suffit de toucher les nids avec une ou deux gouttes d'huile à brûler, le matin avant les promenades de l'insecte. Les chenilles noircissent et meurent. Pour l'opération, on prend une plume attachée au bout d'une baguette.

La *courtilière* porte vulgairement le nom de *taupe-grillon*, à cause de sa ressemblance avec la taupe et le grillon.

Le plus simple moyen de se débarrasser de cet insecte, est d'arroser la terre avec de l'urine de vache, en fermentation ; toutes les courtilières que l'urine a atteintes ne tardent pas à périr.

Quant aux fourmis, on s'en débarrasse en versant sur la fourmilière, le soir, quand toute la peuplade est en repos, de l'eau bouillante mêlée à l'huile également chauffée.

Le hanneton, sous la forme de ver blanc, est l'ennemi le plus redoutable des jardins, et, jusqu'à présent, on n'a trouvé d'autre moyen de se préserver de ses ravages qu'en lui faisant la guerre au moment du bêchage.

Les jardiniers n'ignorent pas que le perce-oreille aime par-dessus tout l'odeur des ongles de pieds de mouton ; ils en profitent pour attirer l'insecte le soir. Le matin, on le surprend et les poules s'en régalent.

Le Maître. — Il y a bien d'autres animaux nuisibles

encore, comme les limaces, les limaçons, les vers de terre. Mon ouvrage : « *Les oiseaux et les insectes,* » vous a indiqué les moyens de les détruire.

Après avoir passé en revue les êtres nuisibles, ne serait-il pas juste de faire mention au moins des amis du jardinier? Joseph, nommez-nous, s'il vous plaît, ces serviteurs sans gages, que nous devons protéger.

Joseph. — Tous les oiseaux, d'abord, sans même en excepter le moineau, le pinson et le chardonneret, qui mangent bien quelques grains, mais dont les services dépassent de beaucoup les dégâts. Ensuite, la taupe qui dévore les vers de terre ; le crapaud, la couleuvre, les lézards qui se repaissent d'insectes nuisibles.

Le Maitre. — Ne pourriez-vous pas aussi nous indiquer les moyens que le jardinier doit employer pour purger son jardin des mauvaises herbes?

Joseph, *en riant.* — Il n'y a qu'un seul moyen, Monsieur, et il est infaillible : c'est d'avoir le plus grand soin de la terre, d'arracher les mauvaises herbes au fur et à mesure qu'elles croissent.

Le Maitre. — Vous avez parfaitement répondu, mon ami; le jardinier vigilant doit prévenir le mal et ne jamais être obligé de le réprimer.

Nos causeries sur l'horticulture se terminent là, mes enfants. Nous avons marché un peu vite, parce que vous savez que nos promenades agricoles vont bientôt commencer, et qu'alors nous aurons à nous occuper de pratique. Avant de nous séparer pourtant, je veux encore vous raconter une histoire, qui est assez longue, mais que je vous prie de bien graver dans votre mémoire, parce qu'elle vous montrera combien est préférable aux folles jouissances de la renommée, la tranquillité champêtre.

Ce sera mon dernier récit et mon dernier conseil.

UNE DERNIÈRE HISTOIRE

ET UN DERNIER CONSEIL.

Trois heures avec le Diable.

Tu es toujours rêveur, mon bon Henri... disait une petite vieille femme, toute ridée, mais fraîche encore, et assise dans un fauteuil rustique, à un jeune garçon d'une vingtaine d'années, placé en face d'elle...

Pourquoi donc cette tristesse, mon Henri? Ah! c'est que tu n'aimes plus notre pauvre chaumière, qui a été pourtant le berceau de tes jeunes années... Tu n'aimes plus nos grandes forêts des Vosges,... tu n'aimes plus les belles vallées de la montagne..., qui ont aussi été le théâtre des jeux de ton enfance..., tu n'aimes plus ta grand'mère..., tu n'aimes plus ta grand'mère, qui t'aime tant, elle... Oh! c'est que tu es un savant, et les savants n'aiment que leur idole, la science... Non, tu n'aimes plus ta grand'mère, répéta la vieille femme d'une voix caressante et en souriant.

A ce doux reproche, le jeune homme qui, jusqu'alors, n'avait prêté qu'une oreille distraite aux paroles de sa mère, releva la tête et, regardant avec amour la vieille femme : « Grand'mère, dit-il à son tour avec douceur, vous savez que je n'aime au monde que vous, et que je n'ai que vous à aimer ; mais laissez-moi, je vous prie, penser à mon avenir... laissez-moi.

— Oui, je te laisserai, Henri, je ne t'ennuierai plus, je ne te parlerai plus...

Et la bonne vieille, malgré ses promesses, continua à gronder ; mais le jeune homme ne l'écoutait pas.

Sa tête était retombée sur sa poitrine, son regard semblait suivre dans le vide, dans l'espace, dans l'infini, une pensée qui se perdait... cette pensée incessante, continue, tenace, de l'homme qui est arrivé trop tôt au fond de la coupe de la vie et qui n'a plus rien à espérer, parce qu'il a trop possédé ou trop désiré.

A ce moment où ses yeux nageaient dans le vague, il lui sembla voir se dresser devant lui un homme d'une hideur effrayante, au nez crochu, à la bouche contractée, au sourire satanique.

Par où cet étrange visiteur était-il entré ? C'est ce que le jeune homme se demandait : la porte n'était pas ouverte, la fenêtre était restée close, et la chambre n'avait point de cheminée.

— « Tu es triste, Henri, dit l'inconnu, répétant, et avec une intonation railleuse, les paroles de la grand'mère ; tu es triste, parce que tu es ambitieux ; tu voudrais être riche, devenir un savant, voir ton nom porté sur les ailes de la renommée. Et pourtant, quand on est jeune et beau comme toi, il est si facile d'acquérir la fortune. »

Cette fois le jeune homme écoutait ; les paroles que l'inconnu scandait, pour leur donner plus de valeur, semblaient tomber une à une de son cerveau brûlant.

— Oui, c'est facile, reprit l'inconnu en ricanant.

Henri était haletant, n'osant plus ni écouter, ni répondre.

— C'est facile, répéta une troisième fois et d'un ton toujours plus railleur, le bizarre personnage.

— Arrière, tentateur, put enfin articuler le jeune homme, d'une voix lente, et empreinte d'une profonde tristesse.

Le visiteur se mit à rire, mais d'un rire sec, strident, qui ressemblait à un cri sauvage.

— C'est ce que me disait un jour mon protégé Thibaut, le meneur de loups, dit-il.

13.

— Qu'est-ce que Thibaut, demanda le jeune homme?

La conversation était engagée. — L'homme était perdu.

— Comment, tu ne connais pas Thibaut, le meneur de loups?

— J'avoue mon ignorance.

— Thibaut était, comme toi, un garçon quelque peu intelligent, quelque peu savant, mais ambitieux. Un jour, désespéré de ne pouvoir être qu'un simple sabotier, malgré sa science, il m'appela à son aide. — En ce moment je passais justement près de sa cabane, sous la forme d'un loup noir, et j'étais poursuivi par la meute du seigneur Jean, le plus rude veneur de la contrée. J'entrai dans la cabane, je posai mes conditions, et nous nous entendîmes à merveille.

— Et quelles étaient ces conditions?

— A chaque souhait que ferait Thibaut, il me livrerait un de ses cheveux.

— Je ferais volontiers ce pacte avec toi.

— Eh bien, je suis bon diable; j'aime les savants, et je te demanderai moins qu'à Thibaut.

— Parle.

— Tu es ambitieux; tu veux être un de nos grands écrivains; bref, tu veux de la gloire?

— Oui, tu dis vrai.

— La gloire coûte cher. Te sens-tu capable de grands sacrifices pour arriver au but auquel tu vises, et que tu n'atteindras pas sans moi?

— Je suis capable de tout.

— Il te faudra quitter tes amis...

— Je les quitterai.

— Ton pays, tes montagnes...

— Je les quitterai.

— Ta grand'mère...

— Je la quitterai... fit Henri avec effort; mais enfin qu'exiges-tu de moi?

— Rien. Un homme capable de sacrifier à une passion, le pays qui l'a vu naître; des amis, qui sont ses frères; sa grand'mère, qui l'a élevé, qui a guidé ses premiers pas dans la vie... cet homme est à moi; car cet homme est un démon. Partons alors.

— Partons, mais comment?

— Ne sais-tu donc pas que je possède la toute-puissance? Regarde.

A peine le diable, car c'était lui et on l'a deviné, eut-il prononcé ce dernier mot, que la petite chambre de la chaumière s'emplit d'une fumée noire, épaisse, au milieu de laquelle disparurent l'Esprit du Mal et sa victime.

Quelques minutes après, les deux voyageurs aériens, assis en face l'un de l'autre, dans un élégant salon de la rue du Helder, causaient familièrement et comme deux amis de vingt ans.

— Et cet hôtel, ces chevaux, ces domestiques, cette bibliothèque?

— Tout est à toi; tu es le maître ici. Ouvre ce secrétaire, tu y trouveras un million. Te voilà donc riche, première condition de notre traité. Passons à la deuxième, quelle gloire désires-tu?

— Je veux être un des premiers écrivains de l'époque, tu le sais.

— Alors, fouille la bibliothèque, tu y trouveras tout ce que tu peux désirer, tous les ouvrages connus jusqu'aujourd'hui, depuis Champollion jusqu'à Socrate, depuis l'Iliade et l'Odyssée d'Homère, jusqu'aux œuvres de Voltaire, jusqu'aux Confessions de saint Augustin.

— Oui, mais une bibliothèque ne fait pas un littérateur.

— Ah! tu commences à parler sagement, car c'est la première chose sensée que tu me dis. Mais connais-tu l'histoire de la sonate de Tartini?

— Je ne suis pas musicien.

— Alors, tu ne sais donc rien? Je vais te la conter.

Tartini, né en 1692 à Pirano, en Istrie, était, à l'âge de vingt ans, le plus célèbre spadassin, le plus enragé ferrailleur de toutes les salles d'armes d'Italie. A la suite d'une mauvaise affaire qu'il avait eue avec l'évêque de Padoue, il fut forcé, vers l'année 1715, de se retirer au couvent des Minorites, à Assise. C'est dans l'une des cellules de cette retraite monastique, que je lui fis ma première visite.

Tartini avait une imagination ardente, une âme de feu, une volonté de fer. Parfois le calme de la solitude faisait ses délices; d'autres fois c'était son martyre. Par une de ces tièdes, mais charmantes nuits d'été, dont l'Italie seule a le privilége, le cénobite, couché sur son lit de paille, rêvait. La vie du cloître pesait déjà trop lourdement à sa bouillante jeunesse. Ainsi que toi, Henri, il rêvait et soupirait, et heureusement pour lui, comme pour Thibaut, le meneur de loups, comme pour toi, je passai sous sa fenêtre en ce moment. J'entendis ses soupirs, je volai sur sa couche.

— Qui êtes-vous? me dit-il.

— *Ego sum qui sum*, répondis-je, *je suis celui qui est*.

— Celui qui est, est Dieu; et Dieu n'habite pas cette demeure; j'y souffre trop.

— *Ego sum qui sum*, répétai-je : *je suis celui qui est*... le diable, qui vient te consoler puisque tu soupires.

— Arrière, tentateur, me dit-il, comme toi encore, Henri.

— Pourquoi soupires-tu, demandai-je, sans paraître entendre l'insulte. Tu es musicien exécutant, tu voudrais sans doute être compositeur?

— Oui, car il y a là — et il se frappait le front comme ton compatriote André Chénier sur l'échafaud, — il y a là des chefs-d'œuvre et une école nouvelle.

— Donne-moi ton violon et écoute.

Il me donna son violon.

Je m'assis au pied du lit et j'exécutai la première partie, l'adagio qui sert d'introduction à sa fameuse sonate, connue aujourd'hui dans le monde musical sous le nom de *sonate du diable*.

Tartini ne soupirait plus, il ne rêvait plus, il écoutait.

— Continue, me dit-il en me suppliant.

Je continuai la deuxième partie à deux temps.

Tartini avait oublié son couvent et le monde.

— Continue! ordonna-t-il, emporté par la fièvre de l'art.

Je terminai par le *trillo del diavolo al piè del letto* (trille du diable au pied du lit).

Tartini était plongé dans une profonde extase, dont je ne pus le tirer qu'en reprenant son violon...

— Arrête! me cria-t-il, que veux-tu?

— Rien, je n'ai rien à désirer, moi, j'ai la toute-puissance.

— Alors que te donnerai-je pour cette savante et fantastique composition, que tu viens de rendre avec un talent inconnu chez nous, pauvres exécutants.

— Oh! presque rien; chaque fois que tu l'exécuteras, tu penseras à moi.

— J'y consens; mais je pourrai oublier.

— J'ai prévu cela, et afin que ta mémoire ne te trahisse pas, tu l'appelleras la *sonate du diable*.

— Je souscris de grand cœur à ces conditions. Mais, à quelque jour, ne me demanderas-tu pas mon âme?

— Non, c'est inutile; un homme qui s'engage à penser au diable à chaque instant de la journée, appartient d'avance à l'enfer. — Adieu.

Voilà l'histoire de Tartini. Or, tu comprends, Henri, que si j'ai été capable de produire un chef-d'œuvre de composition musicale, je puis produire des chefs-d'œuvre de composition littéraire. Mets-toi à ton bureau et écris sous ma dictée.

Henri écrivit longtemps, longtemps...

— Signe, dit enfin le diable.

— Quel nom?

— Armand de Nérac, c'est le nom sous lequel tu vas paraître dans le monde.

Quinze jours après cette conversation, Henri, ou plutôt Armand de Nérac, voluptueusement étendu sur une ottomane, un cigare à la bouche, lisait en souriant dans la *Presse illustrée*, ouverte devant lui :

« Dans sa séance annuelle, qui a eu lieu mardi der-
» nier, 24 juin, au grand amphithéâtre de la Sorbonne,
» la société des gens de lettres a décerné son premier prix
» de littérature à M. Armand de Nérac, pour son ouvrage :
« *Les habitants de la lune. Fantaisie.* » Les habitants
» de la lune sont une œuvre originale, mais sérieuse,
» qui indique chez le jeune auteur une connaissance
» approfondie des secrets du cœur humain. Un style
» toujours correct, toujours élégant et facile, place
» M. Armand de Nérac au premier rang des prosateurs
» français. »

— Enfin! exclama le jeune homme avec un soupir d'orgueil satisfait, et en regardant s'élever dans l'air, en spirales fantastiques, la fumée bleuâtre de son cigare. Enfin, le premier pas est fait. A moi l'avenir!

On le voit, depuis son entrevue avec le diable, Henri ne reconnaissait plus rien d'impossible.

Il avait dit vrai : le premier pas était fait; et comme partout ailleurs, c'était le plus difficile à franchir.

Aussi, en quelques mois, Armand de Nérac devint-il l'un de nos auteurs les plus fêtés ; chacun se disputait ses ouvrages, ses éditeurs faisaient fortune. Cependant la fumée de la gloire éblouissait le jeune auteur, et jusqu'alors il n'avait pas eu une seule pensée de regret, pour ses montagnes, ses vallées, sa grand'mère. Mais les jaloux, les envieux, les ennemis se multipliaient.

De temps à autre, et dans les moments difficiles, il appelait le diable à son aide, et aussitôt, en fidèle observateur des traités, le diable apparaissait. Il avait toujours son mauvais sourire, mais il était empressé, prévenant, et obéissait au moindre signe.

J'ai dit que Henri avait des ennemis. Quel est l'auteur d'un peu de mérite qui n'en a point? Un soir, en sortant du théâtre, il fut abordé par deux inconnus mis avec la dernière élégance, aux manières distinguées, à la politesse froide, calculée, mais exquise.

— Vous êtes Armand de Nérac? dit l'un d'eux.

— Oui. Qui vous donne le droit de m'interroger?

— Patience, jeune homme, répondit l'autre inconnu. Je suis le comte de Lahère... vous m'avez insulté dans votre livre, intitulé « *La vieille noblesse et la noblesse de nos jours*, » et je viens vous demander raison, le pistolet au poing.

— Comte de Lahère, je ne vous connais pas; mais le ton que vous donnez à vos paroles me déplaît souverainement. Votre heure?

— Demain, dix heures.

— C'est moi qui vous attendrai.

Le comte de Lahère et son compagnon s'éloignèrent en saluant, et Henri rentra chez lui, où il fut tout étonné de rencontrer le diable s'amusant, avec un pistolet de salon, à enlever successivement les trois feuilles et la tige d'un as de trèfle collé au mur.

— Ah! te voilà enfin, Armand, dit l'Esprit du Mal, je t'attendais, tu vois, pour te donner une leçon d'armes, car tu as un duel, n'est-ce pas?

— Oui, et je voudrais bien en connaître la cause.

— La cause? Est-ce qu'il y a jamais une cause dans un duel entre auteurs?

— Alors le comte de Lahère est auteur?

— Tout comme toi, avec cette différence, c'est que tous ses ouvrages sont sifflés.

— En ce cas, tant pis pour lui : donne-moi, comme tu dis, une leçon d'armes. J'en ai grand besoin, car je ne répondrais pas de toucher un éléphant à dix pas.

Le diable sourit de son mauvais sourire, colla un second as de trèfle sur le premier, et présentant le pistolet à Armand :

— Ajuste froidement la feuille supérieure, et tire.

Le coup partit et, la fumée disparue, Armand put voir que la chevrotine avait enlevé, sans bavure ni à droite ni à gauche, ni en bas ni en haut, la feuille indiquée par le Maître.

— Bon, dit le diable, à la feuille de droite.

Et la deuxième feuille disparut comme la première. Puis ce fut le tour de la troisième et enfin de la tige, qui furent coupées comme avec un emporte-pièce.

Armand était émerveillé.

— Maintenant, dit le diable, tu sais tuer un homme dans toutes les règles; je te quitte.

Et le diable disparut.

Le rendez-vous eut lieu, comme il était convenu.

On jeta un louis en l'air; le sort favorisa Armand, qui tira le premier et tua son adversaire.

Deux jours après, le compagnon du défunt se présenta chez lui.

— Monsieur Armand de Nérac, dit-il, je suis Achille de Lahère; vous avez tué mon frère ; sa cause étant la mienne, vous voudrez bien me rendre raison de sa mort.

— Est-ce que le sort de votre frère vous ferait envie, dit ironiquement le jeune auteur. Dans ce cas, je suis à votre disposition à l'instant même.

— Pas de bravade, monsieur le savant, et j'espère bien que demain à dix heures j'aurai vengé mon frère.

— Alors, c'est pour dix heures? Eh ! bien, monsieur

le vengeur, à dix heures un quart vous aurez rejoint votre frère dans le royaume des ombres.

La prédiction d'Armand pouvait passer pour une fanfaronnade : mais comme toujours il comptait sur la protection du diable.

Et en effet, le lendemain, à dix heures et quelques minutes, il avait tué Achille de Lahère.

A son retour chez lui, Henri avait cependant l'esprit quelque peu préoccupé. Ces deux morts, à trois jours d'intervalle, avaient jeté en son âme une pensée triste. Il était comme ces hommes qui ont péniblement gravi une côte escarpée, et sans regarder derrière eux. Arrivés au sommet, ils se retournent ; alors le vertige les saisit, et ils n'osent plus ouvrir les yeux pour voir le chemin parcouru.

Parvenu au faîte de la gloire et des honneurs, Armand n'ayant plus rien à espérer ni à désirer, craignait l'avenir et tirait sur le passé un voile long et impénétrable ; le présent seul existait pour lui, et ce présent était terrible : deux duels et deux victimes.

Il alla se promener au bois, ne rentra qu'à la nuit et se coucha. Mais son sommeil, comme sa promenade, fut un épouvantable cauchemar. De blancs fantômes erraient, mornes, tristes et menaçants dans sa chambre, puis s'approchant de lui, relevaient leur linceul, lui montraient dans la région du cœur une blessure large et béante, d'où s'échappaient des flots d'un sang pur, rosé, frais, comme le sang de la jeunesse : c'étaient ses victimes.

Une sueur froide envahit tout son corps, il s'éveilla, sonna son valet de chambre, qui entra à l'instant même.

— Joseph, dit-il tristement, qu'est-il arrivé ce matin ?

— Aucune lettre, Monsieur ; seulement il y a au salon un grand homme, maigre, à longues moustaches, qui veut absolument vous parler. Voici sa carte.

Et Joseph déposa la carte sur un petit bureau en acajou, chef-d'œuvre de Boule.

— *Il veut?* as-tu dit? Qui donc a le droit de vouloir chez moi? dit Armand sans regarder la carte.

— Il est arrivé il y a une heure; je lui ai dit que vous n'étiez pas à la maison; il m'a répondu qu'il attendrait votre retour, et il s'est installé dans un fauteuil.

— Un solliciteur sans doute. — Va lui dire que dans dix minutes je le recevrai.

Joseph sortit, et Armand de Nérac se leva, s'habilla à la hâte et se rendit au salon.

A son arrivée, le visiteur s'inclina froidement :

— Ma carte vous a dit mon nom, monsieur Armand, vous devinez sans doute le but de ma visite et les raisons que j'avais pour vouloir absolument vous attendre.

Nous l'avons dit, Armand n'avait pas regardé la carte; ne pouvant répondre, il s'inclina à son tour.

— Demain donc, si vous le voulez, à la même place et à la même heure, reprit le visiteur.

Armand s'inclina en signe de consentement, et l'étranger sortit.

Armand alors courut à sa chambre, saisit convulsivement la carte, jeta un cri déchirant et tomba évanoui sur le parquet. La carte portait : Raoul de Lahère, et au-dessous, au crayon : frère de Léon et d'Achille de Lahère.

Au cri jeté et au bruit du corps, Joseph accourut.

Il prit son maître dans ses bras, et le transporta sur l'ottomane. Après quelques minutes, Henri revint à lui, mais ce n'était plus le même homme. Une profonde tristesse était empreinte sur toute sa physionomie; ses yeux étaient éteints et laissaient couler d'abondantes larmes.

— Mon Dieu! mon Dieu! murmurait-il d'une voix coupée par les sanglots; n'est-ce donc pas assez de sang versé... Oh! la gloire, la gloire, combien elle coûte. Ah! si je pouvais retrouver mon bonheur d'autrefois, la tranquillité de notre chaumière, les grands arbres de notre verger, les sapins de nos montagnes, les ruisseaux de nos vallées, si Dieu voulait me pardonner!

A ces mots, un léger bruit se fit entendre. Henri tressaillit douloureusement. Ce bruit, il le connaissait trop bien : c'était celui qui annonçait la présence du diable; mais ce fut un ange qui parut, un bel ange aux ailes d'or, au sourire consolateur : « Henri, dit-il d'une voix harmonieuse comme les soupirs d'une harpe éolienne... Henri, je suis l'ange de tes jeunes années, que tu priais aux jours purs de ton enfance. C'est moi qui veillais à ton berceau, quand tu dormais de ce sommeil charmant, jeune, gracieux, que dorment seuls les oiseaux, les fleurs et les enfants. Tu as invoqué le Seigneur et il m'a envoyé, comme autrefois Raphaël à Tobie, pour te tirer de l'abîme où t'a précipité une ambition aveugle, et te dire :

» En ce monde il n'y a ni bonheur réel ni malheur véritable; il n'y a que la comparaison d'une condition à une autre : le bonheur n'existe qu'en Dieu, et c'est la récompense qu'il a promise à ses élus. Celui-là s'en approche le plus, qui sait vivre tranquille dans la maison de ses pères, au sein de sa famille, bornant ses désirs, préférant aux plaisirs bruyants de la ville, les joies calmes, paisibles et tranquilles de la campagne, travaillant toujours et espérant toujours.

» Celui-là seul est un vrai sage; car tant que Dieu n'aura pas révélé l'avenir à l'homme, toute la sagesse humaine sera renfermée en ces trois mots : *travailler, attendre et espérer.* »

Et l'ange disparut.

— Henri, Henri, cria en ce moment la vieille femme, éveille-toi donc; voilà trois grandes heures que tu dors...

Henri s'éveilla aux cris de la grand'mère. Son front ruisselait de sueur, il était pâle, haletant : Oh! Dieu, quel rêve affreux, murmura-t-il...

Il s'agenouilla, pria longtemps, puis alla se coucher.

Le lendemain, bien avant le jour, et contre son habitude, il était sur pied, et sa figure calme, froide, indiquait qu'il avait pris une résolution inébranlable. Aussitôt que la grand'mère fut levée, il alla à elle :

« Grand'mère, lui dit-il d'une voix qu'il s'efforçait de
» rendre ferme, je renonce à mes études, à mes projets,
» à mes folies ; comme mon père, je veux être cultiva-
» teur, dès aujourd'hui même je vais me mettre à
» l'œuvre. »

—Merci, mon Dieu, balbutia la grand'mère, vous avez donc exaucé mes prières !...

Henri, en effet, devint cultivateur. Sa carrière fut moins brillante que celle qu'il avait rêvée, mais il n'eut point à le regretter, car la gloire coûte cher, trop cher quelquefois. Il vécut toujours tranquille, heureux, en faisant le bonheur des autres.

Rappelez-vous, mes enfants, cette dernière histoire, quand vous serez en âge de choisir un état... Rappelez-vous aussi ces deux beaux vers de notre grand poëte Victor Hugo :

> Heureux qui peut, au sein du vallon solitaire,
> Naître, vivre et mourir sous le toit paternel.

FIN.

TABLE DES MATIÈRES.

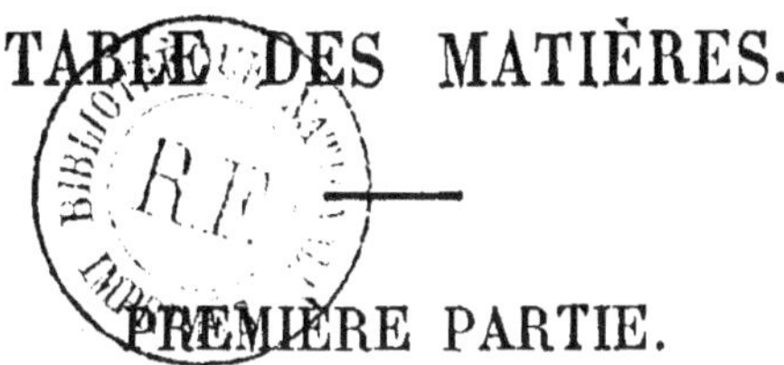

PREMIÈRE PARTIE.

Les Champs.

CHAPITRE PREMIER.

TROISIÈME PARTIE.

Les Animaux.

CHAPITRE XIV.

CHAPITRE XV.

QUATRIÈME PARTIE.

Les Jardins.

CHAPITRE XVI.

CHAPITRE XVII.

CHAPITRE XVIII.

CHAPITRE XIX.

CHAPITRE XX.

CHAPITRE XXI.

CHAPITRE XXII.

FIN DE LA TABLE DES MATIÈRES.

SAINT-CLOUD. — IMPRIMERIE DE Mme Ve EUG. BELIN.